全国高等职业教育“十三五”规划教材

电力电子技术项目教程

主　编　张诗淋　刘　丽
副主编　曹　江　赵新亚
参　编　裴兴龙　李　斌

机械工业出版社

本书根据高等职业教育培养应用型人才的需要，结合本课程实践性强的特点。以4个电力电子技术应用中较为广泛的实际案例（调光灯、同步电动机励磁电源、开关电源和变频器）为载体，设计了6个项目：晶闸管单相半波整流控制的调光灯电路、晶闸管单相桥式全控整流控制的调光灯电路、交流调压控制的调光灯电路、同步电动机励磁电源电路、开关电源电路和变频器逆变电路。本书内容深入浅出、简明扼要、实用性较强。

本书可作为高职高专院校电气自动化专业及相关专业学生的教材，也可作为相关工程技术人员的参考用书和培训教材。

本书配有授课电子课件，需要的教师可登录 www. cmpedu. com 免费注册，审核通过后下载，或联系编辑索取（QQ：1239258369，电话：010-88379739）。

图书在版编目（CIP）数据

电力电子技术项目教程/张诗淋，刘丽主编．—北京：机械工业出版社，2017.7

全国高等职业教育“十三五”规划教材

ISBN 978-7-111-58176-5

Ⅰ.①电…　Ⅱ.①张…　②刘…　Ⅲ.①电力电子技术-高等职业教育-教材　Ⅳ.①TM76

中国版本图书馆 CIP 数据核字（2017）第 245092 号

机械工业出版社（北京市百万庄大街 22 号　邮政编码 100037）

策划编辑：王　颖　责任编辑：王　颖

责任校对：潘　蕊　责任印制：李　昂

北京宝昌彩色印刷有限公司印刷

2018 年 1 月第 1 版第 1 次印刷

184mm×260mm · 11.75 印张 · 305 千字

0001—3000 册

标准书号：ISBN 978-7-111-58176-5

定价：39.90 元

凡购本书，如有缺页、倒页、脱页，由本社发行部调换

电话服务

服务咨询热线：010-88379833

读者购书热线：010-88379649

网络服务

机 工 官 网：www. cmpbook. com

机 工 官 博：weibo. com/cmp1952

教育服务网：www. cmpedu. com

金　书　网：www. golden-book. com

前　言

电力电子技术课程是高职高专院校电气类专业的一门主干专业课，该课程的工程实践性强，重在使学生掌握多学科的综合知识和基本技能，具备电力电子技术的设计、调试的综合应用能力，并提高学生分析、解决实际问题的能力，从而培养具有工程师素质的实用型人才。

本书的编写过程中始终贯彻“以应用为目的，以实用为主，理论够用为度”的教学原则，重点培养学生的实际技能。本书采用项目教学法，打破传统的学科体系教学模式。以4个电力电子技术应用较为广泛的实际案例（调光灯、同步电动机励磁电源、开关电源和变频器）为载体，设计了6个项目：晶闸管单相半波整流控制的调光灯电路、晶闸管单相桥式全控整流控制的调光灯电路、交流调压控制的调光灯电路、同步电动机励磁电源电路、开关电源电路和变频器逆变电路。

本书可作为高职高专院校电气自动化专业及相关专业学生的教材，也可作为相关工程技术人员的参考用书和培训教材，建议课时分配如下表所示。

序号	项目内容	总学时	讲授学时	实践训练学时
1	晶闸管单相半波整流控制的调光灯电路	10	6	4
2	晶闸管单相桥式全控整流控制的调光灯电路	10	6	4
3	交流调压控制的调光灯电路	6	4	2
4	同步电动机励磁电源电路	18	12	6
5	开关电源电路	8	4	4
6	变频器逆变电路	8	4	4
合计		60	36	24

本书由沈阳职业技术学院张诗淋、刘丽担任主编，曹江、赵新亚担任副主编，裴兴龙、李斌参编。其中，绪论、项目1、项目2由张诗淋编写，项目3和项目4由刘丽编写，项目5由曹江编写，项目6由赵新亚编写，裴兴龙和李斌参与编写了任务实施中的部分内容。

在本书编写过程中，参阅了许多专家们的文献资料，在此一并致谢。由于编者水平所限，书中如有疏漏及错误之处，敬请使用本书的师生和读者批评指正。

编　者

目　录

绪　论

1. 什么是电力电子技术

电力电子技术是电子学、电力学和控制学三个学科相结合的一门边缘学科，它横跨“电子”“电力”和“控制”三个领域，主要研究各种电力电子器件、由电力电子器件所构成的各种电路（变流装置）以及电路对电能的变换和控制技术。因此电力电子技术是利用电力电子器件对电能进行控制和转换的技术。它运用弱电（电子技术）控制强电（电力技术），是强电和弱电相结合的学科。电力电子技术是目前最活跃、发展最快的一门学科。随着科学技术的发展，电力电子技术又与现代控制理论、材料科学、电机工程、微电子技术等许多领域密切相关，已经逐步发展成为一门多学科互相渗透的综合性技术学科。

2. 电力电子器件的分类

用作电能变换的大功率电力电子器件与信息处理用电子器件不同，它一方面必须承受高电压、大电流，另一方面是以开关模式工作的，因此通常被称为电力电子开关器件。电力电子器件有不同的分类方式，其中按照开通、关断控制方式可分为 3 大类。

1）不可控型。这类器件一般为二端器件，一端是阳极，另一端是阴极。其开关性能取决于施加于器件阳极和阴极间的电压极性。正向导通，反向关断，流过器件的电流是单方向的。由于其开通和关断不能按需要控制，故这类器件称为不可控器件。常见的有大功率二极管、快速恢复二极管及肖特基二极管等。

2）半控型。这类器件一般为三端器件，除了阳极和阴极外，还增加了一个控制门极。半控型器件也具有单向导电性，但开通不仅需要在其阳极和阴极间施加正向电压，而且还必须在门极和阴极间输入正向控制电压，其开通可以被控制。这类器件一旦开通，就不能再通过门极来控制其关断，只能从外部改变加在阳极和阴极间的电压极性或强制使阳极电流减小至零才能使其关断，所以把它们称为半控型。这类器件主要是晶闸管及其派生器件（如双向、逆导晶闸管等）。

3）全控型。这类器件也是带有控制端的三端器件，控制极不仅可控制其开通，而且也能控制其关断，故称全控型器件。由于无须外部提供关断条件，仅靠器件自身控制即可关断，所以这类器件常被称为自关断器件。这类器件种类较多，工作机理也不尽相同，在现代电力电子技术应用中起着越来越重要的作用。属于这一类的代表器件有大功率晶体管（GTR）、门极关断晶闸管（GTO）、功率场效应晶体管（MOSFET）和绝缘栅双极性晶体管（IGBT）等。

另外，按照电力电子器件的控制信号的驱动控制可将器件分为电压型和电流型驱动器件。电流型驱动器件必须有足够大的驱动电流才能使器件导通，因为一般情况下需要较大的驱动功率，这类器件有 GTR、GTO 和普通晶闸管等；电压型驱动器件的导通只需要有足够的电压和很小的驱动电流即可，因而电压型器件所需的驱动功率很小，这类器件有 IGBT、功率 MOSFET 和场控晶闸管（MCT）等。

3. 电力电子技术的发展

电力电子器件的发展推动了电力电子技术的发展。电力电子技术的发展大体可以分为 4 个阶段。

第一阶段是以大功率二极管、普通晶闸管为代表的发展阶段。在这一阶段半导体器件在低频、大功率变流领域中得到广泛应用。

第二阶段是以大功率晶体管（GTR）、门极关断晶闸管（GTO）等全控型器件为代表的发展阶段。这一阶段的半导体器件属于电流型控制模式，它们的应用使得变流器的高频化得以实现。

第三阶段是以功率场效应晶体管（MOSFET）和绝缘栅双极性晶体管（IGBT）等电压型全控型器件为代表的发展阶段。在这一阶段半导体器件可以直接用集成控制器（IC）进行驱动，高频特性更好，可以说器件制造技术已经进入了和微电子技术相结合的初级阶段。

第四阶段是以功率集成电路（PIC）为代表的发展阶段，目前正处在发展初期。这一阶段中，电力电子技术与微电子技术紧密结合在一起了，所使用的半导体器件是将全控型电力电子器件与驱动电路、控制电路、传感电路、保护电路和逻辑电路等集成在一起的高度智能化的功率集成电路，它实现了器件与电路的集成、强电与弱电的集成，称为机电之间的智能化接口、机电一体化的基础单元。预计 PIC 的发展将会使电力电子技术实现第二次革命，进入全新的智能化时代。

4. 电力电子技术的主要功能

电力电子技术是利用电力电子器件对电能进行控制和转换的技术，它的基本功能是使交流和直流电能互相转换。主要有以下功能。

1）整流（AC/DC）。把交流电变换成电压固定或可调的直流电。由电力二极管可组成不可控整流电路；由晶闸管或其他全控型器件可组成可控整流电路。

2）逆变（DC/AC）。把直流电变换成频率固定或频率可调的交流电。

3）直流斩波（DC/DC）。把固的直流电压变换成固定或可调的直流电压。

4）交流变换电路（AC/AC）。可分为交流调压电路和变频电路。交流调压是在维持电能频率不变的情况下改变输出电压幅值。变频电路是把频率固定或变化的交流电变换成频率可调的交流电称为变频。

上述功能统称为变流，因此电力电子技术也称为变流技术。变流技术是将电网的交流电，所谓“粗电”，通过电力电子电路进行处理变换，精炼到使电能在稳定、波形、频率、数值、抗干扰性能等方面符合各种用电设备需要的“精电”过程。

5. 电力电子技术的应用

电力电子技术的应用领域相当广泛，覆盖从庞大的发电厂设备到小巧的家用电器等几乎所有的电气工程领域。容量可达几瓦到 1GW 不等，工作频率也可由几赫兹到 100MHz。

1）一般工业。工业中大量应用各种交直流电动机。直流电动机有良好的调速性能。为其供电的可控整流电源或直流斩波电源都是电力电子装置。近年来，由于电力电子变频技术的迅速发展，使得交流电动机的调速性能可与直流电动机相媲美，交流调速技术大量应用并占据主导地位。大至数千千瓦的各种轧钢机，小到几百瓦的数控机床的伺服电动机都广泛采用电力电子交直流调速技术。一些对调速性能要求不高的大型鼓风机等近年来也采用了变频装置，以达到节能的目的。还有一些不调速的电动机为了避免起动时的电路冲击而采用了软起动装置，这种软起动装置也是电力电子装置。

电化学工业大量使用直流电源、电解铝和电解食盐水等需要大容量整流电源。电镀装置也需要整流电源。

电力电子技术还大量用于冶金工业中的高频或中频感应加热电源等场合。

2）交通运输。电气化铁路中广泛采用电力电子技术。电力机车中的直流机车中采用整流装置，交流机车采用变频装置。直流斩波器也广泛应用于铁道车辆。在未来的磁悬浮列车中，电力电子技术也是一项关键技术。除牵引电动机车传动外，车辆中的各种辅助电源也都离不开电力电子技术。

电动汽车的电机靠电力电子装置进行电力变换和驱动控制，其蓄电池的充电也离不开电力电子装置。一台高级汽车中需要许多控制电机，它们也要靠变频器和斩波器驱动并控制。

飞机、船舶需要很多不同要求的电源，因此航空和航海都离不开电力电子技术。

如果把电梯也算交通工具，那么它也需要电力电子技术。以前的电梯大多采用直流调速系统，而近年来交流调速已经成为主流。

3）电力系统。电力电子技术在电力系统中应用也非常广泛。据统计，发达国家在用户最终使用的电能中，有60%以上电能至少经过一次以上的电力电子变流装置的处理。直流输电在长距离、大容量输电时有很大优势，其送电端的整流阀、受电端的逆变阀都采用晶闸管变流装置。近年发展起来的柔性交流输电也是依靠电力电子装置才得以实现的。

无功补偿和谐波抑制对电力系统有重要的意义。晶闸管控制电抗器（TCR）、晶闸管投切电容器（TSC）都是重要的无功补偿装置。近年来出现的静止无功发生器（SVG）、有源电力滤波器（APF）等新型电力电子装置具有更为优越的无功功率和谐波补偿的性能。在配电网系统，电力电子装置还可用于防止电网瞬时停电、瞬时电压跌落和闪变等，以进行电能质量控制，改善供电质量。

在变电站中，给操作系统提供可靠的交直流操作电源，给蓄电池充电等都需要电力电子装置。

4）家用电器。种类繁多的家用电器，小至一台调光灯，大至通风取暖设备、微波炉以及众多电动机驱动设备都离不开电力电子技术。电力电子技术广泛应用在家用电器使得它和我们的生活十分贴近。

5）电子装置电源。各种电子装置一般都需要不同电压等级的直流电源供电。通信设备中的程控交换机所用的直流电源采用全控型器件的高频开关电源。大型计算机所需的工作电源、微型计算机内部的电源也都采用高频开关电源。在各种电子装置中，以前大量采用线性稳压电源供电，由于开关电源体积小、重量轻、效率高，现在已逐步取代了线性电源。因为各种信息技术装置都需要电力电子装置提供电源，所以可以说信息电子技术离不开电力电子技术。

6）新能源。随着经济的快速增长和社会的全面进步，我国的能源供应和环境污染问题越来越突出，开发和利用新型能源的需求更加迫切，电力电子技术作为新型能源发电技术的发展及前景，紧密联系着社会的进步与需求。电力电子技术在新型能源发电系统中也被广泛应用，包括风力发电、太阳能光伏发电、燃料电池等。

7）其他。不间断电源（UPS）在现代社会中的作用越来越重要，用量越来越大。

以前电力电子技术的应用偏重于中、大功率。现在1kW以下，甚至几十瓦以下的功率范围内，电力电子技术的应用也越来越广，其地位也越来越重要。

项目1　认识和调试晶闸管单相半波整流控制的调光灯电路

项目引入

调光灯是一种最简单的电力电子装置，在日常生活中的应用非常广泛，其种类也很多。图1-1是常见的调光灯，旋动调光灯的旋钮可以调节白炽灯的亮度。图1-2是晶闸管单相半波整流调光灯电路原理图，采用的是晶闸管相控调光法。

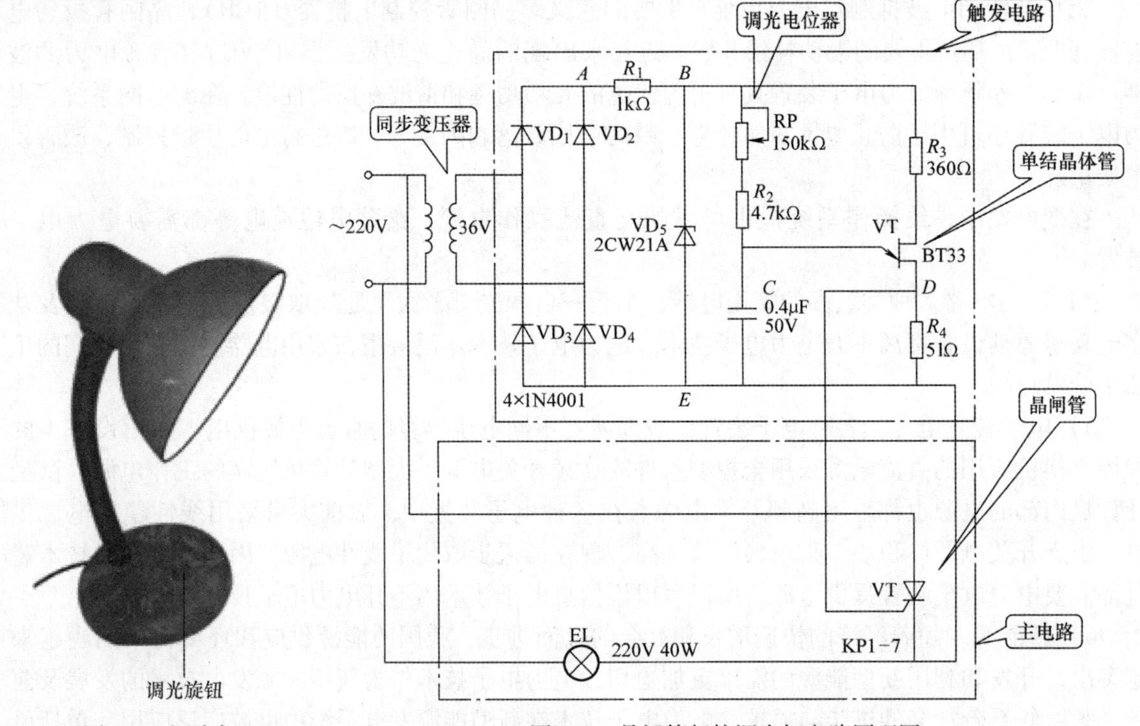

图1-1　调光灯　　　　图1-2　晶闸管相控调光灯电路原理图

调光灯是通过改变流过白炽灯的电流，来实现调光的。晶闸管相控调光法是通过控制晶闸管的导通角，改变输出电压的大小，从而实现调光。由于这种方法具有体积小、价格合理和调光功率控制范围宽等优点，是目前使用最为广泛的调光方法。同时，晶闸管相控调光电路也是中级维修电工职业资格考核内容。

晶闸管单相半波调光灯是由单相半波可控整流电路和单结晶体管触发电路构成，根据电路的工作原理，将本项目分解成认识和测试晶闸管、认识测试单结晶体管及调试单结晶体管触发电路、安装和调试单相半波可控整流电路和知识拓展4个工作任务。

1.1　任务1　认识和测试晶闸管

1.1.1　学习目标

1）认识普通晶闸管的外形，了解其内部结构。

2）掌握晶闸管的工作原理和主要参数。

3）会用万用表判断晶闸管的好坏。

4）能根据晶闸管的额定电流和额定电压选择晶闸管。

1.1.2 相关知识点

晶闸管是一种大功率半导体器件，具有开关作用。在性能上，它和一般的二极管一样具有单向导电性，但与其不同的是导通时刻具有可控性，被广泛应用于可控整流、调光、调压、调速、无触点开关、逆变及变频等方面。它属于半控型电力电子器件。晶闸管可以承受的电压、电流在电力电子器件中是最高的。

1.1.2.1 晶闸管的结构

1. 外部结构

晶闸管的外形如图1-3所示，主要分为塑封式、贴片式、螺栓式和平板式。

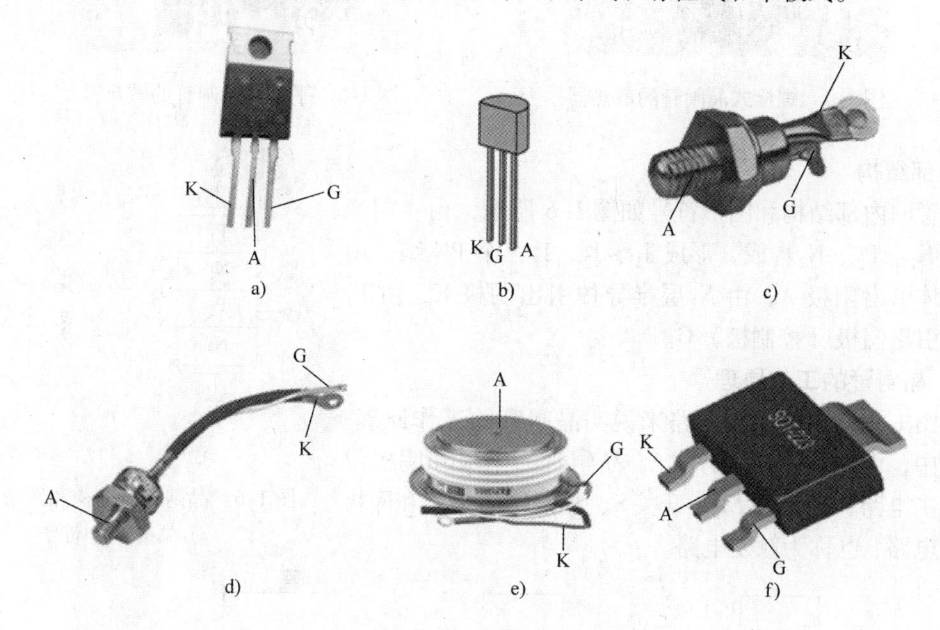

图1-3 晶闸管的外形

a）小电流TO－220AB型塑封式 b）小电流TO－92塑封式 c）小电流螺栓式

d）大电流螺栓式 e）大电流平板式 f）贴片式

1）塑封式和贴片式晶闸管：如图1-3a和f所示，小电流TO－220AB型塑封式和贴片式晶闸管面对印字面、引脚朝下，则从左向右的排列顺序依次为阴极K、阳极A和门极G。如图1-3b所示，小电流TO－92型塑封式晶闸管面对印字面、引脚朝下，则从左向右的排列顺序依次为阴极K、门极G和阳极A。这种晶闸管由于散热条件有限，功率比较小，额定电流通常在20A以下。

2）螺栓式晶闸管：如图1-3c所示，小电流螺栓式晶闸管的螺栓为阳极A，门极G比阴极K细。如图1-3d所示，大功率螺栓式晶闸管，螺栓是晶闸管的阳极A（它与散热器紧密连接），门极和阴极则用金属编制套引出，像一根辫子，粗辫子线是阴极K，细辫子线是门极G。

如图1-4所示，螺栓式晶闸管是靠阳极（螺栓）拧紧在铝制散热器上，可自然冷却，这种晶闸管很容易与散热器连接，器件维修更换也非常方便，但散热效果一般，功率不是很大，额定电流通常在200A以下。

3）平板式晶闸管：如图1-3e所示，平板式晶闸管中间金属环是门极G，用一根导线引出，靠近门极的平面是阴极K，另一面则为阳极A。

如图1-5所示，平板式晶闸管由两个相互绝缘的散热器夹紧在中间，靠风冷或水冷散热，这种晶闸管由于其整体被散热器包裹，所以散热效果非常好，功率大，额定电流200A以上的晶闸管外形采用平板式结构，但平板式晶闸管的散热器拆装非常麻烦，器件维修更换不方便。

图1-4　螺栓式晶闸管的散热器

图1-5　平板式晶闸管的散热器

2. 内部结构

晶闸管的内部结构和图形符号如图1-6所示，由4层半导体P_1、N_1、P_2、N_2构成，形成J_1、J_2、J_3三个PN结。由P_1层半导体引出阳极A，由N_2层半导体引出阴极K，由P_2层半导体引出门极（控制极）G。

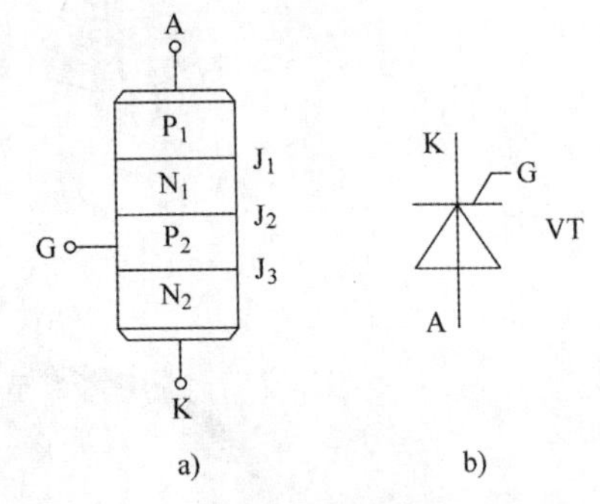

图1-6　晶闸管的结构和图形符号
a）结构　b）符号

1.1.2.2　晶闸管的工作原理

通过图1-7所示的实验电路来说明晶闸管的工作原理。在该电路中，由电源E_A、白炽灯、晶闸管的阳极和阴极组成晶闸管主电路；由电源E_G、开关S、晶闸管的门极和阴极组成控制电路，也称为触发电路。

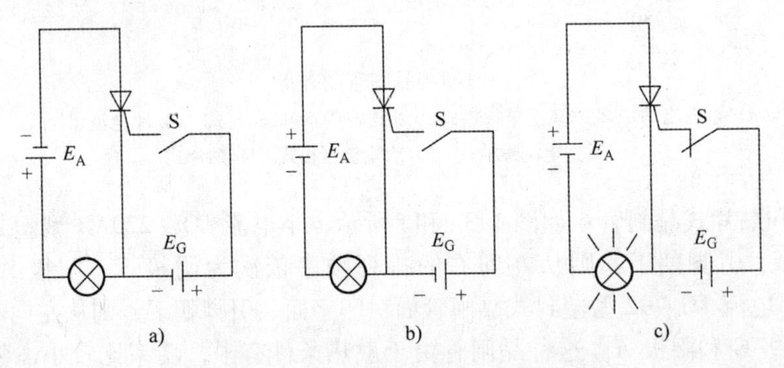

图1-7　晶闸管的工作原理实验电路
a）反向阻断　b）正向阻断　c）正向导通

1. 晶闸管的反向阻断

如图1-7a所示，将晶闸管的阴极K接电源E_A的正极，阳极A接电源E_A的负极，使晶闸管承受反向电压，这时不论开关S闭合与否，灯都不亮，说明晶闸管加反向电压时，不导通。

2. 晶闸管的正向阻断

如图 1-7b 所示，当晶闸管的阳极 A 接电源 E_A 的正极，阴极 K 经白炽灯接电源的负极时，晶闸管承受正向电压。当控制电路中的开关 S 断开时，灯不亮，说明晶闸管不导通。

3. 晶闸管的导通

如图 1-7c 所示，当晶闸管的阳极和阴极承受正向电压，控制电路中开关 S 闭合，使控制极也加正向电压时，灯亮，说明晶闸管导通。

当晶闸管导通后，将开关 S 断开（即门极上的电压去掉），灯依然亮，说明一旦晶闸管导通，控制极就失去了控制作用。因此在实际应用中，门极只需施加一定的正脉冲电压便可触发晶闸管导通。

通过上述实验可知，晶闸管导通必须同时具备两个条件：

1）晶闸管阳极和阴极之间加正向电压；

2）晶闸管门极和阴极间加正向电压。

为了进一步说明晶闸管的工作原理，可把晶闸管看成是由一个 PNP 型和一个 NPN 型晶体管连接而成的，连接形式如图 1-8a 所示。其中 N_1、P_2 为两管共用，即一个晶体管的基极与另一个晶体管的集电极相连。阳极 A 相当于 PNP 型管 VT_1 的发射极，阴极 K 相当于 NPN 型管 VT_2 的发射极，如图 1-8b 所示。

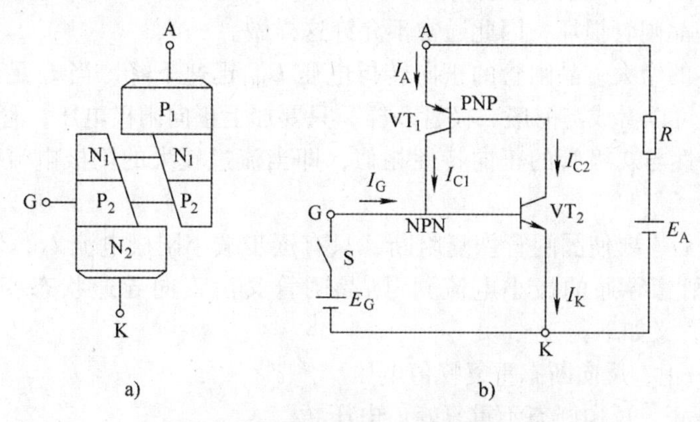

图 1-8　晶闸管的工作原理等效电路

a）晶闸管连接形式　b）等效电路

当晶闸管阳极承受正向电压，控制极也加正向电压时，晶体管 VT_2 处于正向偏置，E_G 产生的控制极电流 I_G 就是 VT_2 的基极电流 I_{B2}，VT_2 的集电极电流 $I_{C2}=\beta_2 I_G$。而 I_{C2} 又是晶体管 VT_1 的基极电流，VT_1 的集电极电流 $I_{C1}=\beta_1 I_{C2}=\beta_1\beta_2 I_G$（$\beta_1$ 和 β_2 分别是 VT_1 和 VT_2 的电流放大系数）。电流 I_{C1} 又流入 VT_2 的基极，再一次放大。这样循环下去，形成了强烈的正反馈，使两个晶体管很快达到饱和导通，这就是晶闸管的导通过程。导通后，晶闸管上的压降很小，大约 1V 左右，电源电压几乎全部加在负载上，所以，晶闸管中流过的电流即负载电流，电流的大小取决于外电路参数。

在晶闸管导通之后，它的导通状态完全依靠管子本身的正反馈作用来维持，即使门极电流消失，晶闸管仍将处于导通状态。因此，门极的作用仅是触发晶闸管使其导通，导通之后，门极就失去了控制作用。

4. 晶闸管导通后的关断

要想关断晶闸管，最根本的方法就是将阳极电流减小到使之不能维持正反馈的程度，也就是将晶闸管的阳极电流减小到小于维持电流。可采用的方法有：将阳极电压减小到零或将晶闸管的阳极和阴极间加反向电压。

晶闸管是一个可控的单向导电开关。与二极管相比，它具有可控性，能正向阻断；与晶体管相比，其差别在于晶闸管对电流没有放大作用。

1.1.2.3　晶闸管的阳极伏安特性

晶闸管阳极与阴极间的电压 U_A 和阳极电流 I_A 的关系称为伏安特性，正确使用晶闸管必须要了解其伏安特性。图 1-9 所示即为晶闸管伏安特性曲线，包括正向特性（第一象限）和反向特性（第三象限）两部分。

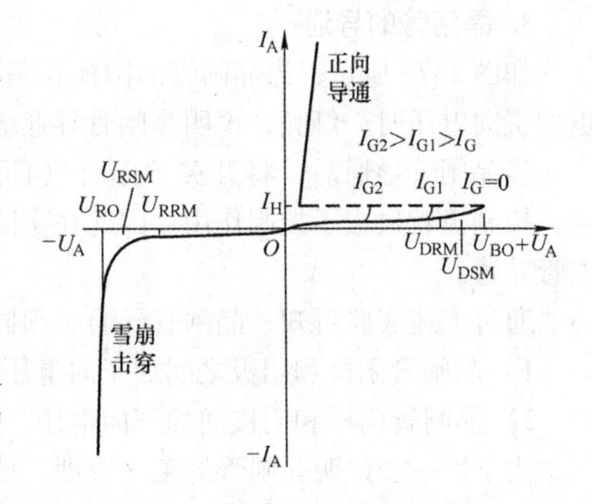

图 1-9　晶闸管的伏安特性曲线

晶闸管的正向特性又分为阻断状态和导通状态。在正向阻断状态时，晶闸管的伏安特性是一组随门极电流 I_G 的增加而不同的曲线簇。当 $I_G=0$ 时，逐渐增大阳极电压 U_A，只有很小的正向漏电流，晶闸管正向阻断；随着阳极电压的增加，当达到正向转折电压 U_{BO} 时，漏电流突然剧增，晶闸管由正向阻断突变为正向导通状态。这种在 $I_G=0$ 时，依靠增大阳极电压而强迫晶闸管导通的方式称为“硬开通”。多次“硬开通”会使晶闸管损坏，因此通常不允许这样做。

随着门极电流 I_G 的增大，晶闸管的正向转折电压 U_{BO} 迅速下降，当 I_G 足够大时，晶闸管的正向转折电压很小，可以看成与一般二极管一样，只要加上正向阳极电压，管子就导通了。晶闸管正向导通的伏安特性与二极管的正向特性相似，即当流过较大的阳极电流时，晶闸管的压降很小。

晶闸管正向导通后，要使晶闸管恢复阻断，只有逐步减小阳极电流 I_A，使 I_A 下降到小于维持电流 I_H（维持晶闸管导通的最小电流），则晶闸管又由正向导通状态变为正向阻断状态。图 1-9中各物理量的含义如下：

U_{DRM}、U_{RRM}——正、反向断态重复峰值电压。

U_{DSM}、U_{RSM}——正、反向断态不重复峰值电压。

U_{BO}——正向转折电压。

U_{RO}——反向击穿电压。

晶闸管的反向特性与一般二极管的反向特性相似。在正常情况下，当承受反向阳极电压时，晶闸管总是处于阻断状态，只有很小的反向漏电流流过。当反向电压增加到一定值时，反向漏电流增加较快，再继续增大反向阳极电压会导致晶闸管反向击穿，造成晶闸管永久性损坏，这时对应的电压为反向击穿电压 U_{RO}。

1.1.2.4　晶闸管的主要参数

在实际使用过程中，往往要根据实际的工作条件进行管子的合理选择，以达到满意的效果。正确地选择管子主要包括两方面，一方面要根据实际情况确定所需晶闸管的额定值；另一方面根据额定值确定晶闸管的型号。

晶闸管的各项额定参数在晶闸管生产后，由厂家经过严格测试而确定，使用者只需要能够正确地选择管子就可以了。表 1-1 列出了晶闸管的一些主要参数。

1. 电压参数

(1) 正向断态重复峰值电压 U_{DRM}

在图 1-9 中晶闸管的伏安特性中，规定当门极断开时，晶闸管处于额定结温，允许重复加在管子上的正向峰值电压。

（2）反向断态重复峰值电压 U_{RRM}

与 U_{DRM} 相似，规定当门极断开时，晶闸管处于额定结温，允许重复加在管子上的反向峰值电压。

（3）额定电压 U_{Tn}

晶闸管出厂时其电压定额的确定，为了保证晶闸管的耐压安全，出厂时铭牌标出的额定电压通常是器件实测的 U_{DRM} 和 U_{RRM} 中较小的值，取相应的标准电压级别，电压级别如表 1-2 所示。

表 1-1　晶闸管的主要参数

型号	通态平均电流	重复峰值电压	额定结温	触发电流	触发电压	断态电压临界上升率	断态电流临界上升率	浪涌电流
单位	A	V	℃	mA	V	V/μs	A/μs	A
参数符号	$I_{T(AV)}$	U_{DRM}、U_{RRM}	T_{IM}	I_{GT}	U_{GT}	du/dt	di/dt	I_{TSM}
KP5	5	100～2000	100	5～70	≤3.5			90
KP10	10	100～2000	100	5～100	≤3.5			190
KP20	20	100～2000	100	5～100	≤3.5			380
KP30	30	100～2400	100	8～150	≤3.5			560
KP50	50	100～2400	100	8～150	≤4			940
KP100	100	100～3000	115	10～250	≤4			1880
KP200	200	100～3000	115	10～250	≤5	25～1000	25～500	3770
KP300	300	100～3000	115	20～300	≤5			5650
KP400	400	100～3000	115	20～300	≤5			7540
KP500	500	100～3000	115	20～300	≤5			9420
KP600	600	100～3000	115	30～350	≤5			11160
KP800	800	100～3000	115	30～350	≤5			14920
KP1000	1000	100～3000	115	40～400	≤5			18600

表 1-2　晶闸管的正、负重复峰值电压标准级别

级别	正、负重复峰值电压/V	级别	正、负重复峰值电压/V	级别	正、负重复峰值电压/V
1	100	8	800	20	2000
2	200	9	900	22	2200
3	300	10	1000	24	2400
4	400	11	1100	26	2600
5	500	12	1200	28	2800
6	600	14	1400	30	3000
7	700	16	1600		

例如，某晶闸管测得其正向阻断重复峰值电压值为 750V，反向阻断重复峰值电压值为 620V，取小者为 620V，按表 1-2 中相应电压等级标准为 600V，此器件铭牌上即标出额定电压为 600V，电压级别为 6 级。

晶闸管使用时，若外加电压超过反向击穿电压，会造成器件永久性损坏。若超过正向转折电压，器件就会误导通，经数次这种导通后，也会造成器件损坏。此外器件的耐压还会受环境温度、散热状况的影响，因此选择时应注意留有充分的裕量，一般应按工作电路中可能承受到的最大瞬时值电压 U_{TM} 的 2～3 倍来选择晶闸管的额定电压，即

$$U_{Tn}=(2\sim3)U_{TM} \tag{1-1}$$

（4）通态平均电压 $U_{T(AV)}$（管压降）

当晶闸管中流过额定电流并达到稳定的额定结温时，阳极与阴极之间电压降的平均值，简称管压降。管压降越小，表明管子的耗散功率越小，则管子的质量就越好。

通态平均电压 $U_{T(AV)}$ 分为 A～I，对应为 0.4～1.2V 共 9 个级别，如 A 组 $U_{T(AV)}=0.4V$、F 组 $U_{T(AV)}=0.9V$。

（5）门极触发电压 U_{GT}

在室温下，晶闸管施加 6V 正向阳极电压时，使管子完全开通所必需的最小门极电流相对应的门极电压，称为门极触发电压 U_{GT}。

门极触发电压 U_{GT} 是晶闸管能够被触发导通，门极所需要的触发电压的最小值。为了保证晶闸管能够可靠的触发导通，实际外加的触发电压必须大于这个最小值。触发信号通常是脉冲形式，脉冲电压的幅值可以数倍于门极触发电压 U_{GT}。

2. 电流参数

（1）额定电流 $I_{T(AV)}$（额定通态平均电流）

在环境温度小于 40℃ 和标准散热及全导通的条件下，晶闸管可以连续导通的工频正弦半波电流平均值。通常所说晶闸管是多少安就是指这个电流。

按 $I_{T(AV)}$ 的定义，由图 1-10 可分别求得通态平均电流 $I_{T(AV)}$、电流有效值 I_T、电流最大值 I_m 的三者关系为

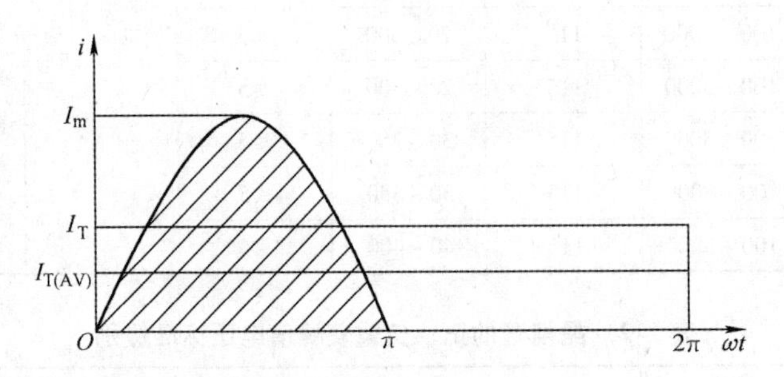

图 1-10　晶闸管的通态平均电流、有效值、最大值

如果正弦半波电流的最大值为 I_m，则额定电流为

$$I_{T(AV)}=\frac{1}{2\pi}\int_0^{\pi}I_m\sin\omega t\mathrm{d}(\omega t)=\frac{I_m}{\pi} \tag{1-2}$$

电流的有效值

$$I_T=\sqrt{\frac{1}{2\pi}\int_0^{\pi}I_m^2(\sin\omega t)^2\mathrm{d}(\omega t)}=\frac{I_m}{2} \tag{1-3}$$

然而在实际使用中，流过晶闸管的电流波形形状、波形导通角并不是一定的，各种含有直流分量的电流波形都有一个电流平均值（一个周期内波形面积的平均值），也就有一个电流有效值（方均根值）。现定义某电流波形的有效值与平均值之比为这个电流的波形系数，用 K_f 表示，即

$$K_f=\frac{电流有效值}{电流平均值} \tag{1-4}$$

根据式（1-4）可求出正弦半波电流的波形系数为

$$K_f = \frac{I_T}{I_{T(AV)}} = \frac{\pi}{2} = 1.57 \tag{1-5}$$

这说明额定电流 $I_{T(AV)} = 100A$ 的晶闸管，其额定电流有效值为 $I_T = K_f I_{T(AV)} = 157A$。不同的电流波形有不同的平均值与有效值，波形系数 K_f 也不同。在选用晶闸管的时候，首先要根据管子的额定电流（通态平均电流）求出其允许流过的最大有效电流。不论流过晶闸管的电流波形如何，只要流过晶闸管的实际电流最大有效值 I_{Tm} 小于或等于管子的额定有效值 I_T，且散热冷却在规定的条件下，管芯的发热就能限制在允许范围内。由于晶闸管的电流过载能力比一般电机、电器要小得多，因此在选用晶闸管额定电流时，根据实际最大的电流计算后至少要乘以 1.5～2 的安全余量，使其有一定的电流余量，即

$$I_{T(AV)} = (1.5 \sim 2) I_{Tm} / 1.57 \tag{1-6}$$

【例 1-1】 一晶闸管接在 220V 的交流电路中，通过晶闸管最大电流的有效值为 50A，问如何选择晶闸管的额定电压和额定电流？

解：额定电压

$$U_{Tn} = (2 \sim 3) U_{TM} = (2 \sim 3)\sqrt{2} \times 220V = 622 \sim 933V$$

按晶闸管参数系列取 800V，即 8 级。

额定电流

$$I_{T(AV)} = (1.5 \sim 2) I_{Tm} / 1.57 = (1.5 \sim 2) \times 50 / 1.57A = 48 \sim 64A$$

按晶闸管参数系列取 50A。

(2) 维持电流 I_H 和擎住电流 I_L

维持电流 I_H：在室温且控制极开路时，维持晶闸管继续导通的最小阳极电流。

维持电流大的晶闸管容易关断。维持电流与器件容量、结温等因素有关，同一型号的器件其维持电流也不相同。通常在晶闸管的铭牌上标明了常温下 I_H 的实测值。

擎住电流 I_L：晶闸管门极加上触发脉冲使其开通过程中，当脉冲消失时要保持其维持导通所需的最小阳极电流。

对同一晶闸管来说，擎住电流 I_L 要比维持电流 I_H 大 2～4 倍。欲使晶闸管触发导通，必须使触发脉冲保持到阳极电流上升到擎住电流 I_L 以上，否则会造成晶闸管重新恢复阻断状态，因此触发脉冲必须具有一定宽度。

(3) 门极电流 I_{GT}

室温下，在晶闸管的阳极—阴极间加上 6V 的正向电压，管子由断态转为通态所必需的最小门极电流，称为门极电流 I_{GT}。

3. 动态参数

(1) 开通时间 t_{gt}

晶闸管在导通和阻断两种状态之间的转换并不是瞬时完成的，而是需要一定的时间。当器件的导通与关断频率较高时，就必须考虑这种时间的影响。

开通时间 t_{gt}：一般规定：从门极触发电压前沿的 10% 到器件阳极电压下降至 10% 所需的时间称为开通时间 t_{gt}，普通晶闸管的 t_{gt} 约为 6μs。开通时间与触发脉冲的陡度大小、结温以及主回路中的电感量等有关。为了缩短开通时间，常采用实际触发电流比规定触发电流大 3～5 倍、前沿陡的窄脉冲来触发，称为强触发。另外，如果触发脉冲不够宽，晶闸管就不可能触发导通。一般来说，要求触发脉冲的宽度稍大于 t_{gt}，以保证晶闸管可靠触发。

(2) 关断时间 t_q

关断时间 t_q：晶闸管导通时，内部存在大量的载流子。晶闸管的关断过程是：当阳极电流刚

好下降到零时，晶闸管内部各 PN 结附近仍然有大量的载流子未消失，此时若马上重新加上正向电压，晶闸管仍会不经触发而立即导通，只有再经过一定时间，待元器件内的载流子通过复合而基本消失之后，晶闸管才能完全恢复正向阻断能力。我们把晶闸管从正向阳极电流下降为零到它恢复正向阻断能力所需要的这段时间称为关断时间 t_q。晶闸管的关断时间与器件结温、关断前阳极电流的大小以及所加反压的大小有关。普通晶闸管的 t_q 约为几十到几百微秒。

（3）通态电流临界上升率 di/dt

门极流入触发电流后，晶闸管开始只在靠近门极附近的小区域内导通，随着时间的推移，导通区才逐渐扩大到 PN 结的全部面积。如果阳极电流上升得太快，则会导致门极附近的 PN 结因电流密度过大而烧毁，使晶闸管损坏。因此，对晶闸管必须规定允许的最大通态电流上升率，称通态电流临界上升率 di/dt。

（4）断态电压临界上升率 du/dt

在晶闸管断态时，如果施加于晶闸管两端的电压上升率超过规定值，即使此时阳极电压幅值并未超过断态正向转折电压，也会由于 du/dt 过大而导致晶闸管的误导通。这是因为晶闸管的结面积在阻断状态下相当于一个电容，若突然加一正向阳极电压，便会有一个充电电流流过结面，该充电电流流经靠近阴极的 PN 结时，产生相当于触发电流的作用，如果这个电流过大，将会使元器件误触发导通，因此对晶闸管还必须规定允许的最大断态电压上升率。我们把在规定条件下，晶闸管直接从断态转换到通态的最大阳极电压上升率称为断态电压临界上升率 du/dt。

1.1.2.5 晶闸管的测试

在实际使用中，需要对晶闸管的好坏进行简单的判断，常采用万用表法进行判断。

1. 测量阳极与阴极之间的电阻，万用表档位置于 $R\times1k\Omega$ 或 $R\times10k\Omega$

1）将黑表笔接在晶闸管的阳极，红表笔接在晶闸管的阴极，测量阳极与阴极之间的正向电阻 R_{AK}，观察指针摆动如图 1-11 所示。

2）将表笔对换，测量阴极与阳极之间的反向电阻 R_{KA}，观察指针摆动，如图 1-12 所示。

结果：正反向电阻均很大。

原因：晶闸管是 4 层 3 端半导体器件，在阳极和阴极间有 3 个 PN 结，无论加何电压，总有 1 个 PN 结处于反向阻断状态，因此正反向阻值均很大。

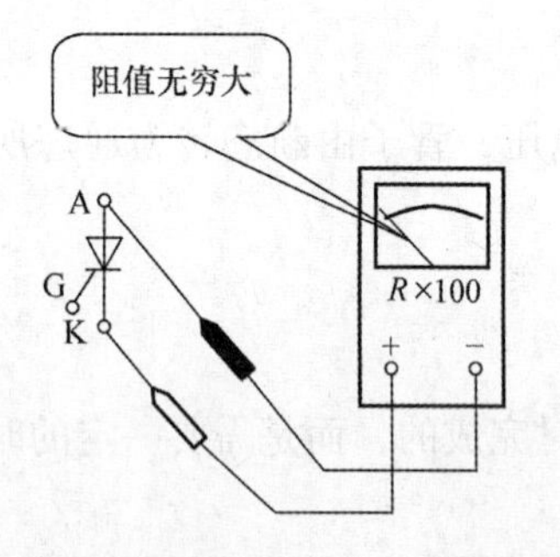

图 1-11　测量阳极和阴极间正向电阻

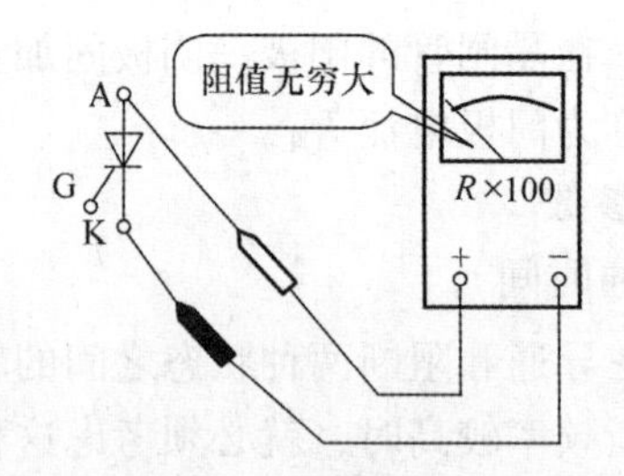

图 1-12　测量阳极和阴极间反向电阻

2. 测量门极与阴极之间的电阻，万用表档位置于 $R\times10\Omega$ 或 $R\times100\Omega$ 档

1）将黑表笔接晶闸管的门极，红表笔接晶闸管的阴极，测量门极与阴极之间的正向电阻 R_{GK}，观察指针摆动，如图 1-13 所示。

2）将表笔对换，测量阴极与门极之间的反向电阻 R_{KG}，观察指针摆动，如图 1-14 所示。

结果：两次测量的阻值均不大，但前者小于后者。

原因：在晶闸管内部门极和阴极之间反并联了一个二极管，对加在门极和阴极之间的反向电压进行限幅，防止晶闸管控制极与阴极之间的PN结反向击穿。

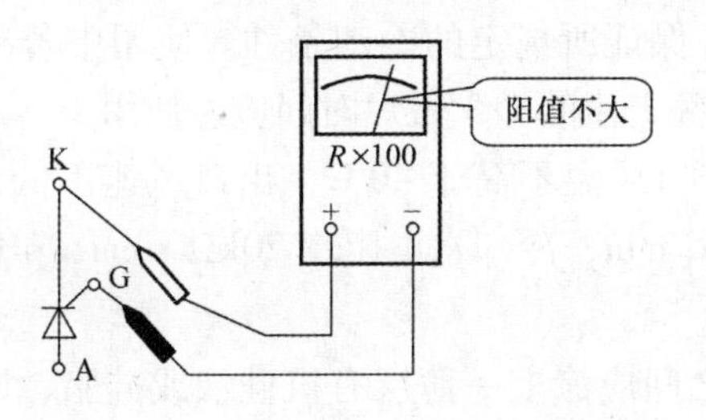

图1-13 测量门极和阴极间正向电阻

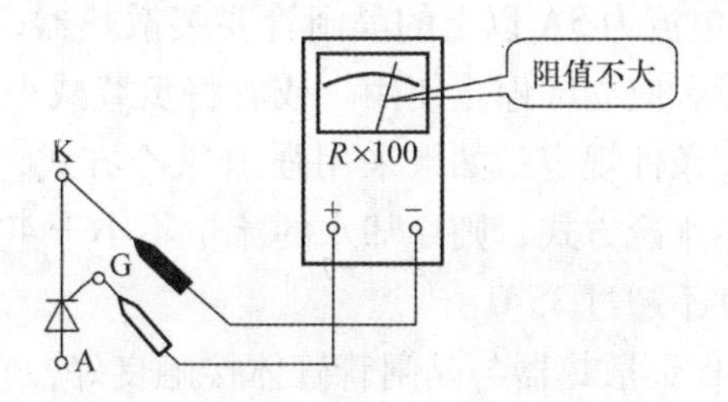

图1-14 测量门极和阴极间反向电阻

1.1.2.6 晶闸管的型号及含义

国产晶闸管的命名根据新国标型号命名原则，KP系列的型号及其含义如下。

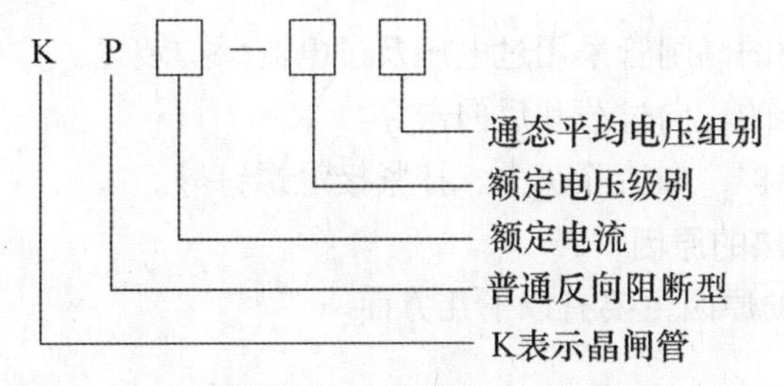

例如，KP100—8D表示额定电流为100A，额定电压为800V，管压降为0.7V的普通晶闸管。因此，在例1-1中，晶闸管的型号可以选择KP50—8。

1.1.2.7 晶闸管模块

随着大规模集成电路技术的迅速发展，将集成电路制造工艺的精细加工技术和高压大电流技术有机结合，出现了一种全新的晶闸管器件，即晶闸管模块。晶闸管模块是根据不同的用途，将多个晶闸管或二极管整合在一起，构成一个模块，集成在同一硅片上，这样大大提高了器件的集成度。据统计，目前300A以下的整流管、晶闸管大都以模块形式出现，如图1-15所示。晶闸管模块与同容量分立器件相比具有体积小、质量轻、结构紧凑、接线方便、整体价格低、可靠性高等优点，在实际中应用广泛。

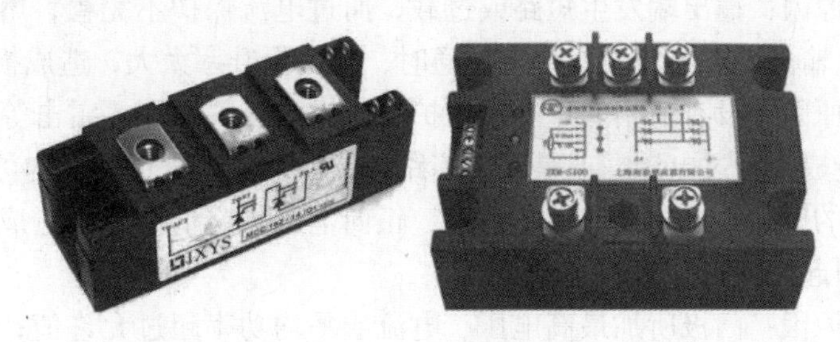

图1-15 晶闸管模块

1.1.2.8 晶闸管的使用

1. 晶闸管使用中应注意的问题

晶闸管除了在选用时要充分考虑安全余量以外，在使用过程中也要采用正确的使用方法，以保证晶闸管能够安全可靠运行，延长其使用寿命。关于晶闸管的使用，具体应注意以下问题。

1）选用晶闸管的额定电流时，除了考虑通过管子的平均电流外，还应注意正常工作时导通角的大小、散热通风条件等因素。在工作中还应注意管壳温度不超过相应电流下的允许值。

2）使用晶闸管之前，应该用万用表检查晶闸管是否良好。发现有短路或断路现象时，应立即更换。

3）电流为5A以上的晶闸管要装散热器，并且保证所规定的冷却条件。使用中若冷却系统发生故障，应立即停止使用，或者将负载减小到原额定值的1/3做短时间应急使用。

冷却条件规定：如果采用强迫风冷方式，则进口风温不高于40℃，出口风速不低于5m/s。如果采用水冷方式，则冷却水的流量不小于4000mL/min，冷却水电阻率20kΩ·cm，pH=6~8，进水温度不超过35℃。

4）保证散热器与晶闸管管体接触良好，它们之间应涂上一薄层有机硅油或硅脂，以帮助良好的散热。

5）严禁用绝缘电阻表检查晶闸管绝缘情况，如果确实需要对晶闸管设备进行绝缘检查，在检查前一定要将所有晶闸管器件的引脚做短路处理，以防止绝缘电阻表产生的直流高电压击穿晶闸管，造成晶闸管的损坏。

6）按规定对主电路中的晶闸管采用过电压及过电流保护装置。

7）要防止晶闸管门极的正向过载和反向击穿。

8）定期对设备进行维护，如清除灰尘、拧紧接触螺钉等。

2. 晶闸管在工作中过热的原因

晶闸管在工作中过热的原因主要有以下几方面。

1）晶闸管过载。

2）通态平均电压即管压降偏大。

3）断态重复峰值电流、反向重复峰值电流即正、反向断态漏电流偏大。

4）门极触发功率偏高。

5）晶闸管与散热器接触不良。

6）环境和冷却介质温度偏高。

7）冷却介质流速过低。

3. 晶闸管在运行中突然损坏的原因

引起晶闸管损坏的原因有很多，下面介绍一些常见的原因。

1）电流方面的原因：输出端发生短路或过载，而过电流保护不完善，熔断器规格不对，快速性能不合乎要求。输出接电容滤波，触发导通时，电流上升率太大，造成损坏。

2）电压方面的原因：没有适当的过电压保护，外界因开关操作、雷击等过电压侵入或整流电路本身因为换相造成换相过电压，或是输出回路突然断开而造成过电压均可损坏元器件。

3）元器件本身的原因：元器件特性不稳定，正向电压额定值下降，造成正向硬开通；反向电压额定值下降，引起反向击穿。

4）门极方面的原因：门极所加最高电压、电流或平均功率超过允许值；门极和阳极发生短路故障；触发电路有故障，加在门极上的电压太高，门极所加反向电压太大。

5）散热冷却方面的原因：散热器没拧紧，温升超过允许值，或风机、水冷却泵停转，元器件温升过高使其结温超过允许值，引起内部PN结损坏。

1.1.2.9 晶闸管的容量扩展

为了满足高耐压、大电流的要求，就必须采取晶闸管的容量扩展技术，即用多个晶闸管串联来满足高电压要求，用多个晶闸管并联来满足大电流要求，甚至可以采取晶闸管装置的串并联来满足要求。

1. 晶闸管的串联

当要求晶闸管应有的电压值大于单个晶闸管的额定电压时，可以用两个以上同型号的晶闸管相串联。串联的晶闸管必须都是同一型号的，但由于晶闸管制造时参数就存在离散性，在其阳极反向耐压截止时，虽然流过的是同一个漏电流，但每只管子实际承受的反向阳极电压却不同，出现了串联不均压的问题。如图 1-16a 所示，严重时可能造成器件损坏，因此还要采用均压措施。

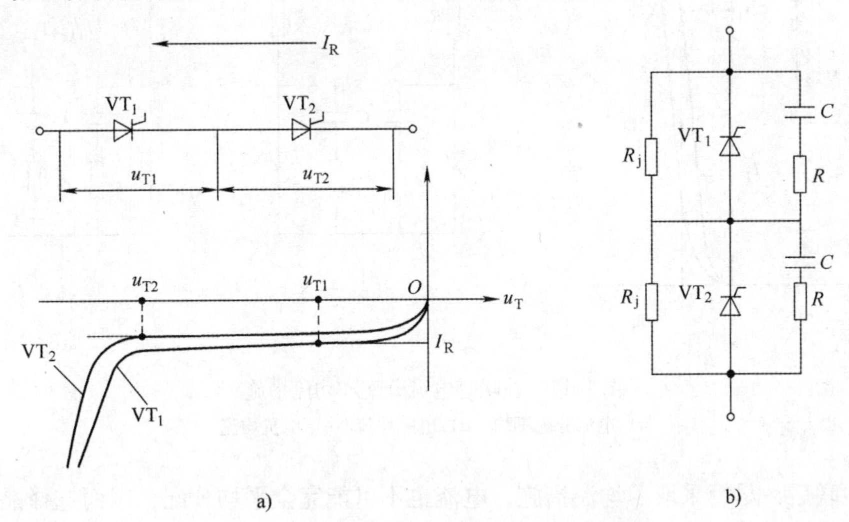

图 1-16 串联时反向电压分配和均压措施

a）反向电压分配不均 b）均压措施

均压措施采用静态均压和动态均压。静态均压的方法是在串联的晶闸管上并联阻值相等的电阻 R_j，如图 1-16b 所示。均压电阻 R_j 能使平稳的直流或变化缓慢的电压均匀分配在串联的各个晶闸管上。而在导通和关断过程中，瞬时电压的分配决定于各晶闸管的结电容，导通与关断时间及外部脉冲等因素，所以静态均压方法不能实现串联晶闸管的动态均压。

动态均压的方法是在串联的晶闸管上并联等值的电容 C，但为了限制管子开通时，电容放电产生过大的电流上升率，并防止因并接电容使电路产生振荡，通常在并接电容的支路串接电阻 R，成为 RC 支路，如图 1-16b 所示。在实际电路中，晶闸管的两端都并联了 RC 吸收电路，在晶闸管串联均压时不必另接 RC 电路了。

虽然采取了均压措施，但仍然不可能完全均压，因此在选择每个管子的额定电压时，应按下式计算

$$U_{Tn}=\frac{(2\sim3)U_{TM}}{(0.8\sim0.9)n}$$

式中，n 为串联元件的个数；0.8 ~ 0.9 为考虑不均压因素的计算系数。

2. 晶闸管的并联

当要求晶闸管应有的电流值大于单个晶闸管的额定电流时，就需要将两个以上的同型号的晶闸管并联使用。虽然并联的晶闸管必须都是同一型号的，但由于参数的离散性，晶闸管正向导通时，承受相同的阳极电压，但每只管子实际流过的正向阳极电流却不同，出现了不均流问题，如图 1-17a 所示，因此还要采用均流措施。

均流措施分为电阻均流和电抗均流。电阻均流是在并联的晶闸管中串联电阻，如图 1-17b 所示。由于电阻功耗较大，所以此方法只适用于小电流晶闸管。

电抗均流是用一个电抗器接在两个并联的晶闸管电路中，均流原理是利用电抗器中感应电动

势的作用，使管子的电流大的支路电流有减小的趋势，使管子电流小的支路电流有增大的趋势，达到均流，如图1-17c所示。

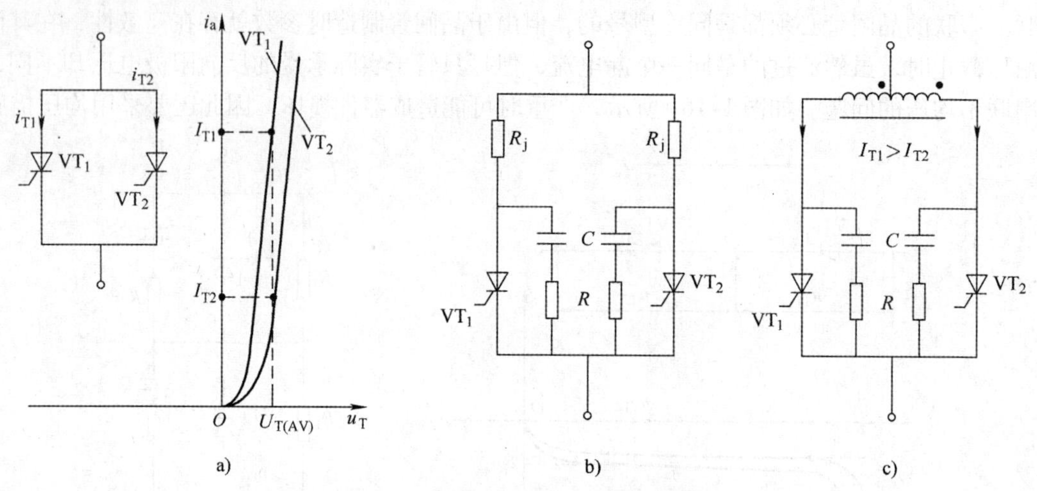

图1-17 并联时电流分配和均流措施

a）电流分配不均 b）电阻均流 c）电抗均流

晶闸管并联后，尽管采取了均流措施，电流也不可能完全平均分配，因而选择晶闸管额定电流时，应按下式计算

$$I_{T(AV)}=\frac{(1.5\sim2)I_{TM}}{(0.8\sim0.9)1.57n}$$

式中，n为并联元件的个数；0.8～0.9为考虑不均流因素的计算系数。

晶闸管串、并联时，除了选用特性尽量一致的管子外，管子的开通时间也要尽量一致，因此要求触发脉冲前沿要陡，幅值要大的强触发脉冲。

3. 晶闸管装置串并联

在高电压、大电流变流装置中，还广泛采用图1-18所示的变压器二次绕组分组分别对独立的整流装置供电，然后整流装置成组串联（适用于高电压），成组并联（适用于大电流），使整流指标更好。

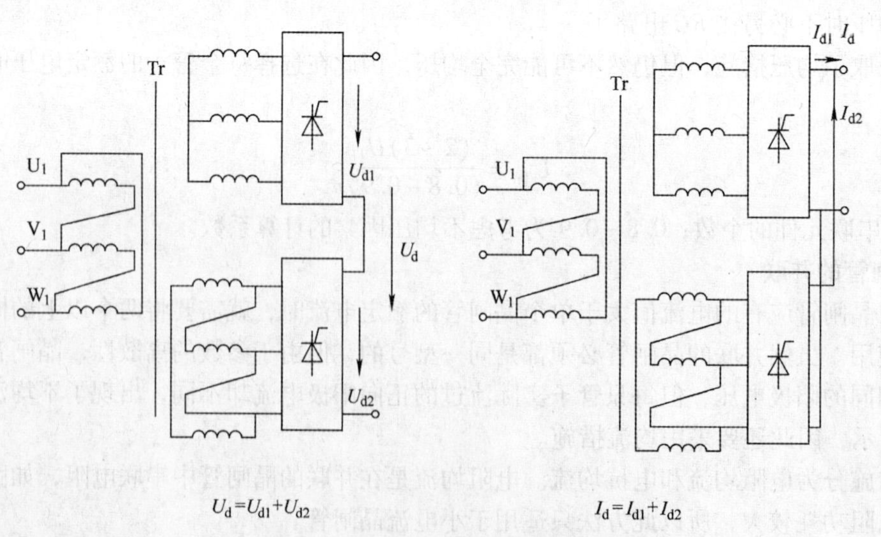

图1-18 变流装置的成组串联和并联

1.1.3 任务实施 认识和测试晶闸管

1. 所需仪器设备

1）不同型号的晶闸管 2 个。

2）万用表 1 块。

2. 测试前准备

1）课前预习相关知识。

2）清点相关材料、仪器和设备。

3）填写任务单中的准备内容。

3. 操作步骤

1）观察晶闸管外形。

观察器件型号，从外观上判断 3 个引脚，记录晶闸管型号，说明型号的含义。将数据记录在任务单测试过程记录中。

2）测试晶闸管。

根据晶闸管测量要求和方法，用万用表认真测量晶闸管各引脚之间的电阻值，并判断晶闸管的好坏。将数据记录在任务单测试过程记录中。

3）操作结束后，按照要求清理操作台。

4）将任务单交给老师评价验收。

认识和测试晶闸管任务单

<table>
<tr><th colspan="3">测试前准备</th></tr>
<tr><th>序号</th><th>准备内容</th><th>准备情况自查</th></tr>
<tr><td>1</td><td>知识准备</td><td>晶闸管外形是否熟悉 是□ 否□
晶闸管内部结构是否了解 是□否□
万用表测试晶闸管方法是否掌握 是□ 否□</td></tr>
<tr><td>2</td><td>材料准备</td><td>晶闸管 1 个□ 2 个□
万用表是否完好 是□ 否□</td></tr>
<tr><th colspan="3">测试过程记录</th></tr>
<tr><th>步骤</th><th>内容</th><th>数据记录</th></tr>
<tr><td rowspan="2">1</td><td rowspan="2">观察外形</td><td>你的晶闸管是：□平板式□小电流 TO－92 塑封式
□小电流螺旋式□大电流螺旋式□小电流 TO－220AB 型塑式□其他
外观判断引脚说明：</td></tr>
<tr><td>晶闸管型号：

型号含义：</td></tr>
<tr><td>2</td><td>测试极间电阻并判断好坏</td><td><table>
<tr><th>被测晶闸管</th><th>R_{AK}/Ω</th><th>R_{KA}/Ω</th><th>R_{KG}/Ω</th><th>R_{GK}/Ω</th><th>结论</th></tr>
<tr><td>晶闸管 1</td><td></td><td></td><td></td><td></td><td></td></tr>
<tr><td>晶闸管 2</td><td></td><td></td><td></td><td></td><td></td></tr>
</table>
测试的引脚与外观判断的引脚是否相符 是□否□</td></tr>
</table>

（续）

测试过程记录		
步骤	内容	数据记录
3	收尾	晶闸管放回原处□ 万用表档位回位□ 垃圾清理干净□ 凳子放回原处□ 台面清理干净□
验收		
完成时间	提前完成□　按时完成□　延期完成□　未能完成□	
完成质量	优秀□　良好□　中□　及格□　不及格□ 教师签字：　日期：	

1.1.4 思考题与习题

1. 晶闸管的导通条件是什么？怎样使晶闸管由导通变为关断？

2. 晶闸管导通后，去掉门极电压，晶闸管是否还能继续导通？为什么？

3. 说明晶闸管型号规格 KP200－7E 代表的含义。

4. 有些晶闸管触发导通后，触发脉冲结束时它又关断是什么原因？

5. 晶闸管导通时，流过晶闸管的电流大小取决于什么？晶闸管阻断时，承受的电压大小取决于什么？

6. 画出图 1-19 所示电路电阻 R_d 上的电压波形。

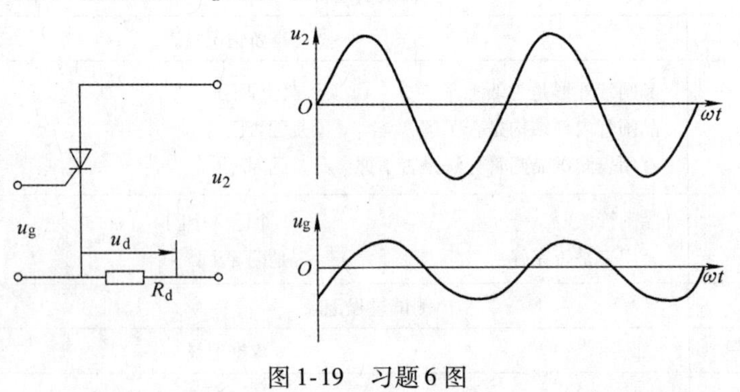

图 1-19　习题 6 图

7. 如图 1-20 所示，型号为 KP100－3，维持电流 4mA 的晶闸管，在以下电路中使用是否合理？为什么？（未考虑电压、电流安全余量）

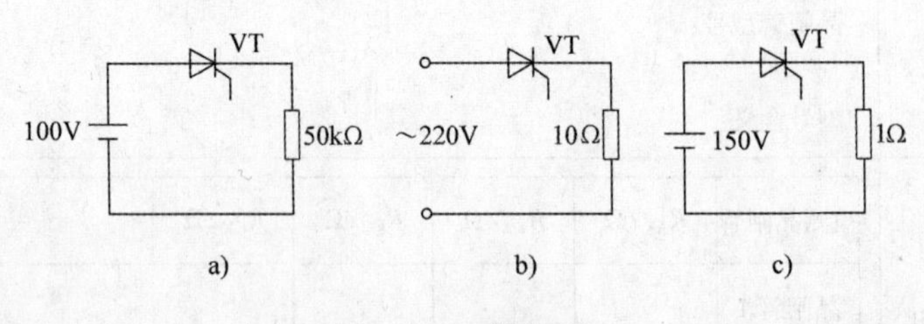

图 1-20　习题 7 图

8. 晶闸管的额定电流和其他电气设备的额定电流有什么不同？

9. 某晶闸管元件测得 $U_{DRM}=840V$，$U_{RRM}=980V$，试确定此晶闸管的额定电压是多少？属于哪个电压等级？

10. 晶闸管电流的波形系数定义为（　　）。

A. $K_f = I_{dT}/I_T$　　B. $K_f = I_T/I_{dT}$

C. $K_f = I_{dT} \cdot I_T$　　D. $K_f = I_{dT} - I_T$

11. 造成在不加门极触发电压时也能使晶闸管从阻断状态转为导通状态的非正常情况有两个原因，分别是什么？

12. 对于同一晶闸管，维持电流 I_H 与擎住电流 I_L 的数值关系是什么？

13. 简述如何用万用表测试晶闸管的好坏？

14. 多个晶闸管相并联和串联时必须考虑的问题分别是什么？解决办法分别是什么？

1.2　任务2　认识测试单结晶体管及调试其触发电路

1.2.1　学习目标

1）认识单结晶体管的外形，了解其内部结构。

2）掌握单结晶体管的工作原理和主要参数。

3）会用万用表判断单结晶体管的好坏。

4）会分析单结晶体管触发电路的工作原理。

5）会安装和调试单结晶体管触发电路，并用示波器检测各点波形。

1.2.2　相关知识点

要使晶闸管导通，除了加正向阳极电压外，还必须在门极和阴极之间加适当的正向触发电压与电流。为门极提供触发电压与电流的电路称为触发电路。对晶闸管触发电路来说，首先触发信号应该具有足够的触发功率（触发电压和触发电流），以保证晶闸管可靠导通；其次触发脉冲应有一定的宽度，脉冲的前沿要陡峭；最后触发脉冲必须与主电路晶闸管的阳极电压同步并能根据电路要求在一定的移相范围内移相。

单结晶体管触发电路具有结构简单、调试方便、脉冲前沿陡、抗干扰能力强等优点，广泛应用于50A以下中、小容量晶闸管的单相可控整流装置中。

1.2.2.1　单结晶体管的结构

单结晶体管的原理结构如图1-21a所示，图中e为发射极，b_1 为第一基极，b_2 为第二基极。由图可见，在一块高电阻率的N型硅片上引出两个基极 b_1 和 b_2，两个基极之间的电阻就是硅片本身的电阻，一般为3～10kΩ。在两个基极之间靠近 b_1 的地方用合金法或扩散法掺入P型杂质并引出电极，成为发射极e。它是一种特殊的半导体器件，有3个电极，只有一个PN结，因此称为“单结晶体管”，又因为管子有两个基极，所以又称为“双基极管”。单结晶体管的等效电路如图1-21b所示，两个基极之间的电阻 $r_{bb} = r_{b1} + r_{b2}$，在正常工作时，r_{b1} 是随发射极电流大小而变化的，相当于一个可变电阻。PN结可等效为二极管VD，它的正向导通压降通常为0.7V。单结晶体管的图形符号如图1-21c所示。触发电路常用的国产单结晶体管型号有BT33和BT35两种。B表示半导体，T表示特种管，第一个数字3表示有3个电极，第二个数字3（或5）表示耗散功率为300mW（或500mW）。其外形与引脚排列如图1-21d所示，其实物图如图1-22所示。

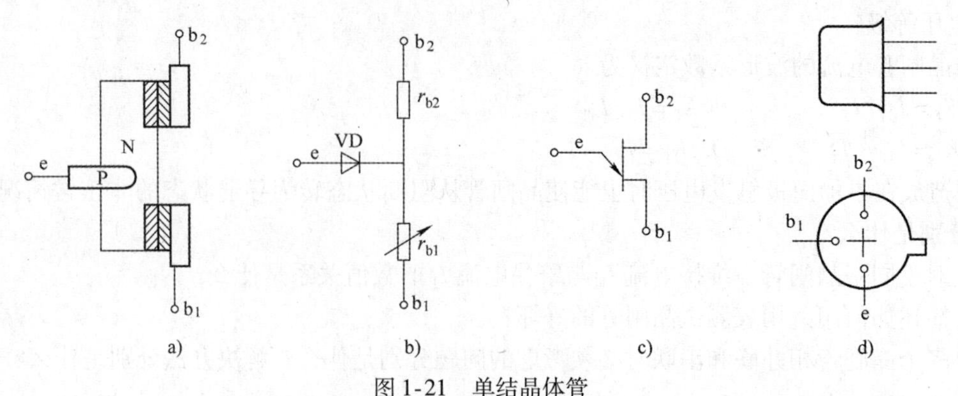

图 1-21　单结晶体管

a）结构示意　b）等效电路　c）图形符号　d）图形符号

1.2.2.2　单结晶体管的伏安特性

单结晶体管的伏安特性指两个基极 b_2 和 b_1 间加某一固定直流电压 U_{bb} 时，发射极电流 I_e 与发射极正向电压 U_e 之间的关系曲线 $I_e=f(U_e)$。其实验电路及伏安特性如图 1-23 所示。

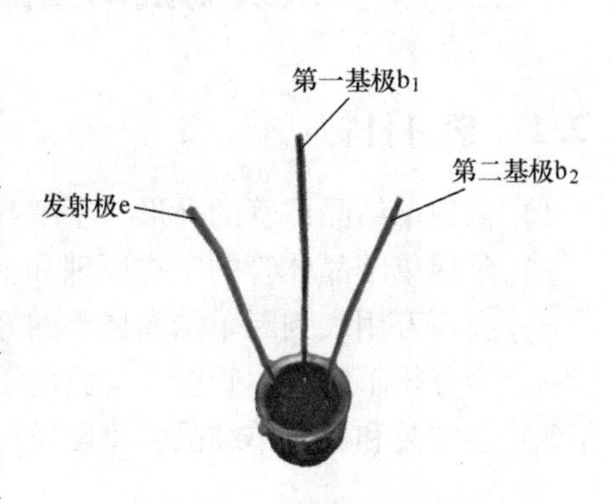

图 1-22　单结晶体管实物图

当 U_{bb} 为零时，得到图 1-23b 图中的①曲线，它与二极管的伏安特性曲线相似。

1）截止区 aP 段。当 U_{bb} 不为零时，U_{bb} 通过单结晶体管等效电路中的 r_{b2} 和 r_{b1} 分压，得 A 点电位 U_A，其值为

$$U_A=\frac{r_{b1}}{r_{b1}+r_{b2}}U_{bb}=\eta U_{bb}$$

式中，η 为分压比，一般为 0.3～0.9。从图 1-22b 可见，当 U_e 从零逐渐增加，但 $U_e<U_A$ 时，等效电路中二极管反偏，仅有很小的反向漏电流；当 $U_e=U_A$ 时，等效二极管零偏，$I_e=0$，电路此时工作在特性曲线与横坐标交点 b 处；进一步增加 U_e，直到 U_e 增加到高出 ηU_{bb} 一个 PN 结正向压降 U_D 时，即 $U_e=U_P=\eta U_{bb}+U_D$ 时，单结管才导通。这个电压称为峰点电压，用 U_P 表示，此时的电流称为峰点电流，用 I_P 表示。

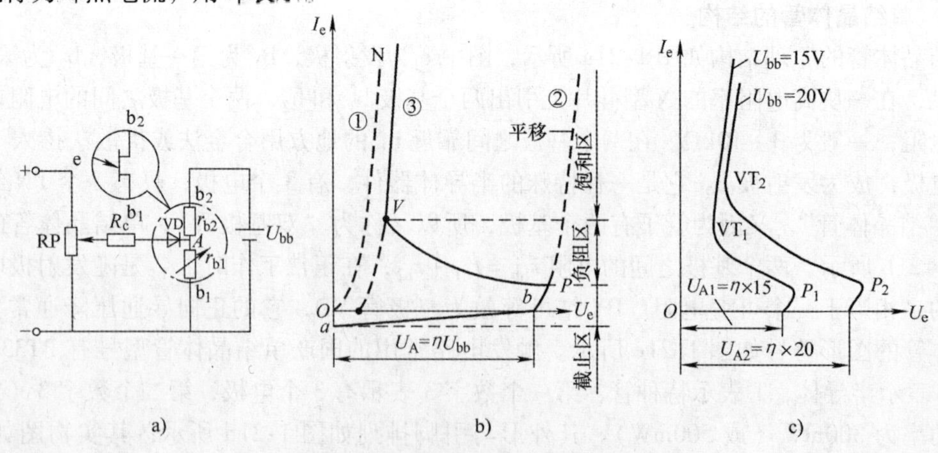

图 1-23　单结晶体管实验电路和伏安特性图

a）实验电路　b）伏安特性曲线　c）特性曲线族

2）负阻区 PV 段。等效二极管导通后大量的载流子注入 $e-b_1$ 区，使 r_{b1} 迅速减小，分压比 η 下降，U_A 下降，因而 U_e 也下降。U_A 的下降使 PN 结承受更大的正偏，引起更多的载流子注入 $e-b_1$ 区，使 r_{b1} 进一步减小，I_e 更进一步增大，形成正反馈。当 I_e 增大到某一数值时，电压 U_e 下降到最低点。这个电压称为谷点电压，用 U_V 表示，此时的电流称为谷点电流，用 I_V 表示。这个过程表明单结晶体管已进入伏安特性的负阻区域。

3）饱和区 VN 段。过谷点以后，当 I_e 增大到一定程度时，载流子的浓度注入遇到阻力，欲使 I_e 继续增大，必须增大电压 U_e，这一现象称为饱和导通状态。

谷点电压是维持单结晶体管导通的最小电压，一旦 $U_e < U_V$ 时，单结管将由导通转化为截止。改变电压 U_{bb}，等效电路中的 U_A 和特性曲线中的 U_P 也随之改变，从而可获得一族单结晶体管特性曲线，如图 1-23c 所示。

1.2.2.3 单结晶体管的主要参数

单结晶体管的主要参数有基间电阻 r_{bb}、分压比 η、峰点电流 I_P、谷点电压 U_V、谷点电流 I_V 及耗散功率等。国产单结晶体管型号主要有 BT33 和 BT35 等。其主要参数见表 1-3。

表 1-3 单结晶体管的主要参数

参数名称		分压比 η	基极电阻 r_{bb}/kΩ	峰点电流 I_P/μA	谷点电流 I_V/mA	谷点电压 U_V/V	饱和电压 U_{es}/V	最大反压 U_{b2e}/V	发射极反漏电流 I_{eo}/μA	耗散功率 P_{max}/mW
测试条件		$U_{bb}=20V$	$U_{bb}=3V$ $I_e=0$	$U_{bb}=0$	$U_{bb}=0$	$U_{bb}=0$	$U_{bb}=0$ I_e 为最大值		U_{b2e} 为最大值	
BT33	A	0.45~0.9	2~4.5	<4	>1.5	<3.5	<4	≥30		300
	B							≥60		
	C	0.3~0.9	>4.5~12			<4	<4.5	≥30		
	D							≥60		
BT35	A	0.45~0.9	2~4.5	<4	>1.5	<3.5	<4	≥30	<2	500
	B					>3.5		≥60		
	C	0.3~0.9	>4.5~12			<4	<4.5	≥30		
	D							≥60		

1.2.2.4 单结晶体管的测试

利用万用表可以很方便地判断单结晶体管的好坏和极性。单结晶体管 e 极对 b_1 极或 e 极对 b_2 极之间的 r_{b1}、r_{b2} 均很小，一般 $r_{b1} > r_{b2}$。单结晶体管 b_1 极和 b_2 极之间的 $r_{b1b2}=r_{b2b1}=3\sim10k\Omega$。

1. 单结晶体管电极的判定

判断发射极 e 的方法：把万用表置于 $R\times100$ 档或 $R\times1k$ 档，黑表笔接假设的发射极，红表笔接另外两极，当出现两次低电阻时，黑表笔接的就是单结晶体管的发射极，如图 1-24 和图 1-25所示。

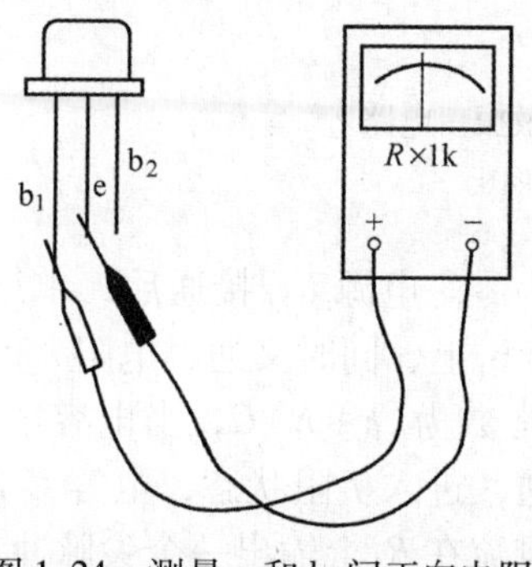

图 1-24 测量 e 和 b_1 间正向电阻

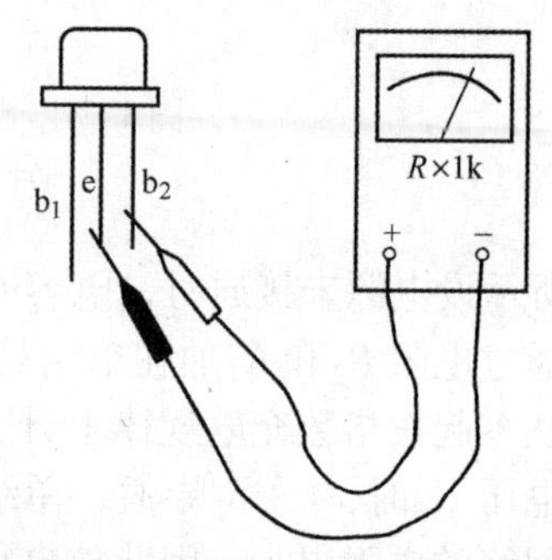

图 1-25 测量 e 和 b_2 间正向电阻

判断 b_1 和 b_2 的方法：把万用表置于 $R\times100$ 档或 $R\times1k$ 档，用黑表笔接发射极，红表笔分别接另外两极，两次测量中，$r_{b1}>r_{b2}$，电阻大的一次，红表笔接的就是 b_1 极。

将万用表两表笔分别接 b_1 和 b_2，分别测量 r_{b1b2} 和 r_{b2b1}，两次测得的结果相等，是固定值，如图 1-26 所示。

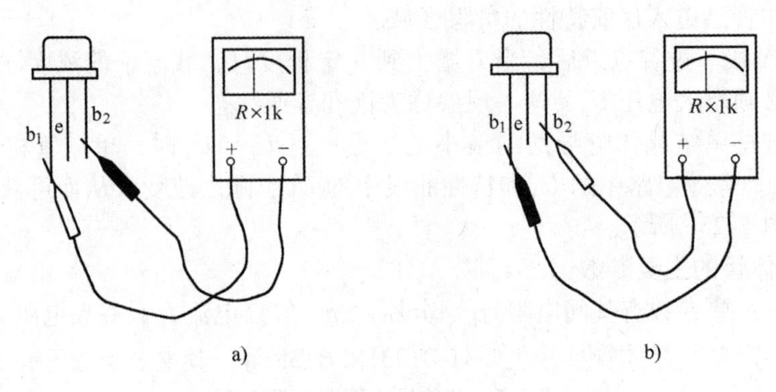

图 1-26　测量 b_1 和 b_2 间电阻

2. 单结晶体管好坏的判定

单结晶体管性能的好坏可以通过测量其各极间的电阻值是否正常来判断。用万用表 $R\times1k$ 档，将黑表笔接发射极 e，红表笔依次接两个基极（b_1 和 b_2），正常时均应有几千欧至十几千欧的电阻值。再将红表笔接发射极 e，黑表笔依次接两个基极，正常时阻值为无穷大。

单结晶体管两个基极 b_1 极和 b_2 极之间的正、反向电阻值均在 3～10kΩ 范围内，若测得某两极之间的电阻值与上述正常值相差较大时，则说明该管子已损坏。

1.2.2.5　单结晶体管自激振荡电路

利用单结晶体管的负阻特性和 RC 电路的充放电特性，可以组成自激振荡电路，产生脉冲，用以触发晶闸管。单结晶体管自激振荡电路的电路图和波形图如图 1-27 所示。

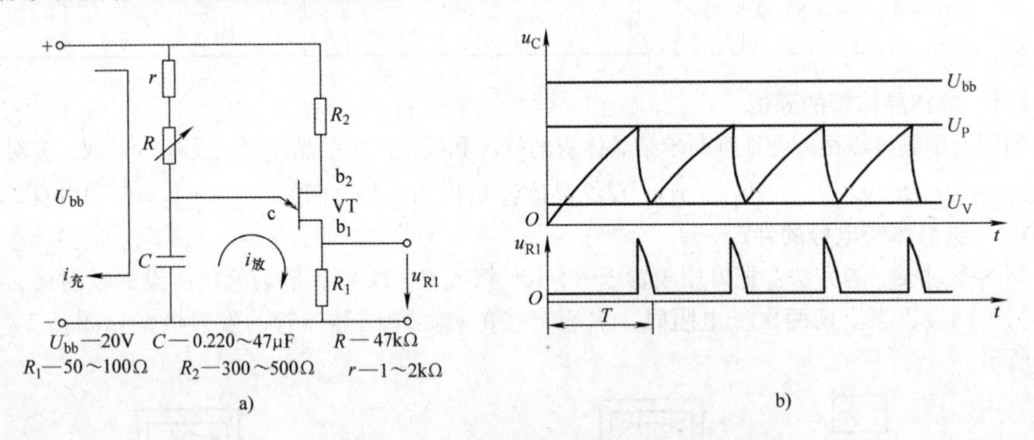

图 1-27　单结晶体管自激振荡电路

a）电路图　b）波形图

图 1-27a 所示设电源未接通时，电容 C 上的电压为零。电源 U_{bb} 接通后，单结晶体管是截止的，电源电压通过电阻 R_2 和 R_1 加在单结晶体管的 b_2 和 b_1 上，同时又通过电阻 r 和 R 对电容 C 充电。电容电压从零起按指数充电规律上升，充电时间常数为 $(r+R)C$，当电容电压 u_C 达到单结晶体管的峰点电压 U_P 时，$e-b_1$ 导通，单结晶体管导通，进入负阻状态，电容 C 通过 r_{b1} 和 R_1 放电。由于放电回路的电阻很小，因此放电很快，放电电流在 R_1 上输出一个尖脉冲去触发晶闸管。

随着电容放电，电容电压降低，当电容电压 u_C 下降到谷点电压 U_V 以下时，单结晶体管截止，输出电压 u_{R1} 下降到零，完成一次振荡。放电一结束，电容器重新开始充电，重复上述过程，电容 C 由于 $\tau_{放} < \tau_{充}$ 而得到锯齿波电压，R_1 上得到一个周期性的尖脉冲输出电压，如图 1-27b所示。

注意，$(r+R)$ 的值太大或太小，电路都不能振荡。

增加一个固定电阻 r 是为防止 R 调节到零时，而造成单结晶体管一直导通无法关断而停振。$(r+R)$ 的值太大时，电容 C 就无法充电到峰值电压 U_P，单结晶体管不能工作在负阻区，而不能导通。

欲使电路振荡，固定电阻 r 值和可变电阻 R 值的选择应满足下式

$$r > \frac{U_{bb} - U_V}{I_V}$$

$$R < \frac{U_{bb} - U_P}{I_P} - r$$

若忽略电容的放电时间，上述振荡电路振荡频率近似为

$$f = \frac{1}{T} = \frac{1}{(R+r)C\ln\left(\frac{1}{1-\eta}\right)}$$

1.2.2.6 单结晶体管触发电路

图 1-28a 所示为单结晶体管触发电路。

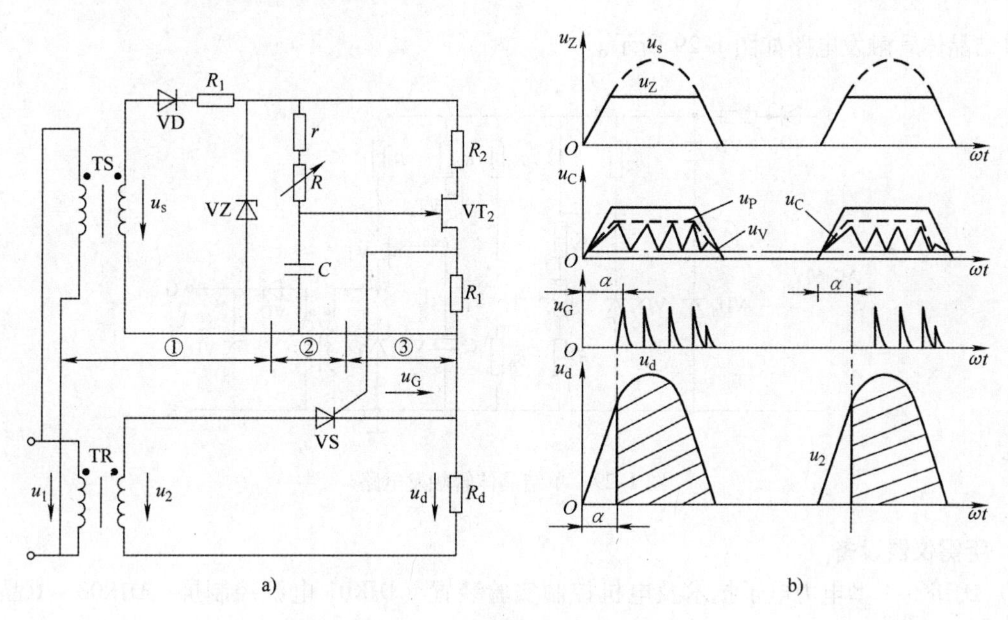

图 1-28 单结晶体管触发电路

a）电路图 b）波形图

如采用上述单结晶体管自激振荡电路输出的脉冲电压去触发可控整流电路中的晶闸管，负载上得到的输出电压 u_d 的波形是不规则的，很难实现正常控制。这是因为触发电路缺少与主电路晶闸管保持电压同步的环节。

1. 同步环节

1）什么是同步。触发信号和电源电压在频率和相位上相互协调的关系称同步。例如，在单

相半波可控整流电路中，触发脉冲应出现在电源电压正半周范围内，而且每个周期的 α 角相同，确保电路输出波形不变，输出电压稳定。

2）同步电路组成。同步电路由同步变压器、VD 半波整流、电阻 R_1 及稳压管组成。同步变压器一次侧与晶闸管整流电路接在同一相电源上，交流电压经同步变压器降压、单相半波整流后再经过稳压管稳压削波形成梯形波电压，作为触发电路的供电电压。梯形波电压零点与晶闸管阳极电压过零点一致，从而实现触发电路与整流主电路的同步。

2. 脉冲移相与形成

1）电路组成。脉冲移相与形成电路实际上就是单结晶体管自激振荡电路。脉冲移相由电阻 r、可变电阻 R 和电容 C 组成，脉冲形成由单结晶体管和电阻 R_1 组成。

2）工作原理。梯形波通过电阻 r 和可变电阻 R 向电容 C 充电，当充电电压达到单结晶体管的峰值电压 U_P 时，单结晶体管 VT_2 导通，电容通过电阻 R_1 放电，输出脉冲。同时由于放电时间常数很小，C 两端的电压很快下降到单结晶体管的谷点电压 U_v，使 VT_2 关断，C 再次充电，周而复始，在电容 C 两端呈现锯齿波形，在电阻 R_1 上输出尖脉冲。在一个梯形波周期内，VT_2 可能导通、关断多次，但只有输出的第一个触发脉冲对晶闸管的触发时刻起作用。充电时间常数由电容 C 和电阻 r 和可变电阻 R 决定，调节可变电阻 R 改变 C 的充电的时间，控制第一个尖脉冲的出现时刻，实现脉冲的移相控制。

单结晶体管触发电路的各主要点波形如图 1-28b 所示。

1.2.3 任务实施 调试单结晶体管触发电路

单结晶体管触发电路如图 1-29 所示。

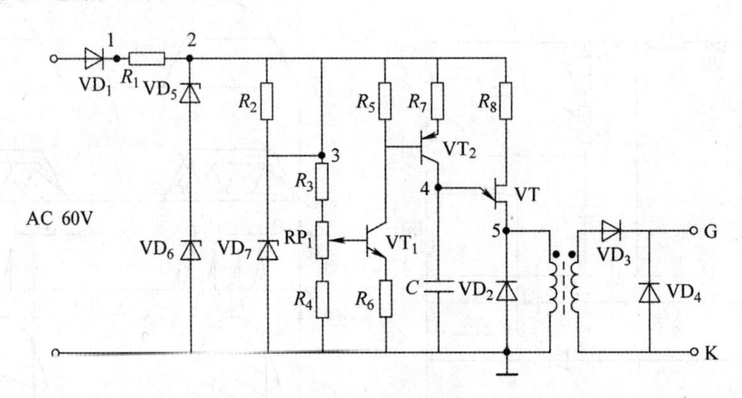

图 1-29 单结晶体管触发电路

1. 所需仪器设备

1）DJDK－1 型电力电子技术及电机控制实验装置（DJK01 电源控制屏、DJK03－1 晶闸管触发电路）一套。

2）示波器 1 台。

3）螺钉旋具 1 把。

4）万用表 1 块。

5）导线若干。

2. 测试前准备

1）课前预习相关知识。

2）清点相关材料、仪器和设备。

3）填写任务单中的准备内容。

3. 操作步骤

1）接线。

将 DJK01 电源控制屏的电源选择开关打到“直流调速”侧，使输出线电压为 200V，用两根导线将交流电压（A、B）接到 DJK03－1 模块的“外接 220V”端。

2）电路调试。

按下电源控制屏的“启动”按钮，打开 DJK03－1 电源开关，这时挂件中所有触发电路都开始工作。用示波器观察单结晶体管触发电路的同步电压（60V）和 1、2、3、4、5 五个测试孔的波形，调节电位器 R_{P1}，观测各点波形变化。将数据记录在任务单中。

单结晶体管触发电路各点的电压波形如图 1-30 所示。

3）操作结束后，按照要求清理操作台。

4）将任务单交给老师评价验收。

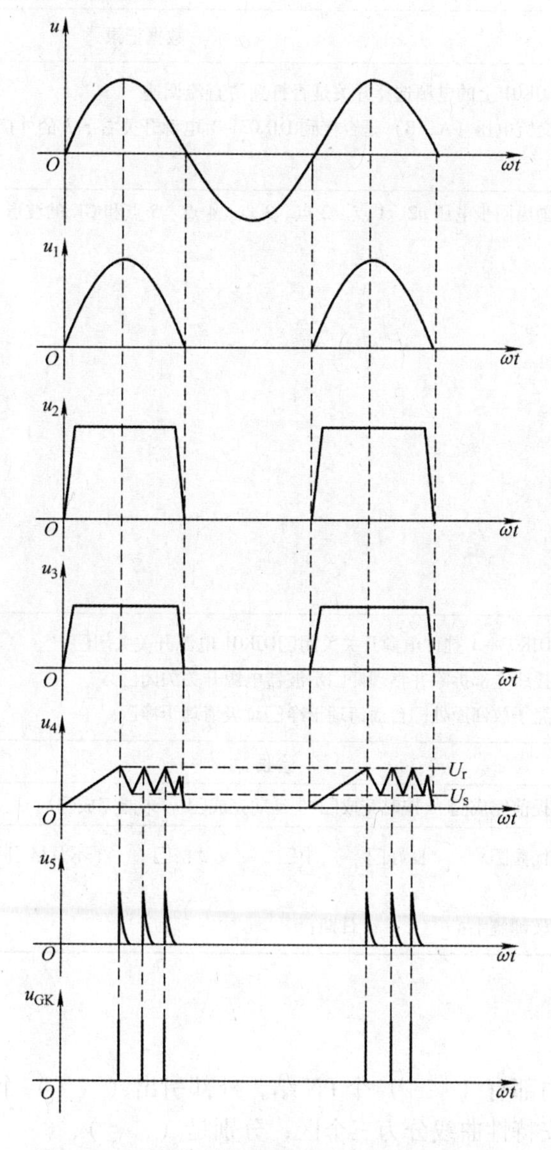

图 1-30　单结晶体管触发电路各点的电压波形

调试单结晶体管触发电路任务单

<table>
<tr><td colspan="3">测试前准备</td></tr>
<tr><td>序号</td><td>准备内容</td><td>准备情况自查</td></tr>
<tr><td>1</td><td>知识准备</td><td>单结晶体管触发电路工作原理和各点理论波形是否清楚 是□ 否□
本次测试目的是否清楚 是□ 否□
本次接线图是否明白 是□ 否□</td></tr>
<tr><td>2</td><td>材料准备</td><td>挂件是否具备 DJK01 □ DJK03 - 1□
三相电源是否完好 是□ 否□
DJK03 - 1 面板与本次实训项目相关内容是否找到外接 220V 电源□
单结晶体管触发电路□ DJK03 - 1 挂件电源开关□
导线□ 示波器□ 示波器探头□</td></tr>
<tr><td colspan="3">测试过程记录</td></tr>
<tr><td>步骤</td><td>内容</td><td>数据记录</td></tr>
<tr><td>1</td><td>接线</td><td>DJK01 上的电源选择开关是否打到“直流调速” 是□ 否□
交流电压（A、B）是否接到 DJK03 - 1 电源开关右下方的外接“220V”端子
是□ 否□</td></tr>
<tr><td>2</td><td>单结晶体管触发电路调试</td><td>画出同步电压 u2、1 点、2 点、3 点、4 点、5 点和 GK 的波形</td></tr>
<tr><td>3</td><td>收尾</td><td>DJK03 - 1 挂件电源开关关闭□DJK01 电源开关关闭□
接线全部拆除并整理好□示波器电源开关关闭□
凳子放回原处□台面清理干净□垃圾清理干净□</td></tr>
<tr><td colspan="3">验收</td></tr>
<tr><td colspan="2">完成时间</td><td>提前完成□ 按时完成□ 延期完成□ 未能完成□</td></tr>
<tr><td colspan="2">完成质量</td><td>优秀□ 良好□ 中□ 及格□ 不及格□

教师签字： 日期：</td></tr>
</table>

1.2.4 思考题与习题

1. 单结晶体管管的内部有（ ）个 PN 结，外部引出（ ）个电极，分别是（ ）。
2. 单结晶体管的伏安特性曲线分为三个区，分别是（ ）、（ ）、（ ）。
3. 单结晶体管导通的条件是：（ ）；单结晶体管关断的条件是：（ ）。

4. 利用单结晶体管的（　　）特性和 RC 电路的（　　）特性，可以组成自激振荡电路，产生脉冲，用以触发晶闸管。

5. 用分压比为0.6的单结晶体管组成振荡电路，若 $U_{bb}=20V$，则峰点电压 U_P 为多少？如果管子的 b_1 引脚虚焊，电容两端的电压为多少？如果是 b_2 引脚虚焊（b_1 引脚正常），电容两端电压又为多少？

6. 简述单结晶体管的测试方法。

7. 简述单结晶体管触发电路的工作原理。

8. 触发电路要满足哪些条件?

9. 根据图1-28的单结晶体管触发电路，画出 u_2、u_Z、u_C、u_G及 u_d的波形。

1.3　任务3　安装和调试晶闸管单相半波可控整流电路

1.3.1　学习目标

1）掌握单相半波可控整流电路的结构和工作原理。

2）会对单相半波可控整流电路进行输出电压、电流等参数的计算及元器件的选择。

3）能安装和调试单相半波可控整流电路。

4）能用示波器对单相半波可控整流电路输出波形进行检测和分析。

1.3.2　相关知识点

晶闸管具有单向可控导电性，因此在电力电子技术中可控整流是晶闸管的最基本应用之一，即把输入的交流电变换成大小可调的单一方向直流电，此过程称为可控整流。

可控整流电路种类很多，单相可控整流电路因其具有电路简单、投资少和制造、调试、维修方便等优点，一般给4kW以下容量的负载供电，对于容量超过4kW的负载，采用三相可控整流电路。按电路所取用的电源和电路结构的不同可控整流电路的分类如图1-31所示。

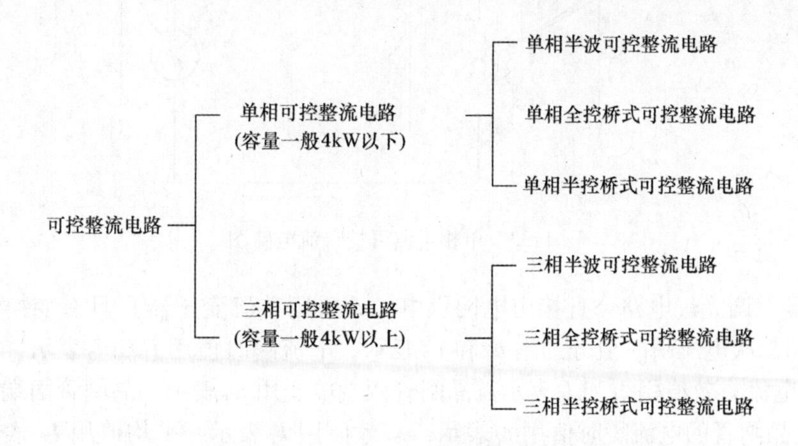

图1-31　可控整流电路的分类图

图1-32所示的是晶闸管可控整流装置的原理框图，主要由整流变压器TR、同步变压器TS、晶闸管主电路、触发电路和负载等几部分组成。

可控整流电路的输入端通过整流变压器TR接在交流电网上，输入电压是交流电，输出端接

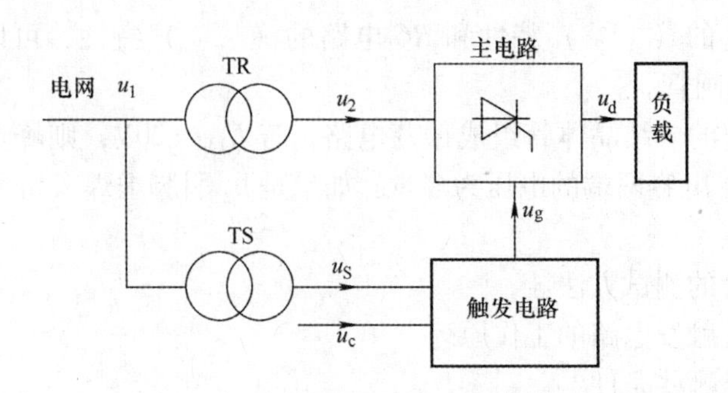

图 1-32　晶闸管可控整流装置原理框图

负载，输出的是可在一定范围内变化的直流电压，负载可以是电阻性负载（如电炉、电热器、电焊机和白炽灯等）、大电感负载（如直流电动机的励磁绕组、滑差电动机的电枢线圈等）以及反电动势负载（如直流电动机的电枢反电动势、充电状态下的蓄电池等）。只要改变触发电路所提供的触发脉冲送出的迟早，就能改变晶闸管在交流电压 u_2 一个周期内导通的时间，从而调节负载上得到的直流电压平均值的大小。

1.3.2.1　单相半波可控整流电路的结构

单相半波可控整流调光灯主电路实际上就是负载为电阻性的单相半波可控整流电路，电阻负载的特点是负载两端电压波形和电流波形相似，其电压、电流均允许突变。

1. 电路结构

单相半波整流可控整流电路是变压器的次级绕组与负载相接，中间串联一个晶闸管，利用晶闸管的可控单向导电性，在半个周期内通过控制晶闸管导通时间来控制电流流过负载的时间，另半个周期被晶闸管所阻，负载没有电流。电路结构如图 1-33 所示。

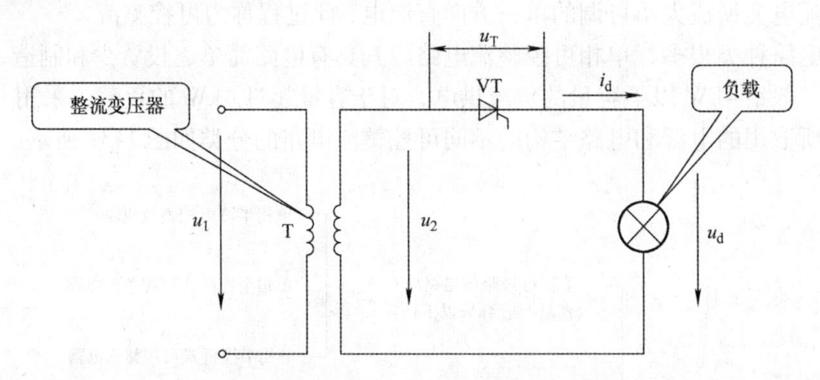

图 1-33　单相半波可控整流电路图

整流变压器（调光灯电路可直接由电网供电，不采用整流变压器）具有变换电压和隔离的作用，其一次和二次电压瞬时值分别用 u_1 和 u_2 表示，电流瞬时值用 i_1 和 i_2 表示，电压有效值用 U_1 和 U_2 表示，电流有效值用 I_1 和 I_2 表示。晶闸管两端电压用 u_T 表示，晶闸管两端电压最大值用 U_{TM} 表示。流过晶闸管的电流瞬时值用 i_T 表示，有效值用 I_T 表示，平均值用 I_{dT} 表示。负载两端电压瞬时值用 u_d 表示，平均值用 U_d 表示，有效值用 U 表示，流过负载电流瞬时值用 i_d 表示，平均值用 I_d 表示，有效值用 I 表示。

2. 几个名词术语

（1）触发延迟角 α

触发延迟角 α 也叫作触发角，是指晶闸管从承受正向电压开始到触发脉冲出现之间的电角度。晶闸管承受正向电压开始的时刻要根据晶闸管具体工作电路来分析，单相半波电路中，晶闸管承受正向电压开始时刻为电源电压过零变正的时刻，如图 1-34 所示。

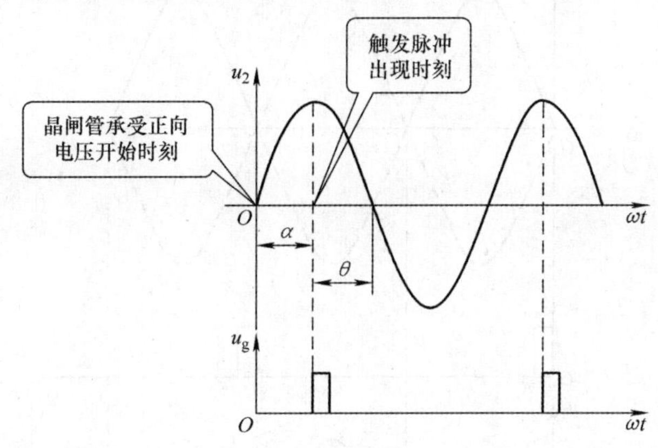

图 1-34　触发延迟角 α 和导通角 θ 的计算方法

（2）导通角 θ

导通角 θ 是指晶闸管在一个周期内处于导通的电角度。单相半波可控整流电路电阻性负载时，$\theta=180°-\alpha$，如图 1-34 所示。不同电路或者同一电路不同性质的负载，导通角 θ 和触发延迟角 α 的关系不同。

（3）移相

移相是指改变触发脉冲出现的时刻，即改变触发延迟角 α 的大小。

（4）移相范围

移相范围是指一个周期内触发脉冲的移动范围，它决定了输出电压的变化范围。单相半波可控整流电路电阻性负载时，移相范围为 $0\sim\pi$，对应的 θ 的导通范围为 $\pi\sim0$。不同电路或者同一电路不同性质的负载，移相范围不同。

1.3.2.2　单相半波可控整流电路——电阻性负载

1. 工作原理

（1）触发延迟角 $\alpha=0°$ 时

在 $\alpha=0°$ 时即在电源电压 u_2 过零变正点，晶闸管门极触发脉冲出现，如图 1-35 所示。在电源电压零点开始，晶闸管承受正向电压，此时触发脉冲出现，满足晶闸管导通条件晶闸管导通，负载上得到输出电压 u_d 的波形是与电源电压 u_2 相同形状的波形，忽略晶闸管的管压降，$u_T=0$；当电源电压 u_2 过零点，晶闸管阳极电流也下降到零而被关断，电路无输出，负载两端电压 u_d 为零，晶闸管承受全部反向电压，$u_T=u_2$；在电源电压负半周内，晶闸管承受反向电压不能导通，直到第二周期 $\alpha=0°$ 触发电路再次施加触发脉冲时，晶闸管再次导通。

（2）触发延迟角 $\alpha=30°$ 时

改变晶闸管的触发时刻，即触发延迟角 α 的大小可改变输出电压的波形，图 1-36 所示为 $\alpha=30°$ 的理论波形。在 $\alpha=30°$ 时，晶闸管承受正向电压，此时加入触发脉冲晶闸管导通，负载上得到输出电压 u_d 的波形是与电源电压 u_2 相同形状的波形，忽略晶闸管的管压降，$u_T=0$；同样当电源电压 u_2 过零时，晶闸管也同时关断，负载上得到的输出电压 u_d 为零，晶闸管承受全部反向电压，$u_T=u_2$；在电源电压过零点到 $\alpha=30°$ 之间的区间上，虽然晶闸管已经承受正向电压，但由于没有触发脉冲，晶闸管依然处于截止状态，晶闸管承受全部反向电压，$u_T=u_2$。

（3）触发延迟角为其他角度时

继续改变触发脉冲的出现时刻，我们可以分别得到触发延迟角 α 为 60°、90°、120°时的波形图，如图 1-37 ~ 图 1-39 所示，其原理同上。

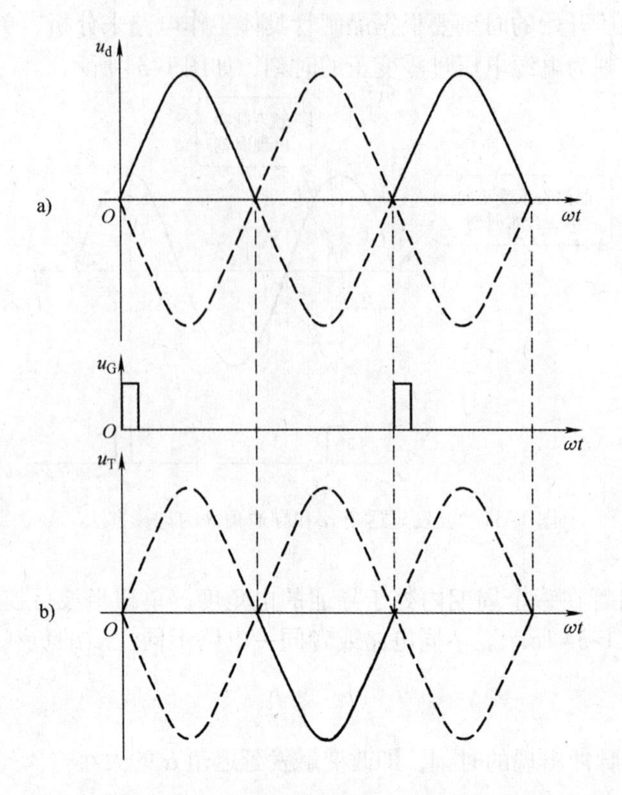

图 1-35　触发延迟角 $\alpha=0°$时输出电压和晶闸管两端电压的波形图

a）输出电压波形　b）晶闸管两端电压波形

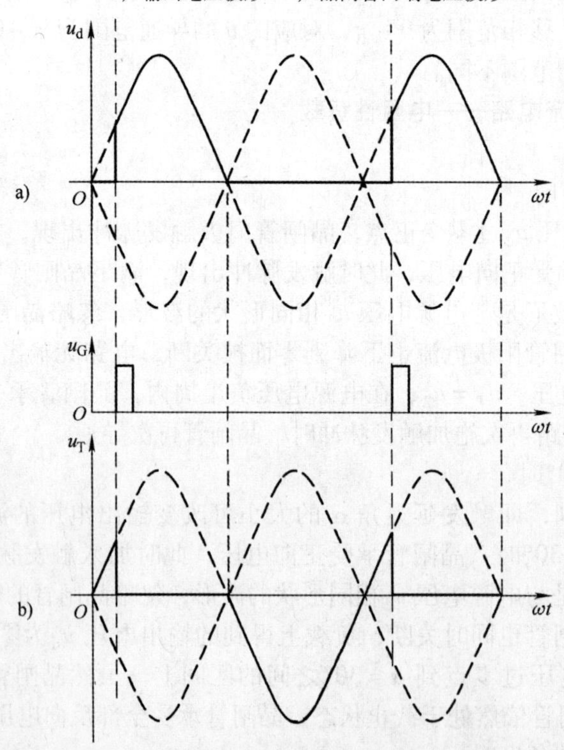

图 1-36　触发延迟角 $\alpha=30°$时输出电压和晶闸管两端电压的波形图

a）输出电压波形　b）晶闸管两端电压波形

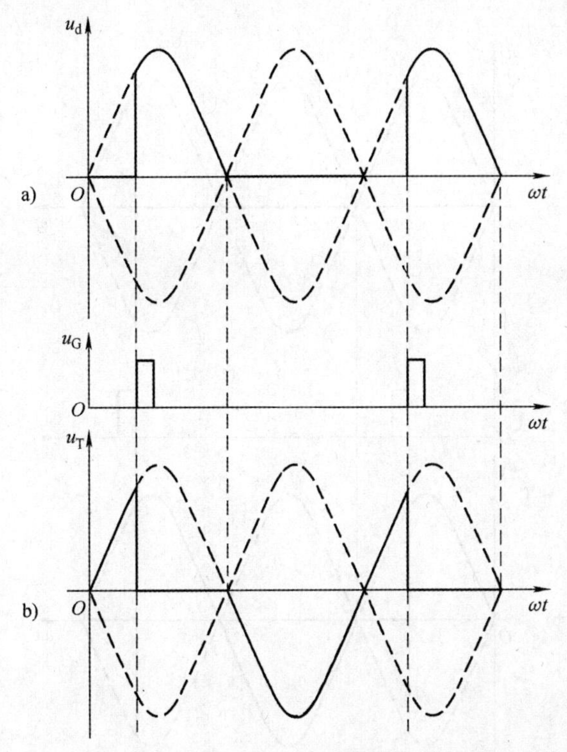

图 1-37　触发延迟角 $\alpha=60°$ 时输出电压和晶闸管两端电压的波形图

a）输出电压波形　b）晶闸管两端电压波形

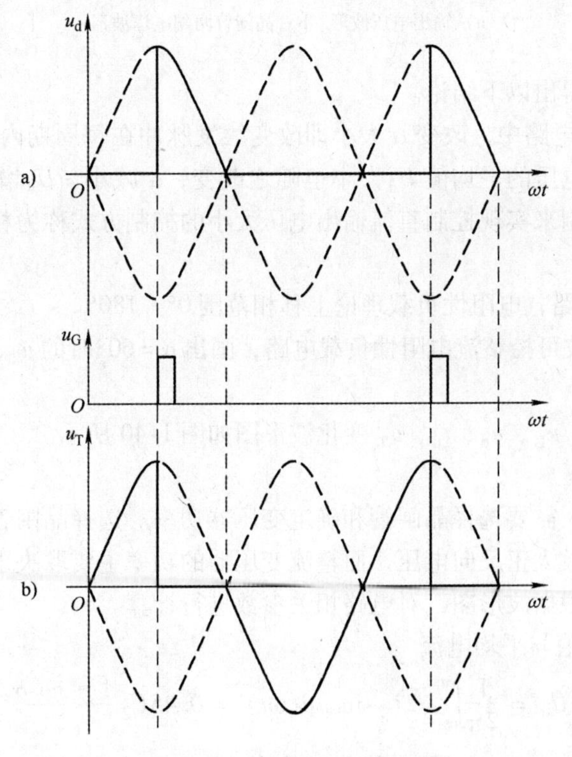

图 1-38　触发延迟角 $\alpha=90°$ 时输出电压和晶闸管两端电压的波形图

a）输出电压波形　b）晶闸管两端电压波形

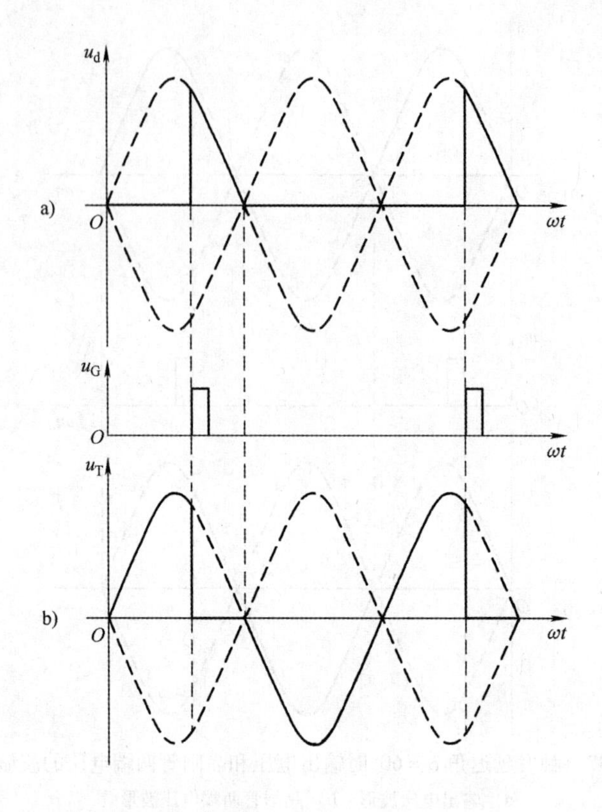

图 1-39　触发延迟角 $\alpha=120°$时输出电压和晶闸管两端电压的波形图

a）输出电压波形　b）晶闸管两端电压波形

由以上的分析可以得出以下结论。

① 在单相半波整流电路中，改变 α 大小即改变触发脉冲在每周期内出现的时刻，则 u_d 和 i_d 的波形变化，输出整流电压的平均值 U_d 大小也随之改变，α 减小，U_d 增大，反之，U_d 减小。这种通过对触发脉冲的控制来实现控制直流输出电压大小的控制方式称为相位控制方式，简称相控方式。

② 单相半波整流电路，电阻性负载理论上移相范围 0°～180°。

【例 1-2】 单相半波可控整流电阻性负载电路，画出 $\alpha=60°$时的 u_2、u_G、u_d、i_d、u_T 变化波形图。

解：$\alpha=60°$时，u_2、u_G、u_d、i_d、u_T 变化波形图如图 1-40 所示。

2. 相关参数计算

在实际电路应用中，需要选择晶闸管和确定变压器功率。选择晶闸管的依据是晶闸管的电流平均值、电流有效值及最大正反向电压，而整流变压器的功率主要取决于变压器的电压和电流有效值。因此，人们需要根据波形图，对电路相关参数进行计算。

（1）输出电压平均值与平均电流

$$U_d = \frac{1}{2\pi}\int_{\alpha}^{\pi}\sqrt{2}U_2\sin\omega t\mathrm{d}(\omega t) = 0.45U_2\frac{1+\cos\alpha}{2} \tag{1-7}$$

$$I_d = \frac{U_d}{R_d} = 0.45\frac{U_2}{R_d}\frac{1+\cos\alpha}{2} \tag{1-8}$$

可见，输出电压平均值 U_d 与变压器二次侧交流电压 U_2 和触发延迟角 α 有关。当 U_2 给定后，

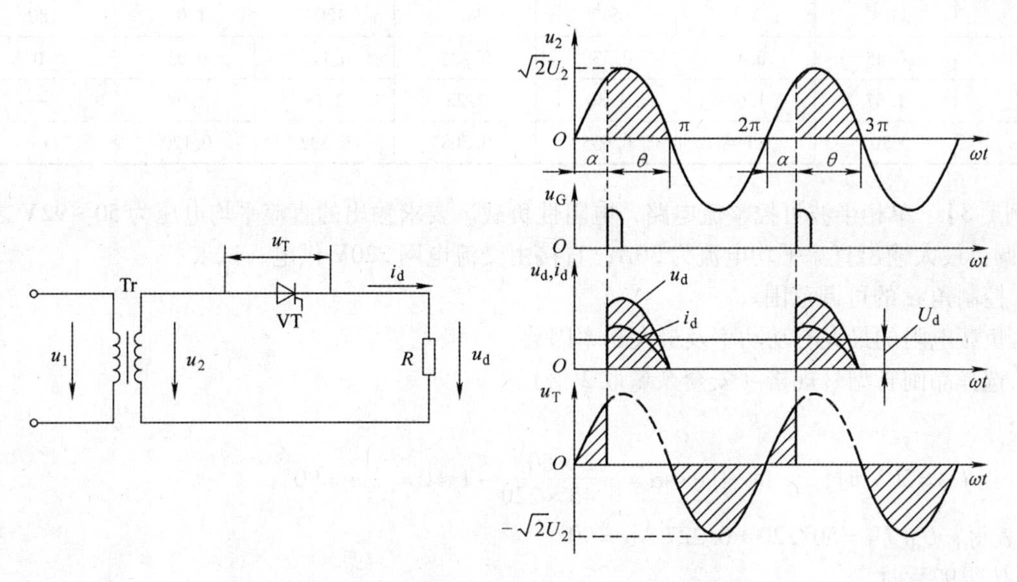

图 1-40 u_2、u_G、u_d、i_d、u_T 波形图

U_d仅与α有关，当$\alpha=0°$时，则$U_d=0.45U_2$为最大输出直流电压平均值；当$\alpha=180°$时，$U_d=0$。只要控制触发脉冲送出的时刻，U_d就可以在$0\sim0.45U_2$之间连续可调。

（2）负载上电压有效值与电流有效值

根据有效值的定义，U应是u_d波形的方均根值，即

$$U=\sqrt{\frac{1}{2\pi}\int_{\alpha}^{\pi}(\sqrt{2}U_2\sin\omega t)^2\mathrm{d}(\omega t)}=U_2\sqrt{\frac{\pi-\alpha}{2\pi}+\frac{\sin2\alpha}{4\pi}} \tag{1-9}$$

$$I=\frac{U}{R_d}=\frac{U_2}{R_d}\sqrt{\frac{\pi-\alpha}{2\pi}+\frac{\sin2\alpha}{4\pi}} \tag{1-10}$$

（3）晶闸管电流有效值和变压器二次侧电流有效值

在单相半波可控整流电路中，晶闸管与负载串联，负载、晶闸管和变压器二次侧流过相同的电流，故其有效值相等，其关系为

$$I_T=I_2=I=\frac{U}{R_d}=\frac{U_2}{R_d}\sqrt{\frac{\pi-\alpha}{2\pi}+\frac{\sin2\alpha}{4\pi}} \tag{1-11}$$

（4）功率因数$\cos\varphi$

功率因数是变压器二次侧有功功率与视在功率的比值。

$$\cos\varphi=\frac{P}{S}=\frac{UI}{U_2I}=\sqrt{\frac{\pi-\alpha}{2\pi}+\frac{\sin2\alpha}{4\pi}} \tag{1-12}$$

当$\alpha=0°$时，$\cos\varphi$最大为0.707，变压器的最大利用率也仅有70%。α越大，$\cos\varphi$越小，设备利用率就越低。

（5）晶闸管可能承受的最大电压

由上面波形图中u_T波形可知，晶闸管可能承受的最大正反向峰值电压为

$$U_{TM}=\sqrt{2}U_2 \tag{1-13}$$

工程上为了计算方便，有时不用公式进行计算，而是按上述公式先作出表格供查阅计算，如表1-4所示。

表 1-4 各电量与触发延迟角 α 的关系

α	0°	30°	60°	90°	120°	150°	180°
U_d/U_2	0.45	0.42	0.338	0.225	0.113	0.03	0
I_T/I_d	1.57	1.66	1.88	2.22	2.78	3.98	—
$\cos\varphi$	0.707	0.698	0.635	0.508	0.302	0.120	—

【例 1-3】 单相半波可控整流电路，电阻性负载。要求输出的直流平均电压为 50 ~ 92V 之间连续可调，最大输出直流平均电流为 30A，直接由交流电网 220V 供电，试求：

1）控制角 α 的可调范围。

2）负载电阻的最大有功功率及最大功率因数。

3）选择晶闸管型号规格（安全余量取 2 倍）。

解：

1）当 $U_d = 50\text{V}$ 时，

$$\cos\alpha = \frac{2\times50}{0.45\times220} - 1 \approx 0 \qquad \alpha = 90°$$

或由查表得，$U_d/U_2 = 50/220 \approx 0.227 \quad \alpha = 90°$

当 $U_d = 92\text{V}$ 时，

$$\cos\alpha = \frac{2\times92}{0.45\times220} - 1 \approx 0.87 \qquad \alpha = 30°$$

或由查表得，$U_d/U_2 = 92/220 \approx 0.418 \quad \alpha = 30°$

所以 α 的范围是 30° ~ 90°。

2）α = 30°时，输出直流电压平均值最大为 92V，这时负载消耗的有功功率也最大。通过查表可得最大电流有效值为

$$I = 1.66\times I_d = 1.66\times30\text{A} = 50\text{A}$$

$$P = I^2R_d = 50^2\times\frac{92}{30}\text{W} = 7667\text{W}$$

此时，功率因数最大，查表得

$$\cos\varphi \approx 0.693$$

3）选择晶闸管。

因 α = 30°时，流过晶闸管的电流有效值最大为 50A，

所以，额定电流为

$$I_{T(AV)} = 2\times\frac{I_{Tm}}{1.57} = 2\times\frac{50}{1.57}\text{A} = 64\text{A}$$

取 100A。

晶闸管的额定电压为

$$U_{Tn} = 2U_{TM} = 2\times\sqrt{2}\times220\text{V} = 624\text{V}$$

取 700V。

故选择 KP100 - 7 型号的晶闸管。

1.3.2.3 单相半波可控整流电路——电感性负载

1. 电感性负载特点

在工业生产中，很多负载既有阻性又有感性，如直流电动机的励磁线圈、滑差电动机的电枢线圈以及输出串接平波电抗器的负载等，均属于电感性负载。当直流负载的感抗 ωL_d 和负载电阻 R_d 的大小相比不可以忽略时，这种负载称为电感性负载。当 $\omega L_d \geqslant 10R_d$ 时，此时的负载称为大电

感负载。为了便于分析，通常等效为电阻与电感串联，如图 1-41 所示。

如果负载是感性，由于电感对变化的电流有阻碍作用，所以流过负载的电流与负载两端的电压有相位差，电压相位超前，而电流滞后，电压允许突变，而电流不允许突变。

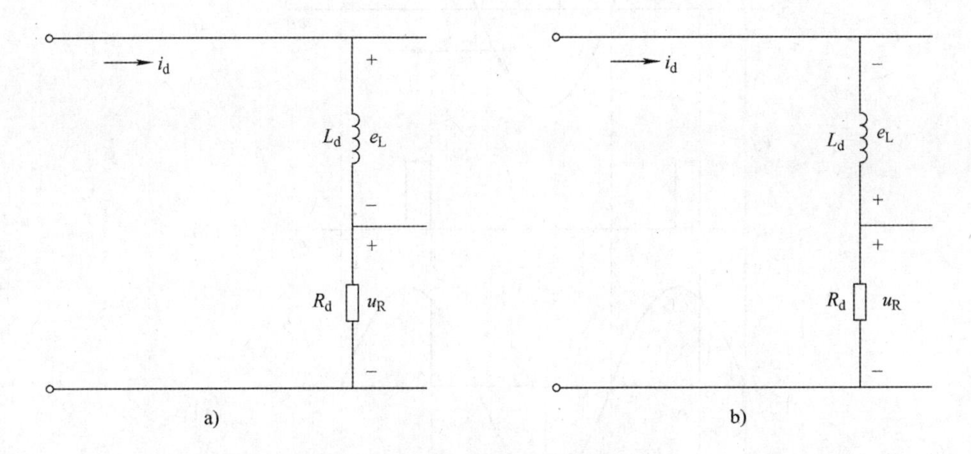

图 1-41　电感线圈对电流变化的阻碍作用

a）电流 i_d 增大时 L_d 两端感应电动势方向　b）电流 i_d 减小时 L_d 两端感应电动势方向

电感线圈是储能元件，当电流 i_d 流过线圈时，该线圈就储存有磁场能量，i_d 越大，线圈储存的磁场能量也越大。随着 i_d 逐渐减小，电感线圈就要将所储存的磁场能量释放出来，试图维持原有的电流方向和大小。因此流过电感中的电流是不能突变的，电感本身是不消耗能量的。当流过电感线圈 L_d 中的电流变化时，要产生自感电动势，其大小为 $e_L = -L_d \mathrm{d}i/\mathrm{d}t$，它将阻碍电流的变化。当 i 增大时，e_L 阻碍电流增大，产生的 e_L 极性为上正下负，如图 1-41a 所示；当 i 减小时，阻碍电流减小，产生的 e_L 极性为上负下正，如图 1-41b 所示。电感线圈既是储能元件，又是电流的滤波元件，它使负载电流波形平滑。

2. 不接续流二极管的工作原理

（1）电路结构

单相半波可控整流电路电感性负载电路如图 1-42所示。

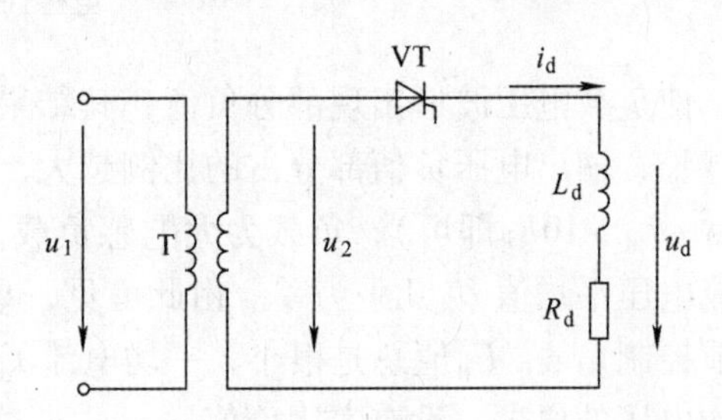

图 1-42　单相半波可控整流电路电感性负载电路

（2）工作原理

图 1-43 所示为电感性负载无续流二极管 $\alpha = 60°$ 时的波形图。

① 在 $0 \sim \omega t_1$ 期间：晶闸管阳极电压大于零，此时晶闸管门极没有触发信号，晶闸管处于正向阻断状态，输出电压和电流都等于零。

② 在 ωt_1 时刻：门极加上触发信号，晶闸管被触发导通，电源电压 u_2 施加在负载上，输出电压 $u_d = u_2$。由于电感的存在，在 u_d 的作用下，负载电流 i_d 只能从零按指数规律逐渐上升。

③ 在 π 时刻：交流电压过零，由于电感的存在，流过晶闸管的阳极电流仍大于零，晶闸管会继续导通，此时电感储存的能量一部分释放变成电阻的热能，同时另一部分送回电网，电感的能量全部释放完后，晶闸管在电源电压 u_2 的反压作用下而截止。直到下一个周期的正半周，即 $2\pi + \alpha$ 时刻，晶闸管再次被触发导通。如此循环，其输出电压、电流波形如图 1-43 所示。

结论：由于电感的存在，使得晶闸管的导通角增大，在电源电压由正到负的过零点也不会关

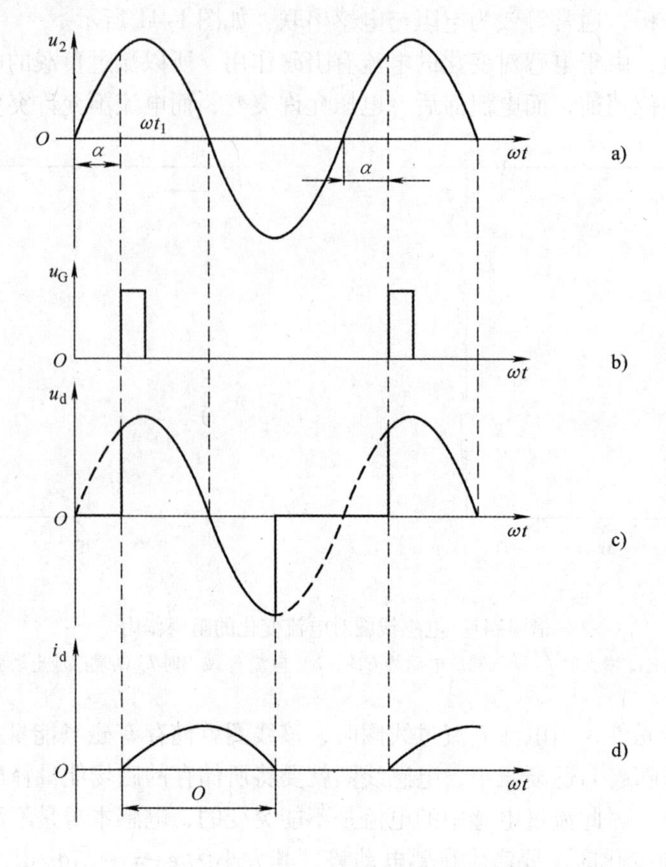

图 1-43　电感性负载无续流二极管时的波形

断，使负载电压波形出现部分负值，其结果使输出电压平均值 U_d减小。电感越大，维持导电时间越长，输出电压负值部分占的比例越大，U_d减少越多。当电感 L_d非常大时（满足 $\omega L_d >> R_d$，通常 $\omega L_d > 10R_d$即可），负载为大电感负载，负载上得到的电压 u_d波形是正、负面积接近相等，直流电压平均值 U_d几乎为零。由此可见，单相半波可控整流电路用于大电感负载时，不管如何调节控制角 α，U_d值总是很小，平均电流 I_d也很小，如不采取措施，电路无法满足输出一定直流平均电压的要求，没有实用价值。

实际的单相半波可控整流电路在带有电感性负载时，都在负载两端并联有续流二极管。

3. 接续流二极管的工作原理

（1）电路结构

为了使 u_2过零变负时能及时地关断晶闸管，使 u_d波形不出现负值，又能给电感线圈 L_d提供续流的旁路，可以在整流输出端并联二极管 VD。如图 1-44 所示，由于该二极管是为电感性负载在晶闸管关断时提供续流回路，故此二极管称为续流二极管。

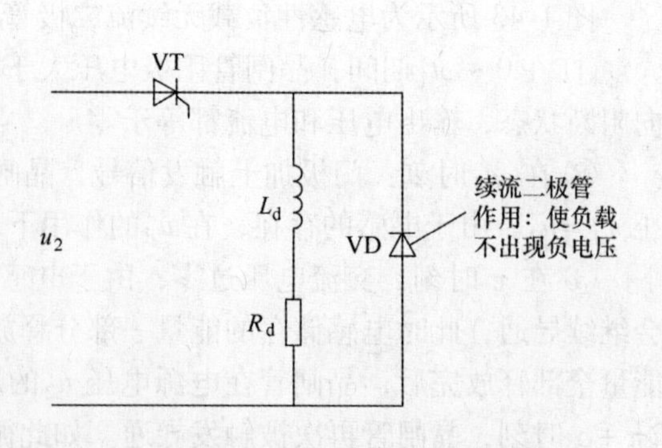

图 1-44　电感性负载接续流二极管的电路

（2）工作原理

图 1-45 所示为电感性负载接续流二极管 α = 60°时的波形图。

从波形图上可以看出以下几点。

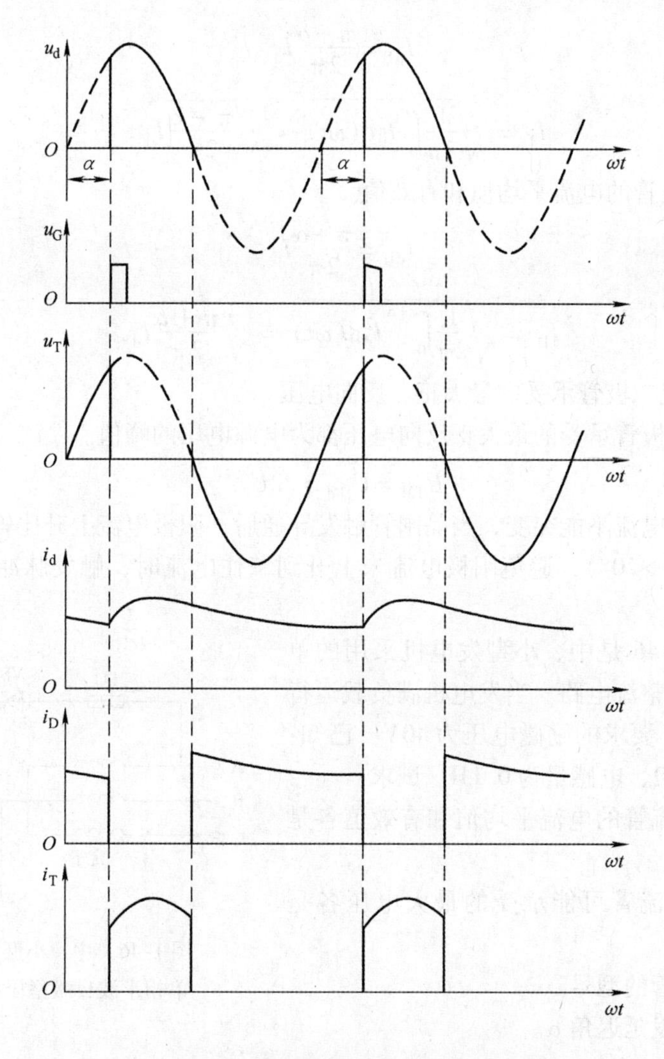

图 1-45　电感性负载接续流二极管时的波形

① 在电源电压正半周（0 ~ π 区间），晶闸管承受正向电压，触发脉冲在 α 时刻触发晶闸管导通，负载上有输出电压和电流。在此期间续流二极管 VD 承受反向电压而关断。

② 在电源电压负半波（π ~ 2π 区间），电感的感应电动势使续流二极管 VD 承受正向电压导通续流，此时电源电压 $u_2 < 0$，u_2通过续流二极管使晶闸管承受反向电压而关断，负载两端的输出电压仅为续流二极管的管压降，可忽略不计。所以 u_d波形与电阻性负载相同。但 i_d的波形则大不相同，因为对大电感而言，续流二极管一直导通到下一周期晶闸管导通，使电流 i_d连续，且 i_d波形近似为一条直线。α 的移相范围0° ~180°。

（3）相关参数计算

① 输出电压平均值 U_d与输出电流平均值 I_d（和电阻性负载一样）。

$$U_d = 0.45U_2\frac{1+\cos\alpha}{2} \tag{1-14}$$

$$I_d = \frac{U_d}{R_d} = 0.45\frac{U_2}{R_d}\frac{1+\cos\alpha}{2} \tag{1-15}$$

② 流过晶闸管的电流平均值和有效值。

$$I_{dT}=\frac{\pi-\alpha}{2\pi}I_d \tag{1-16}$$

$$I_T=\sqrt{\frac{1}{2\pi}\int_{\alpha}^{\pi}I_d^2\mathrm{d}(\omega t)}=\sqrt{\frac{\pi-\alpha}{2\pi}}I_d \tag{1-17}$$

③ 流过续流二极管的电流平均值和有效值。

$$I_{dD}=\frac{\pi+\alpha}{2\pi}I_d \tag{1-18}$$

$$I_D=\sqrt{\frac{1}{2\pi}\int_{0}^{\pi+\alpha}I_d^2\mathrm{d}(\omega t)}=\sqrt{\frac{\pi+\alpha}{2\pi}}I_d \tag{1-19}$$

④ 晶闸管和续流二极管承受的最大正、反向电压。

晶闸管和续流二极管承受的最大正反向电压都为电源电压的峰值。

$$U_{TM}=U_{DM}=\sqrt{2}U_2 \tag{1-20}$$

由于电感性负载电流不能突变，当晶闸管触发导通后，阳极电流上升比较慢，所以要求触发脉冲的宽度要宽些（$>20°$），避免阳极电流未上升到擎住电流时，触发脉冲已经消失，导致晶闸管无法导通。

【例 1-4】 图 1-46 是中、小型发电机采用的单相半波自激稳压可控整流电路。当发电机满负载运行时，相电压为 220V，要求的励磁电压为 40V。已知：励磁线圈的电阻为 2Ω，电感量为 0.1H。试求：

1）晶闸管及续流管的电流平均值和有效值各是多少？

2）晶闸管与续流管可能承受的最大电压各是多少？

3）请选择晶闸管的型号。

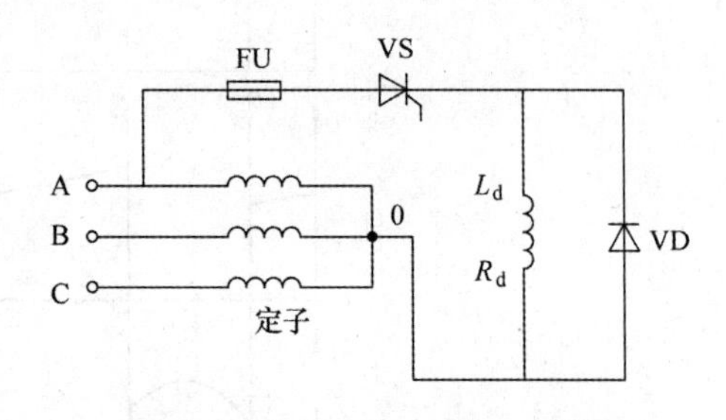

图 1-46　中、小型发电机采用的单相半波自激稳压可控整流电路

解：1）先求触发延迟角 α。

因为

$$U_d=0.45U_2\frac{1+\cos\alpha}{2}$$

$$\cos\alpha=\frac{2}{0.45}\times\frac{40}{220}-1=-0.192$$

得

$\alpha\approx101°$

因为

$$\omega L_d=2\pi fL_d=2\times3.14\times50\times0.1=31.4\Omega\gg R_d=2\Omega$$

所以为大电感负载，各电量分别计算如下

$$I_d=U_d/R_d=40/2\text{A}=20\text{A}$$

$$I_{dT}=\frac{180°-\alpha}{360°}\times I_d=\frac{180°-101°}{360°}\times20\text{A}=4.4\text{A}$$

$$I_T=\sqrt{\frac{180°-\alpha}{360°}}\times I_d=\sqrt{\frac{180°-101°}{360°}}\times20\text{A}=9.4\text{A}$$

$$I_{dD}=\frac{180°+\alpha}{360°}\times I_d=\frac{180°+101°}{360°}\times 20A=15.6A$$

$$I_D=\sqrt{\frac{180°+\alpha}{360°}}\times I_d=\sqrt{\frac{180°+101°}{360°}}\times 20A=17.7A$$

2） $$U_{TM}=U_{DM}=\sqrt{2}U_2=1.414\times 220V=312V$$

3）选择晶闸管型号计算如下：

$U_{Tn}=(2\sim3)U_{TM}=(2\sim3)\times 312V=624\sim936V$　取 700V

$I_{T(AV)}=(1.5\sim2)\frac{I_T}{1.57}=(1.5\sim2)\frac{9.4}{1.57}A=9\sim12A$　取 10A

故选择晶闸管型号为 KP10－7。

1.3.3　任务实施

1.3.3.1　调试单相半波可控整流电路——电阻性负载

单相半波可控整流电路电阻性负载的调试接线图如图 1-47 所示。

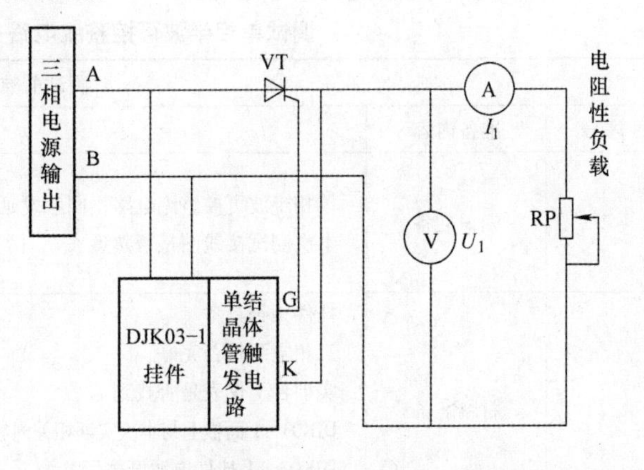

图 1-47　单相半波可控整流电路电阻性负载的调试接线图

1. 所需仪器设备

1）DJDK－1 型电力电子技术及电机控制实验装置（DJK01 电源控制屏、DJK03－1 晶闸管触发电路、DJK02 晶闸管主电路、DJK06 给定及实验器件）1 套。

2）示波器 1 台。

3）螺钉旋具 1 把。

4）万用表 1 块。

5）导线若干。

2. 测试前准备

1）课前预习相关知识。

2）清点相关材料、仪器和设备。

3）填写任务单中的准备内容。

3. 操作步骤

1）接线。

① 触发电路接线。

将 DJK01 电源控制屏的电源选择开关打到“直流调速”侧，使输出线电压为 200V，用两根导线将 200V 交流电压（A、B）接到 DJK03－1 模块的“外接 220V”端。

② 主电路接线。

将 DJK01 电源控制屏的三相电源输出 A 接 DJK02 晶闸管主电路中的 VS 阳极，VS 阴极接 DJK02 直流电流表“＋”，直流电流表“－”接 DJK06 给定及实验器件中灯泡一端，灯泡的另一端接 DJK01 电源控制屏的三相电源输出 B，电源 A 端接直流电压表“＋”极，VT 阴极接直流电压表“－”。

③ 触发脉冲接线。

将单结晶体管触发电路 G 接 VT 的门极，K 接 VT 的阴极。

2）单结晶体管触发电路调试。

按下电源控制屏的“启动”按钮，打开 DJK03－1 电源开关，电源指示灯亮，这时挂件中所有触发电路都开始工作。用示波器观察单结晶体管触发电路的同步电压（60V）和 1、2、3、4、5 五个测试孔的波形，调节电位器 R_{P1}，观测各点波形变化。将数据记录在任务单中。

3）调光灯电路调试。

① 观察灯亮度的变化。

按下电源控制屏的“启动”按钮，打开 DJK03－1 电源开关，用螺钉旋具调节 DJK03－1 单结晶体管触发电路的移相电位器 R_{P1}，观察电压表、电流表的读数以及灯亮度的变化。将数据记录在任务单中。

② 观测波形并记录数据。

调节电位器 R_{P1}，观察 $\alpha=30°$、60°、90°、120°时 u_d、u_T 的波形，并测量直流输出电压 U_d 和电源电压 U_2，将数据记录在任务单中。

4）操作结束后，按照要求清理操作台。

5）将任务单交给老师评价验收。

调试单相半波可控整流电路——电阻性负载任务单

<table>
<tr><td colspan="3">测试前准备</td></tr>
<tr><td>序号</td><td>准备内容</td><td>准备情况自查</td></tr>
<tr><td>1</td><td>知识准备</td><td>单相半波可控整流电路不同触发延迟角时理论波形是否清楚　是□　否□
本次测试接线图是否熟悉　是□　否□</td></tr>
<tr><td>2</td><td>材料准备</td><td>挂件是否具备　DJK01□　DJK02□　DJK03－1□　DJK06□
三相电源是否完好　是□　否□
实训台上仪表是否找到　直流电压表□　直流电流表□
DJK03－1 面板上与本次实训相关内容是否找到（外接 220V 电源□　单结晶体管触发电路□　DJK03－1 挂件电源开关□）
导线□　示波器□　示波器探头□　万用表□</td></tr>
<tr><td colspan="3">测试过程记录</td></tr>
<tr><td>步骤</td><td>内容</td><td>数据记录</td></tr>
<tr><td>1</td><td>接线</td><td>DJK01 上电源选择开关是否打到“直流调速”是□　否□
交流电压（A、B）是否接到 DJK03－1 电源开关右下方的“外接 220V”端子
是□　否□
DJK02 中“正桥触发脉冲”对应控制 VS_1 的触发脉冲 G_1、K_1 开关位置
断□　通□</td></tr>
<tr><td>2</td><td>触发电路调试</td><td>触发电路移相范围</td></tr>
<tr><td>3</td><td>调光灯电路调试</td><td>灯亮度是否可调是□　否□　电压表读书的变化范围
<table>
<tr><td>α</td><td>30°</td><td>60°</td><td>90°</td><td>120°</td></tr>
<tr><td>U_2（测量值）</td><td></td><td></td><td></td><td></td></tr>
<tr><td>负载电压波形 u_d</td><td></td><td></td><td></td><td></td></tr>
<tr><td>晶闸管两端电压波形 u_T</td><td></td><td></td><td></td><td></td></tr>
<tr><td>U_d（测量值）</td><td></td><td></td><td></td><td></td></tr>
<tr><td>U_d（计算值）</td><td></td><td></td><td></td><td></td></tr>
</table>
分析 U_d测量值和计算值误差产生的原因</td></tr>
</table>

（续）

测试过程记录		
步骤	内容	数据记录
4	收尾	DJK03－1 挂件电源开关关闭□　DJK01 电源开关关闭□ 接线全部拆除并整理好□　示波器电源开关关闭□ 凳子放回原处□　台面清理干净□　垃圾清理干净□
验收		
完成时间		提前完成□　按时完成□　延期完成□　未能完成□
完成质量		优秀□　良好□　中□　及格□　不及格□ 教师签字：　日期：

1.3.3.2　调试单相半波可控整流电路——电感性负载

单相半波可控整流电路电感性负载的调试接线图如图 1-48 所示。

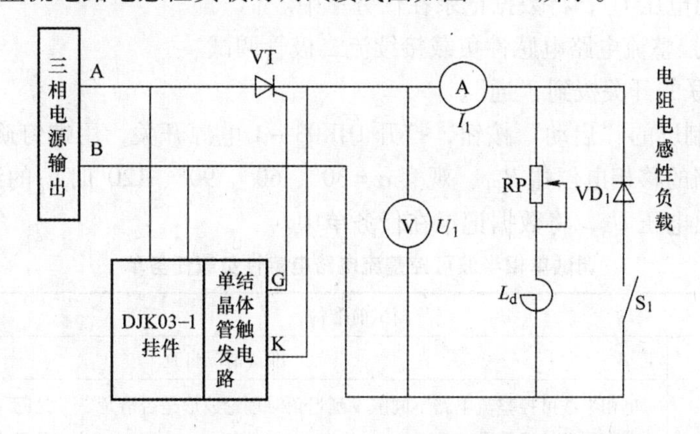

图 1-48　单相半波可控整流电路电感性负载的调试接线图

1. 所需仪器设备

1）DJDK－1 型电力电子技术及电机控制实验装置（DJK01 电源控制屏、DJK03－1 晶闸管触发电路、DJK02 晶闸管主电路、DJK06 给定及实验器件、D42 三相可调电阻）一套。

2）示波器 1 台。

3）螺钉旋具 1 把。

4）万用表 1 块。

5）导线若干。

2. 测试前准备

1）课前预习相关知识。

2）清点相关材料、仪器和设备。

3）填写任务单中的准备内容。

3. 操作步骤

1）接线。

① 触发电路接线。

将 DJK01 电源控制屏的电源选择开关打到“直流调速”侧，使输出线电压为 200V，用两根导线将 200V 交流电压（A、B）接到 DJK03－1 模块的“外接 220V”端。

② 主电路接线。

将 DJK01 电源控制屏的三相电源输出 A 接 DJK02 晶闸管主电路中的 VT 阳极，VT 阴极接 DJK02 直流电流表“+”，直流电流表“-”接 D42 负载的一端，负载电阻的另一端接 DJK02 平波电抗器的“*”，电抗器的 700mH 接 DJK01 电源控制屏的三相电源输出 B；将 VT 阴极接 DJK02 直流电压表“+”，直流电压表“-”接三相电源输出 B；DJK06 中的二极管的阴极接直流电流表“-”，开关的一端接电压表的“-”。图中的 *R* 负载用 D42 三相可调电阻，将两个 900Ω 接成并联形式。

③ 触发脉冲接线。

将单结晶体管触发电路 G 接 VT 的门极，K 接 VT 的阴极。

2）单相半波可控整流电路电感性负载不接续流二极管调试。

① 与二极管串联的开关拨到“断”。

② 按下电源控制屏的“启动”按钮，打开 DJK03-1 电源开关，用螺钉旋具调节 DJK03-1 单结晶体管触发电路的移相电位器 R_{P1}，观察 $\alpha=30°$、60°、90°、120°时 u_d 的波形，并记录 u_d 的波形和测量直流输出电压 U_d，将数据记录在任务单中。

3）单相半波可控整流电路电感性负载接续流二极管调试。

① 与二极管串联的开关拨到“通”。

② 按下电源控制屏的“启动”按钮，打开 DJK03-1 电源开关，用螺钉旋具调节 DJK03-1 单结晶体管触发电路的移相电位器 R_{P1}，观察 $\alpha=30°$、60°、90°、120°时 u_d 的波形，并记录 u_d 的波形和测量直流输出电压 U_d，将数据记录在任务单中。

调试单相半波可控整流电路电感性负载任务单

测试前准备		
序号	准备内容	准备情况自查
1	知识准备	单相半波可控整流电路不同触发延迟角时理论波形是否清楚 是□ 否□ 本次测试接线图是否熟悉 是□ 否□
2	材料准备	挂件是否具备 DJK01□ DJK02□ DJK03-1□ DJK06□ D42□ 三相电源是否完好 是□ 否□ 实训台上仪表是否找到 直流电压表□ 直流电流表□ DJK03-1 面板上与本次实训相关内容是否找到（外接 220V 电源□ 单结晶体管触发电路□ DJK03-1 挂件电源开关□） 导线□ 示波器□ 示波器探头□ 万用表□
测试过程记录		
步骤	内容	数据记录
1	接线	DJK01 上电源选择开关是否打到“直流调速” 是□ 否□ 交流电压（A、B）是否接到 DJK03-1 电源开关右下方的“外接 220V”端子 是□ 否□ DJK02 中“正桥触发脉冲”对应控制 VS_1 的触发脉冲 G_1、K_1 开关位置 断□ 通□ 二极管接线是否正确 是□ 否□ 与二极管连接的开关位置 断□ 通□ 负载电阻 Ω

(续)

<table>
<tr><th colspan="3">测试过程记录</th></tr>
<tr><th>步骤</th><th>内容</th><th>数据记录</th></tr>
<tr><td>2</td><td>不接续流二极管电路调试</td><td>
<table>
<tr><td>α</td><td>30°</td><td>60°</td><td>90°</td><td>120°</td></tr>
<tr><td>U_2（测量值）</td><td></td><td></td><td></td><td></td></tr>
<tr><td>负载电压波形 u_d</td><td></td><td></td><td></td><td></td></tr>
<tr><td>U_d（测量值）</td><td></td><td></td><td></td><td></td></tr>
</table>
</td></tr>
<tr><td>3</td><td>接续流二极管电路调试</td><td>
<table>
<tr><td>α</td><td>30°</td><td>60°</td><td>90°</td><td>120°</td></tr>
<tr><td>U_2（测量值）</td><td></td><td></td><td></td><td></td></tr>
<tr><td>负载电压波形 u_d</td><td></td><td></td><td></td><td></td></tr>
<tr><td>U_d（测量值）</td><td></td><td></td><td></td><td></td></tr>
<tr><td>U_d（计算值）</td><td></td><td></td><td></td><td></td></tr>
</table>
1. 总结接续流二极管和不接续流二极管时，输出电压波形和输出电压值的区别。
2. 比较接续流二极管时，U_d测量值和计算值误差并分析原因。
</td></tr>
<tr><td>4</td><td>收尾</td><td>DJK03－1 挂件电源开关关闭□　DJK01 电源开关关闭□
接线全部拆除并整理好□　示波器电源开关关闭□
凳子放回原处□　台面清理干净□　垃圾清理干净□</td></tr>
<tr><th colspan="3">验收</th></tr>
<tr><td colspan="2">完成时间</td><td>提前完成□　按时完成□　延期完成□　未能完成□</td></tr>
<tr><td colspan="2">完成质量</td><td>优秀□　良好□　中□　及格□　不及格□
教师签字：　日期：</td></tr>
</table>

1.3.4　思考题与习题

1. 什么叫作可控整流电路？

2. 可控整流电路由（　　）和（　　）组成。

3. 从晶闸管开始承受正向阳极电压，到触发脉冲出现之间的电角度称为（　　），用（　　）表示。

4. 在单相半波可控整流电路电阻性负载中，触发延迟角的范围是（　　）。

5. 在单相半波可控整流电路接有续流二极管的电感性负载中，触发延迟角的范围是（　　）。

6. 单相半波可控整流电路，大电感性负载接续流二极管的作用？

7. 单相半波整流电路，如门极不加触发脉冲；晶闸管内部短路；晶闸管内部断开，试分析上述 3 种情况下晶闸管两端电压和负载两端电压波形。

8. 单相半波可控整流电路，电阻性负载，电源电压 U_2 为 220V，要求的直流输出电压为

50V，直流输出平均电流为20A，试计算：

1）晶闸管的触发延迟角α。

2）输出电流有效值。

3）电路功率因数。

4）晶闸管的额定电压和额定电流，并选择晶闸管的型号。

9. 有一单相半波可控整流电路，带电阻性负载$R_d = 10\Omega$，交流电源直接从220V电网获得，试求：

1）输出电压平均值U_d的调节范围。

2）计算晶闸管电压与电流并选择晶闸管。

10. 画出单相半波可控整流电路，当$\alpha = 60°$时，以下三种情况的u_2、u_G、u_d、i_d及u_T的波形。

1）电阻性负载。

2）大电感负载不接续流二极管。

3）大电感负载接续流二极管。

11. 某电阻性负载要求0～24V直流电压，最大负载电流$I_d = 30A$，如用220V交流直接供电与用变压器降压到60V供电，都采用单相半波整流电路，是否都能满足要求？试比较两种供电方案所选晶闸管的导通角、额定电压、额定电流值以及电源和变压器二次侧的功率因数和对电源的容量的要求有何不同、两种方案哪种更合理（考虑2倍裕量）？

12. 单相半波可控整流电路，大电感负载接续流二极管，电源电压220V，负载电阻$R = 10\Omega$，要求输出整流电压平均值为0～30V连续可调。试求触发延迟角α的范围，选择晶闸管型号并计算变压器次级容量。

13. 在例1-4电路中，如电路原先运行正常，突然发现电机电压很低，经检查，晶闸管触发电路以及熔断器均正常，试问是何原因？

项目2　认识和调试晶闸管单相桥式全控整流控制的调光灯电路

项目引入

调光灯的主电路可以采用单相半波可控整流电路实现调光，也可以采用单相桥式全控可控整流电路实现调光。触发电路可以是单结晶体管触发电路、锯齿波同步触发电路或由西门子TCA785构成的集成触发电路等。如图2-1所示，它是由西门子TCA785触发单相桥式全控可控整流电路构成的调光灯电路，根据电路的工作原理，将本项目分解成调试锯齿波同步触发电路、调试西门子TCA785构成的集成触发电路和安装、调试单相桥式全控可控整流电路共3个工作任务。

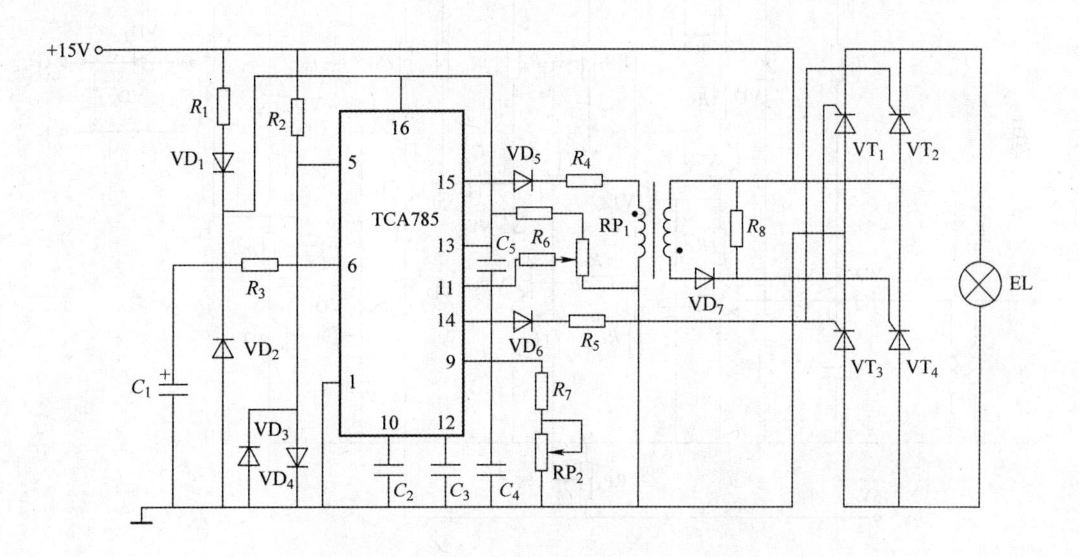

图2-1　西门子TCA785触发单相桥式全控整流电路构成的调光灯电路

2.1　任务1　调试锯齿波同步触发电路

2.1.1　学习目标

1）会分析锯齿波同步触发电路的工作原理。
2）掌握锯齿波同步触发电路的调试方法。

2.1.2　相关知识点

对于大、中电流容量的晶闸管，由于电流容量越大，要求的触发功率就越大，为了保证其触发脉冲具有足够的功率，往往采用由晶体管组成的触发电路。同步电压为锯齿波的触发电路就是其中之一，该电路不受电网波动和波形畸变的影响，移相范围宽，应用广泛。

2.1.2.1　锯齿波同步触发电路的结构

图 2-2 所示为锯齿波同步触发电路，该电路由同步环节、锯齿波形成环节、移相控制环节和脉冲形成放大与输出环节组成。

1）同步环节：由同步变压器、VT_3、VD_1、VD_2、R_1、C_1等元器件组成，其作用是利用同步电压 u_S来控制锯齿波产生的时刻及锯齿波的宽度。

2）锯齿波形成环节：由 VD、VT_2等元器件组成的恒流源电路，当 VT_3截止时，恒流源对 C_2充电形成锯齿波；当 VT_3导通时，电容 C_2通过 R_4、VT_3放电。调节电位器 R_{P1}可以调节恒流源的电流大小，从而改变了锯齿波的斜率。

3）移相控制环节：由控制电压 U_{ct}、偏移电压 U_b和锯齿波电压在 VT_5基极共同叠加构成，R_{P2}、R_{P3}分别调节控制电压 U_{ct}和偏移电压 U_b的大小。

4）脉冲形成放大和输出环节由 VT_6、VT_7构成，C_5为强触发电容改善脉冲的前沿，由脉冲变压器输出触发脉冲。

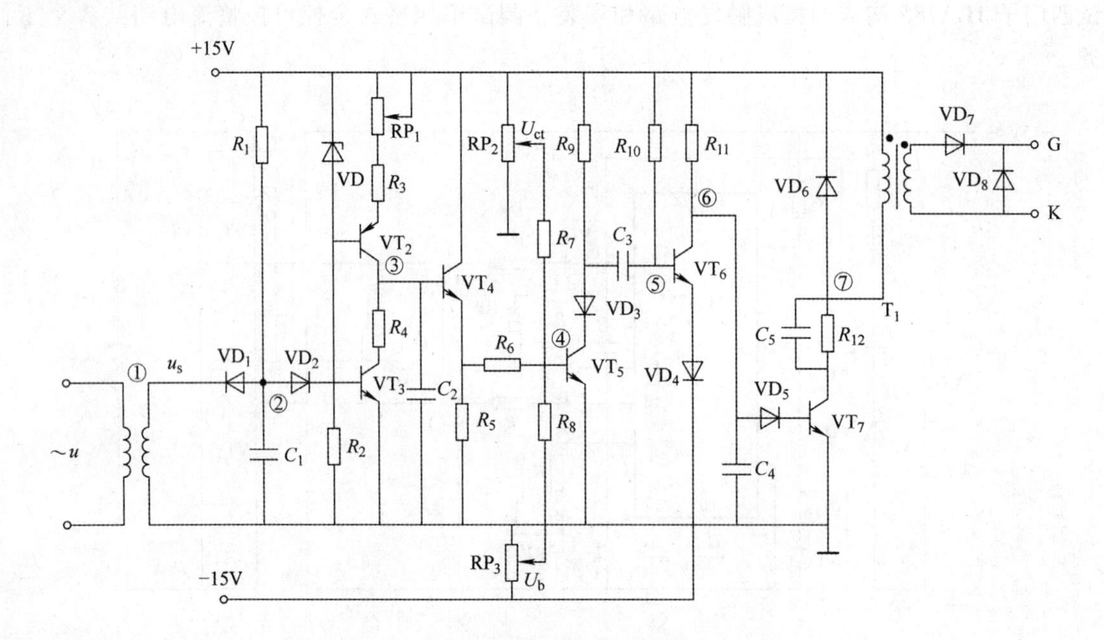

图 2-2　锯齿波同步触发电路

2.1.2.2　锯齿波同步触发电路的工作原理及波形分析

锯齿波同步触发电路各点电压波形如图 2-3 所示。

1. 同步环节

同步就是要求锯齿波的频率与主回路电源的频率相同。锯齿波同步电压是由起开关作用的 VT_3控制的，VT_3截止期间产生锯齿波，VT_3截止持续的时间就是锯齿波的宽度，VT_3开关的频率就是锯齿波的频率。要使触发脉冲与主电路电源同步，必须使 VT_3开关的频率与主电路电源频率相同。在该电路中将同步变压器和整流变压器接在同一电源上，用同步变压器二次电压来控制 VT_3的通断，这就保证了触发脉冲与主回路电源的同步。

同步环节工作原理如下：同步变压器二次电压间接加在 VT_3的基极上，当二次电压为负半周的下降段时，VD_1导通，电容 C_1被迅速充电，②点为负电位，VT_3截止。在二次电压负半周的上升段，电容 C_1已充至负半周的最大值，VD_1截止，+15V 通过 R_1给电容 C_1反向充电，当②点电位上升至 1.4V 时，VT_3导通，②点电位被钳位在 1.4V。以上分析可见，VT_3截止的时间长短，

与 C_1反充电的时间常数 R_1C_1有关，直到同步变压器二次电压的下一个负半周到来时，VD_1重新导通，C_1迅速放电后又被充电，VT_3又变为截止，如此周而复始。在一个正弦波周期内，VT_3具有截止与导通两个状态，对应的锯齿波恰好是一个周期，与主电路电源频率完全一致，达到同步的目的。

2. 锯齿波形成环节

该环节由晶体管 VT_2组成恒流源向电容 C_2充电，晶体管 VT_3作为同步开关控制恒流源对 C_2的充、放电过程，晶体管 VT_4为射极跟随器，起阻抗变换和前后级隔离作用，减小后级对锯齿波线性的影响。

工作原理如下：当 VT_3截止时，由 VT_2管、VD 稳压二极管、R_3、R_{P1}组成的恒流源以恒流 I_{c1}对 C_2充电，C_2两端电压 u_{c2}为

$$u_{c2} = \frac{1}{C_2}\int I_{c1}\mathrm{d}t = \frac{I_{c1}}{C_2}t$$

u_{c2}随时间 t 线性增长。I_{c1}/C_2为充电斜率，调节 R_{P1}可改变 I_{c1}，从而调节锯齿波的斜率。当 VT_3导通时，因 R_4阻值很小，电容 C_2经 R_4、VT_3管迅速放电到零。所以，只要 VT_3管周期性关断、导通，电容 C_2两端就能得到线性很好的锯齿波电压。为了减小锯齿波电压与控制电压 U_c、偏移电压 U_b之间的影响，锯齿波电压 u_{c2}经射极跟随器输出。

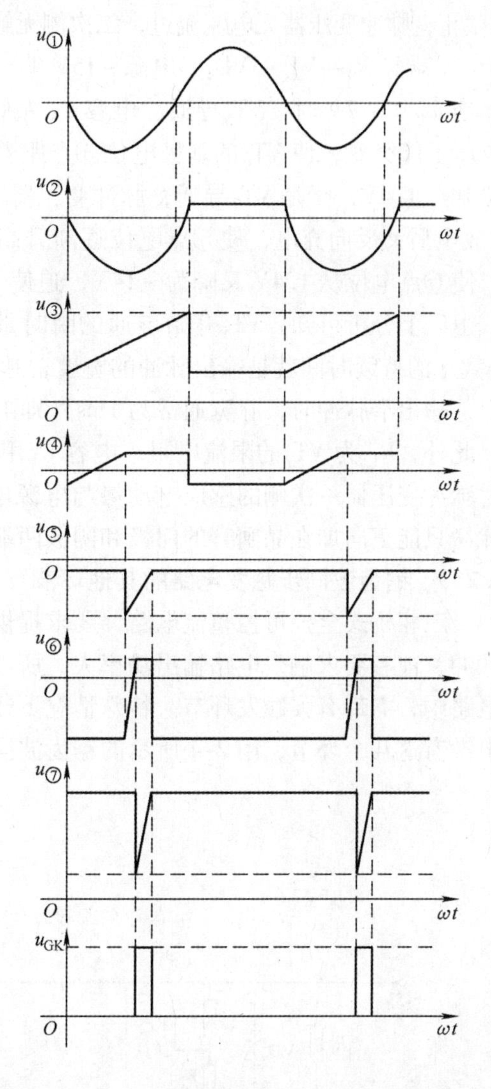

图 2-3　锯齿波同步触发电路各点电压波形（$\alpha = 90°$）

3. 脉冲移相环节

锯齿波电压 u_{e4}与 U_c、U_b进行并联叠加，它们分别通过 R_6、R_7、R_8与 VT_5的基极相接。根据叠加原理，分析 VT_4管基极电位时，可看成锯齿波电压 u_{e4}、控制电压 U_c（正值）和偏移电压 U_b（负值）三者单独作用的叠加。当三者合成电压 u_{b5}为负时，VT_5管截止；合成电压 u_{b5}由负过零变正时，VT_5由截止转为饱和导通，u_{b5}被钳位到 0.7V。

电路工作时，一般将负偏移电压 U_b调整到某值固定，改变控制电压 U_c就可以改变 u_{b5}的波形与横坐标（时间）的交点，也就改变了 VT_5转为导通的时刻，即改变了触发脉冲产生的时刻，达到移相的目的。设置负偏移电压 U_b的目的是为了使 U_c为正，实现从小到大单极性调节。通常设置 $U_c = 0$ 时为对应整流电压输出电压为零时的 α 角，作为触发脉冲的初始位置，随着 U_c的调大 α 角减小，输出电压增加。

4. 脉冲形成放大与输出环节

脉冲形成放大与输出环节由晶体管 VT_5、VT_6、VT_7组成，同步移相电压加在晶体管 VT_5的基极，触发脉冲由脉冲变压器二次侧输出。

工作原理如下：当 VT_5的基极电位 $u_{b5} < 0.7V$ 时，VT_5截止，VT_6经 R_{10}提供足够的基极电流使之饱和导通，因此⑥点电位为 -14V（二极管正向压降按 0.7V，晶体管饱和压降按 0.3V 计算），

VT_7截止，脉冲变压器无电流流过，二次侧无触发脉冲输出。此时电容C_3充电，充电回路为：由电源+15V端经R_9→VT_6→VD_4→电源-15V端。C_3充电电压为28.4V，极性为左正右负。

当$u_{b5}=0.7V$时，VT_5导通，电容C_3左侧电位由+15V迅速降低至1V左右，由于电容C_3两端电压不能突变，使VT_6的基极电位⑤点跟着突降到-27.4V，导致VT_6截止，它的集电极⑥点电位升至1.4V，于是VT_7导通，脉冲变压器输出脉冲。与此同时，电容C_3由15V经R_{10}、VD_3、VT_5放电后又反向充电，使⑤点电位逐渐升高，当⑤点电位升到-13.6V时，VT_6发射结正偏导通，使⑥点电位从1.4V又降为-14V，迫使VT_7截止，输出脉冲结束。

由以上分析可知，VT_5开始导通的瞬时是输出脉冲产生的时刻，也是VT_6转为截止的瞬时。VT_6截止的持续时间就是输出脉冲的宽度，脉冲宽度由C_3反向充电的时间常数（$\tau_3=C_3R_{10}$）来决定，输出窄脉冲时，脉宽通常为1ms（即18°）。

此外，R_{12}为VT_7的限流电阻；电容C_5用于改善输出脉冲的前沿陡度；VD_6可以防止VT_7截止时脉冲变压器一次侧的感应电动势与电源电压叠加造成VT_7的击穿；VD_7、VD_8是为了保证输出脉冲只能正向加在晶闸管的门极和阴极两端。

2.1.2.3 锯齿波同步触发电路的其他环节

对三相桥式全控可控整流电路，要求提供宽度大于60°小于120°的宽脉冲，或间隔60°的双窄脉冲。前者要求触发电路输出功率大，所以很少采用，一般都采用双窄脉冲。在要求较高的触发电路中，需带有强触发环节。特殊情况下还需要脉冲封锁环节。前面分析的锯齿波同步触发电路中没有这几个环节，图2-4所示的锯齿波同步触发电路具有这几个环节。

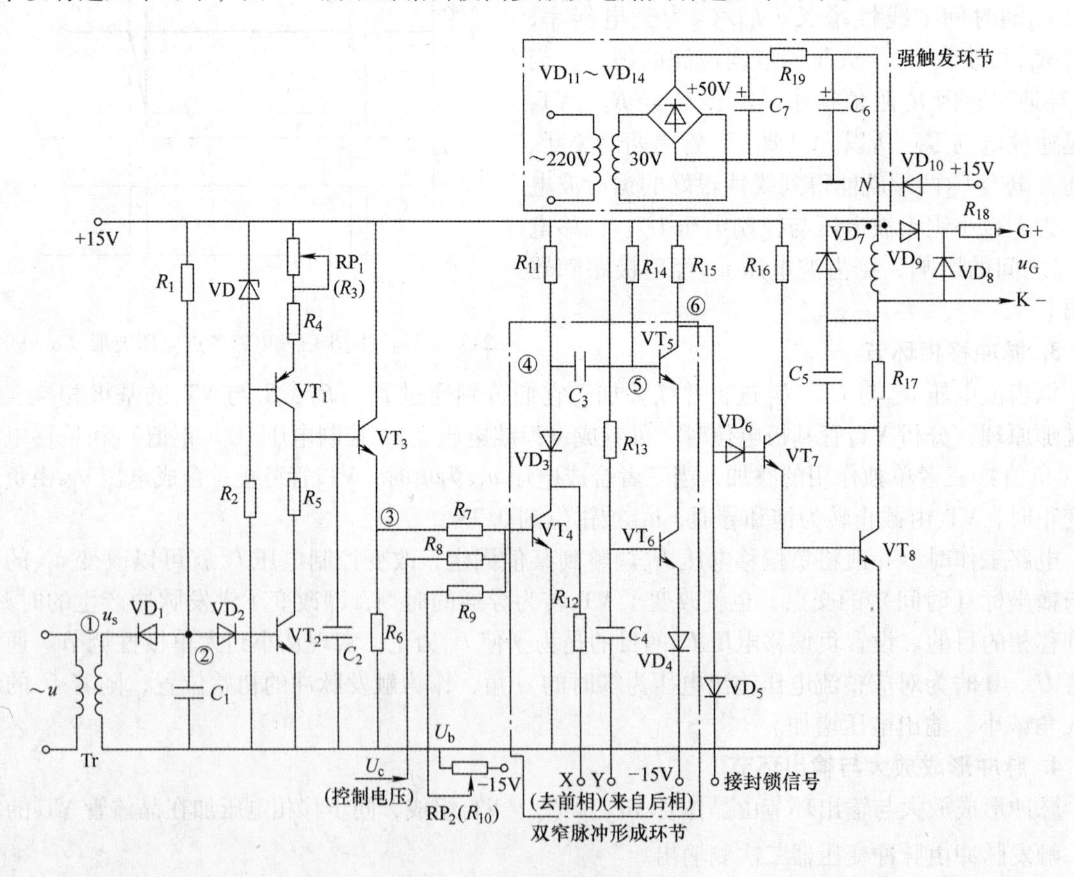

图2-4 锯齿波同步触发电路

1. 双窄脉冲的形成

三相全控桥式电路要求触发脉冲为双脉冲，相邻两个脉冲间隔为60°，该电路可以实现双脉冲输出。

双脉冲形成环节的工作原理如下：VT_5、VT_6两个晶体管构成“或门”电路，当VT_5、VT_6都导通时，VT_7、VT_8都截止，没有脉冲输出。但只要VT_5、VT_6中有一个截止，就会使VT_7、VT_8导通，脉冲就可以输出。VT_5基极端由本相同步移相环节送来的负脉冲信号使其截止，导致VT_8导通，送出第一个窄脉冲，接着由滞后60°的后相触发电路在产生其本相脉冲的同时，由VT_4管的集电极经R_{12}的X端送到本相的Y端，经电容C_4（微分）产生负脉冲送到VT_6基极，使VT_6截止，于是本相的VT_8又导通一次，输出滞后60°的第二个窄脉冲。VD_3、R_{12}的作用是为了防止双脉冲信号的相互干扰。

对于三相桥式全控可控整流电路，电源三相U、V、W为正相序时，6只晶闸管的触发顺序为$VS_1 \to VS_2 \to VS_3 \to VS_4 \to VS_5 \to VS_6$，彼此间隔60°，为了得到双脉冲，6块触发板的X、Y可按下图2-5所示方式连接，即后相的X端与前相的Y端相连。

应当注意的是，使用这种触发电路的晶闸管装置，三相电源的相序是确定的，在安装使用时，应该先测定电源的相序，进行正确的连接。如果电源的相序接反了，装置将不能正常的工作。

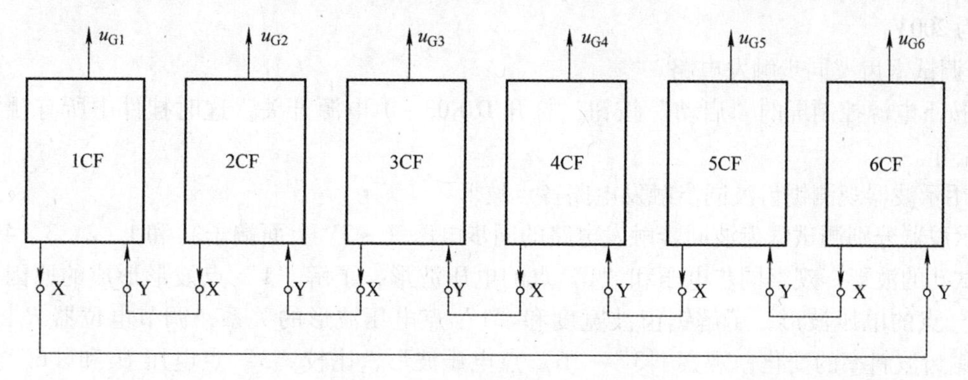

图2-5　双脉冲的连接示意图

2. 强触发及脉冲封锁环节

强触发环节为电路图2-4右上角那部分电路。工作原理：变压器二次侧30V电压经桥式整流，电容和电阻π形滤波，得到近似50V的直流电压，当VT_8导通时，C_6经过脉冲变压器、R_{17}（C_5）、VT_8迅速放电，由于放电回路电阻较小，电容C_6两端电压衰减很快，N点电位迅速下降。当N点电位稍低于15V时，二极管VD_{10}由截止变为导通，这时虽然50V电源电压较高，但它向VT_8提供较大电流时，在R_{19}上的压降较大，使R_{19}的左端不可能超过15V，因此N点电位被钳制在15V。当VT_8由导通变为截止时，50V电源又通过R_{19}向C_6充电，使N点电位再次升到50V，为下一次强触发做准备。波形如图2-6所示。

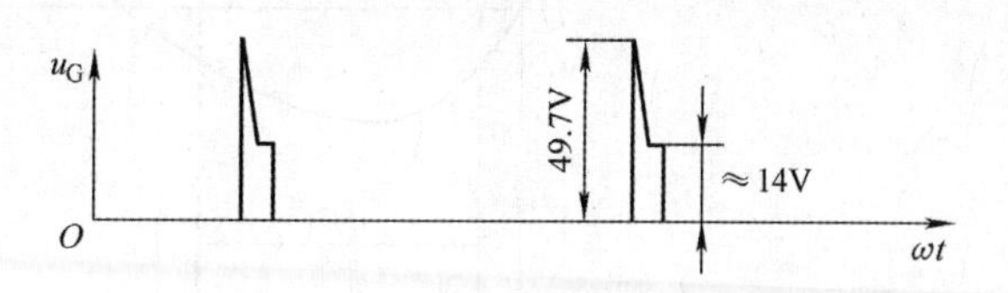

图2-6　具有强触发环节的触发电路输出脉冲波形

电路中的脉冲封锁信号为零电位或负电位，是通过VD_5加到VT_5集电极的。当封锁信号接入时，晶体管VT_7、VT_8就不能导通，触发脉冲无法输出。二极管VD_5的作用是防止封锁信号接地时，经VT_5、VT_6和VD_4到－15V之间产生大电流通路。

锯齿波同步触发电路，具有抗干扰能力强，不受电网电压波动与波形畸变的直接影响，移相范围宽的优点，缺点是整流装置的输出电压 u_d 与控制电压 U_c 之间不成线性关系，电路较复杂。

2.1.3 任务实施 调试锯齿波同步触发电路

1. 所需仪器设备

1）DJDK－1 型电力电子技术及电机控制实验装置（DJK01 电源控制屏、DJK03－1 晶闸管触发电路）。

2）示波器 1 台。

3）螺钉旋具 1 把。

4）万用表 1 块。

5）导线若干。

2. 操作步骤

1）接线。

与单结晶体管触发电路接线相同。用两根导线将电源控制屏交流电压接到触发电路的“外接 220V”端。打开电源控制屏上的电源总开关，将电源选择开关打到“直流调速”侧，使输出线电压为 200V。

2）调试锯齿波同步触发电路。

① 按下电源控制屏的“启动”按钮，打开 DJK03－1 电源开关，这时挂件中所有触发电路都开始工作。

② 用示波器观测锯齿波同步触发电路各点波形。

用示波器分别测试锯齿波同步触发电路的同步电压（～7V 上面端子）和 1、2、3、4、5、6 七个测试孔的波形。观察同步电压和“1”点的电压波形，了解“1”点波形形成的原因；观察“1”“2”点的电压波形，了解锯齿波宽度和“1”点电压波形的关系；调节电位器 R_{P1}，观测“2”点锯齿波斜率的变化；观察“3”～“6”点电压波形，比较“3”点电压 U_3 和“6”点电压 U_6 的对应关系。

③ 调节触发脉冲的移相范围。

将控制电压 U_{ct} 调至零（将电位器 R_{P2} 顺时针旋到底），用示波器观察同步电压信号和“6”点 U_6 的波形，调节偏移电压 U_b（即调 R_{P3} 电位器），使 $\alpha=170°$，其波形如图 2-7 所示。

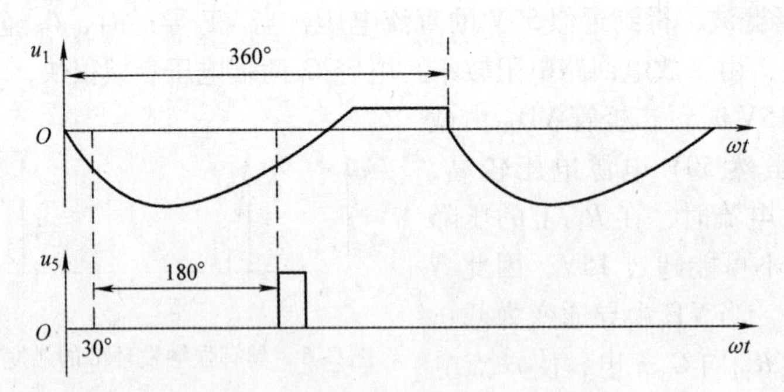

图 2-7 波形图

④ 调节 U_{ct}（即电位器 R_{P2}）使 $\alpha=60°$，观察并记录 U_1～U_6 及输出“G、K”脉冲电压的波形，标出其幅值与宽度，将数据记录在任务单测试过程记录中。

3）操作结束后，按照要求清理操作台。

4）将任务单交给老师评价验收。

调试锯齿波同步触发电路任务单

<table>
<tr><td colspan="3">测试前准备</td></tr>
<tr><td>序号</td><td>准备内容</td><td>准备情况自查</td></tr>
<tr><td>1</td><td>知识准备</td><td>锯齿波触发电路工作原理和各点理论波形是否清楚　是□　否□
本次测试目的是否清楚　是□　否□
本次测试接线是否明白　是□　否□</td></tr>
<tr><td>2</td><td>材料准备</td><td>挂件是否具备　DJK01□　DJK03－1□
三相电源是否完好　是□　否□
DJK03－1 面板上与本次实训相关内容是否找到（外接 220V 电源□
锯齿波同步触发电路□　DJK03－1 挂件电源开关□）
导线□　示波器□　示波器探头□</td></tr>
<tr><td colspan="3">测试过程记录</td></tr>
<tr><td>步骤</td><td>内容</td><td>数据记录</td></tr>
<tr><td>1</td><td>接线</td><td>DJK01 上电源选择开关是否打到“直流调速”是□　否□
交流电压（A、B）是否接到 DJK03－1 电源开关右下方的“外接 220V”端子
是□　否□</td></tr>
<tr><td>2</td><td>触发电路</td><td>
<table>
<tr><td>测试点</td><td>波形</td><td>波形分析</td></tr>
<tr><td>同步电压</td><td></td><td>示波器读出电压峰值 V
频率 Hz</td></tr>
<tr><td>1 点</td><td></td><td>波形峰值 V；波形宽度 ms
波形形成的原因</td></tr>
<tr><td>2 点</td><td></td><td>锯齿波宽度 ms（电角度）
R_{p1}增大，波形斜率如何变化</td></tr>
<tr><td>3 点</td><td></td><td>波形幅值 V；波形宽度 ms
调节 R_{p2}，记录波形变化</td></tr>
<tr><td>4 点</td><td></td><td>波形幅值 V；波形宽度 ms（电角度）
调节 R_{p2}，记录波形变化</td></tr>
<tr><td>5 点</td><td></td><td>波形幅值 V；波形宽度 ms（电角度）
调节 R_{p2}，记录波形变化</td></tr>
<tr><td>6 点</td><td></td><td>波形幅值 V；波形宽度 ms（电角度）
调节 R_{p2}，记录波形变化，该电路移相范围</td></tr>
<tr><td>GK</td><td></td><td>波形幅值 V；波形宽度 ms（电角度）
调节 R_{p2}，记录波形变化</td></tr>
</table>
</td></tr>
<tr><td>3</td><td>收尾</td><td>DJK03－1 挂件电源开关关闭□　DJK01 电源开关关闭□
接线全部拆除并整理好□　示波器电源开关关闭□
凳子放回原处□　台面清理干净□　垃圾清理干净□</td></tr>
<tr><td colspan="3">验收</td></tr>
<tr><td colspan="2">完成时间</td><td>提前完成□　按时完成□　延期完成□　未能完成□</td></tr>
<tr><td colspan="2">完成质量</td><td>优秀□　良好□　中□　及格□　不及格□
教师签字：　日期：</td></tr>
</table>

2.1.4 思考题与习题

1. 简述锯齿波同步触发电路的基本组成。
2. 锯齿波同步触发电路中如何实现触发脉冲与主回路电源的同步？
3. 锯齿波触发电路中如何改变触发脉冲产生的时刻，达到移相的目的？
4. 锯齿波触发电路中输出脉冲的宽度由什么来决定？
5. 项目实施电路中，如果要求在 $U_{ct}=0$ 的条件下，使 $\alpha=90°$，如何调整？
6. 试述锯齿波触发电路中强触发环节的工作原理。

2.2 任务2 调试由西门子 TCA785 构成的集成触发电路

2.2.1 学习目标

会根据 TCA785 构成的集成移相触发电路的工作原理调试触发电路。

2.2.2 相关知识点

TCA785 是德国西门子公司于 1988 年前后开发的第三代晶闸管单片移相触发集成电路，与其他芯片相比，具有温度适用范围宽，对过零点时识别更加可靠，输出脉冲的整齐度更好，移相范围更宽等优点。另外，由于它输出脉冲的宽度可手动自由调节，所以适用范围更广泛。

2.2.2.1 西门子 TCA785

TCA785 采用标准的双列直插式 16 引脚（DIP－16）封装，它的引脚排列如图 2-8 所示。

各引脚的名称、功能及用法如下。

引脚 16（U_S）：电源端。使用中接用户为该集成电路工作提供的工作电源正端。

引脚 1（O_S）：接地端。应用中与直流电源 U_S、同步电压 U_{SYNC}及移相控制信号 U_{11}的地端相连接。

引脚 4 和引脚 2：输出脉冲 1 与 2 的非端。该两端可输出宽度变化的脉冲信号，其相位互差 180°，两路脉冲的宽度均受非脉冲宽度控制端引脚 13（L）的控制。它们的高电平最高幅值为电源电压 U_S，允许最大负载电流为 10mA。若该两端输出脉冲在系统中不用时，电路自身结构允许其开路。

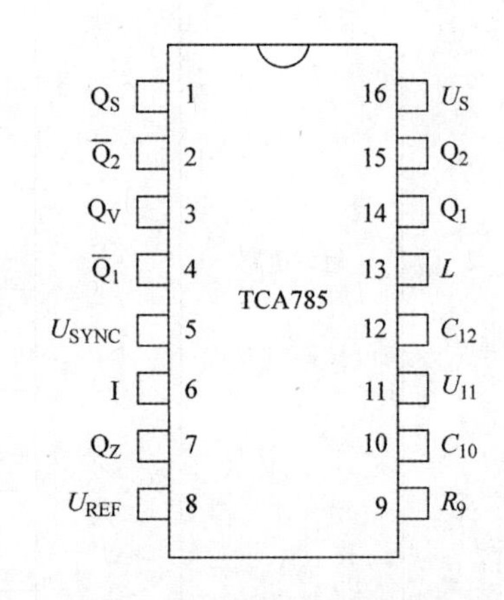

图 2-8 TCA785 的引脚排列图

引脚 14（$\overline{Q}_1$）和引脚 15（$\overline{Q}_2$）：输出脉冲 1 和 2 端。该两端也可输出宽度变化的脉冲，相位同样互差 180°，脉冲宽度受它们的脉宽控制端（引脚 12）的控制。两路脉冲输出高电平的最高幅值为 U_S。

引脚 13（L）：非输出脉冲宽度控制端。该端允许施加电平的范围为 $-0.5V \sim U_S$，当该端接地时，$\overline{Q}_1$、$\overline{Q}_2$ 为最宽脉冲输出，而当该端接电源电压 U_S时，$\overline{Q}_1$、$\overline{Q}_2$ 为最窄脉冲输出。

引脚 12（C_{12}）：输出 Q_1、Q_2的脉宽控制端。应用中，通过一电容接地，电容 C_{12}的电容量范围为 150～4700pF，当 C_{12}在 150～1000pF 变化时，Q_1、Q_2输出脉冲的宽度也在变化，该两端输出窄脉冲的最窄宽度为 100μs，而输出宽脉冲的最宽宽度为 2000μs。

引脚 11（U_{11}）：输出脉冲 $\overline{Q}_1$、$\overline{Q}_2$ 及 Q_1、Q_2 移相控制直流电压输入端。应用中，通过输入电阻接用户控制电路输出，当 TCA785 工作于 50Hz，且自身工作电源电压 U_S 为 15V 时，则该电阻的典型值为 15kΩ，移相控制电压 U_{11} 的有效范围为（0.2 ~ U_S −2）V，当其在此范围内连续变化时，输出脉冲 $\overline{Q}_1$、$\overline{Q}_2$ 及 Q_1、Q_2 的相位便在整个移相范围内变化，其触发脉冲出现的时刻为

$$t_{rr} = (U_{11}R_9C_{10})/(U_{REF}K)$$

式中 R_9、C_{10}、U_{REF}——分别为连接到 TCA785 引脚 9 的电阻、引脚 10 的电容及引脚 8 输出的基准电压；

K——常数，其作用为降低干扰。

应用中引脚 11 通过 0.1μF 的电容接地，通过 2.2μF 的电容接正电源。

引脚 10（C_{10}）：外接锯齿波电容连接端。C_{10} 的使用范围为 500pF ~ 1μF。该电容的最小充电电流为 10μA，最大充电电流为 1mA，它的大小受连接于引脚 9 的电阻 R_9 控制，C_{11} 两端锯齿波的最高峰值为 U_S −2V，其典型后沿下降时间为 80μs。

引脚 9（R_9）：锯齿波电阻连接端。该端的电阻 R_9 决定着 C_{10} 的充电电流，其充电电流可按下式计算

$$I_{10} = U_{REF}K/R_9$$

连接于引脚 9 的电阻也决定了引脚 10 锯齿波电压幅值的高低，锯齿波幅值为

$$U_{10} = U_{REF}Kt/(R_9C_{10})$$

电阻 R_9 的应用范围为 3 ~ 300kΩ。

引脚 8（U_{REF}）：TCA785 自身输出的高稳定基准电压端。该端负载能力为驱动 10 块 CMOS 集成电路。随着 TCA785 应用的工作电源电压 U_S 及其输出脉冲频率的不同，U_{REF} 的变化范围为 2.8 ~ 3.4V，当 TCA785 应用的工作电源电压为 15V，输出脉冲频率为 50Hz 时，U_{REF} 的典型值为 3.1V。如用户电路中不需要应用 U_{REF}，则该端可以开路。

引脚 7（Q_Z）和引脚 3（Q_V）：TCA785 输出的两个逻辑脉冲信号端。其高电平脉冲幅值最大为 U_S −2V，高电平最大负载能力为 10mA。Q_Z 为窄脉冲信号，它的频率为输出脉冲 $\overline{Q}_2$ 与 $\overline{Q}_1$ 或 Q_1 与 Q_2 的两倍，是 $\overline{Q}_1$ 与 $\overline{Q}_2$ 或 Q_1 与 Q_2 的或信号，Q_V 为宽脉冲信号，其宽度为移相控制角 $\varphi + 180°$，它与 $\overline{Q}_1$、$\overline{Q}_2$ 或 Q_1、Q_2 同步，频率与 Q_1、Q_2 或 $\overline{Q}_1$、$\overline{Q}_2$ 相同，该两逻辑脉冲信号可用来提供给用户的控制电路作为同步信号或其他用途的信号，不用时该两端可开路。

引脚 6（I）：脉冲信号禁止端。该端的作用是封锁 Q_1、Q_2 及 $\overline{Q}_1$、$\overline{Q}_2$ 的输出脉冲，该端通常通过阻值 10kΩ 的电阻接地或接正电源，允许施加的电压范围为 −0.5V ~ U_S。当该端通过电阻接地或该端电压低于 2.5V 时，则封锁功能起作用，输出脉冲被封锁；而该端通过电阻接正电源或该端电压高于 4V 时，则封锁功能不起作用。该端允许低电平最大灌电流为 0.2mA，高电平最大拉电流为 0.8mA。

引脚 5（U_{SYNC}）：同步电压输入端。应用中，需对地端接两个正、反向并联的限幅二极管。随着该端与同步电源之间所接电阻阻值的不同，同步电压可以取不同的值。当所接电阻为 200kΩ 时，同步电压可直接取交流 220V。

2.2.2.2 西门子 TCA785 构成的集成触发电路

1. 西门子 TCA785 集成触发电路组成

西门子 TCA785 集成触发电路如图 2-9 所示。同步信号从 TCA785 集成触发器的第 5 脚输入，“过零检测”部分对同步电压信号进行检测，当检测到同步信号过零时，信号送“同步寄存器”，“同步寄存器”输出控制锯齿波发生电路。锯齿波的斜率大小由第 9 脚外接电阻和 10 脚外接电

容决定；输出脉冲宽度由12脚外接电容的大小决定；14、15脚输出对应负半周和正半周的触发脉冲，移相控制电压从11脚输入。

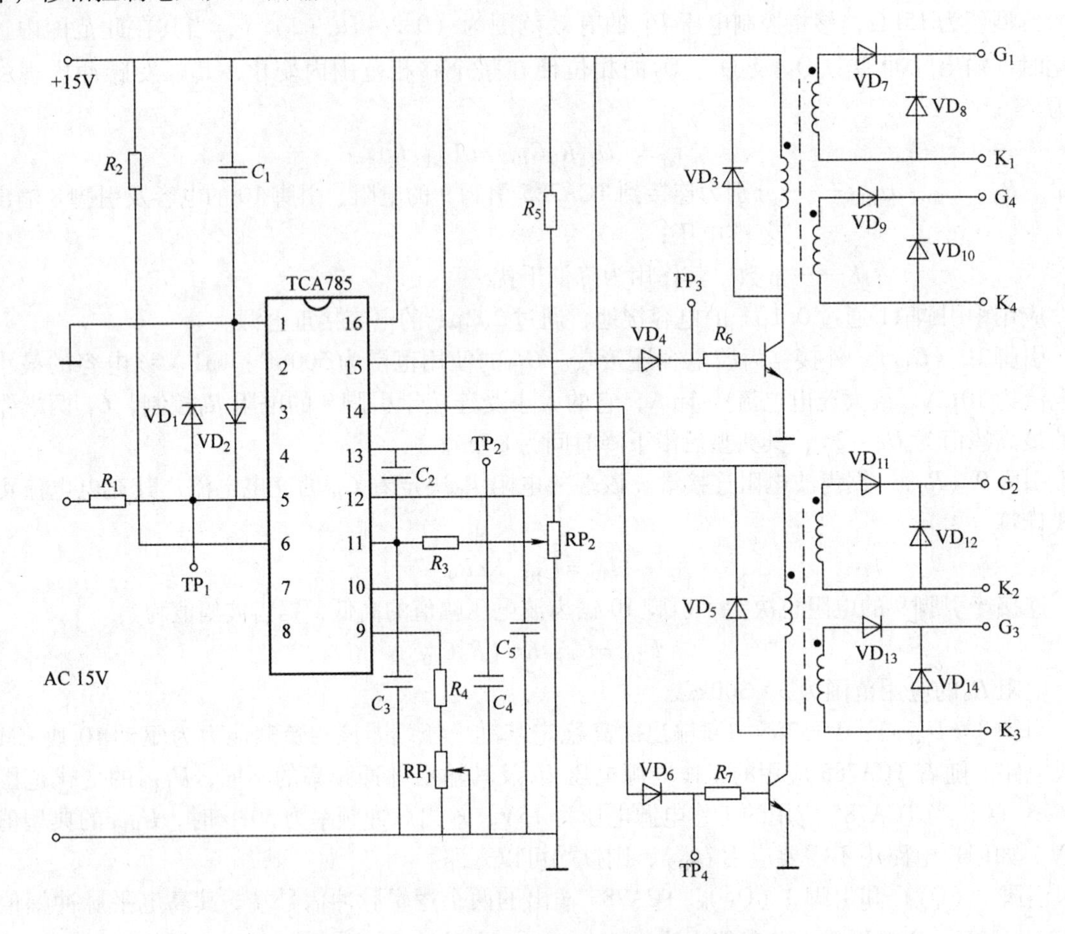

图2-9　西门子TCA785集成触发电路原理图

2. 西门子TCA785构成的集成触发电路工作原理及波形分析

电位器R_{P1}调节锯齿波的斜率，电位器R_{P2}则调节输入的移相控制电压，调节晶闸管触发延迟角。脉冲从14、15脚输出，输出的脉冲恰好互差180°，各点波形如图2-10所示。

2.2.3　任务实施　调试由西门子TCA785构成的集成触发电路

1. 所需仪器设备

1）DJDK－1型电力电子技术及电机控制实验装置（DJK01电源控制屏、DJK03－1晶闸管触发电路）。

2）示波器1台。

3）螺钉旋具1把。

4）万用表1块。

5）导线若干。

2. 操作步骤

1）接线。

与单结晶体管触发电路接线相同。用两根导线将电源控制屏交流电压接到触发电路的“外接220V”端。打开电源控制屏上的电源总开关，将电源选择开关打到“直流调速”侧，使输出线

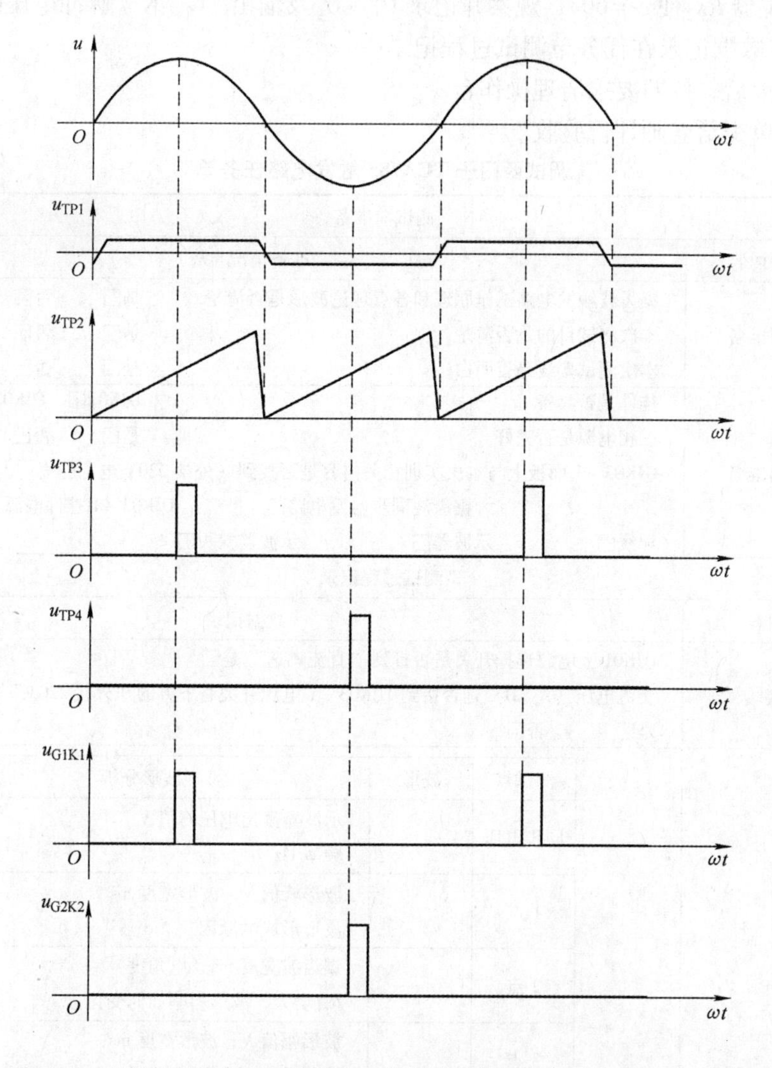

图 2-10　西门子 TCA785 构成的集成触发电路的各点电压波形（$\alpha=90°$）

电压为 200V。

2）调试西门子 TCA785 集成触发电路。

① 按下电源控制屏的“启动”按钮，打开 DJK03－1 电源开关，这时挂件中所有触发电路都开始工作。

② 用示波器观测由西门子 TCA785 构成的集成触发电路各点波形。

将示波器探头的接地端与挂件上的地（黑色插孔）相连，用双踪示波器另一路探头观测～15V 的同步电压信号和 TCA785 触发电路的 1、2、3、4 几个测试点的波形。观察同步电压和“1”点的电压波形，了解“1”点波形形成的原因；观察“2”点的锯齿波波形，调节斜率电位器 R_{P1}，观察“2”点锯齿波的斜率变化；观察“3”“4”两点输出脉冲的波形，两个波形相位差 180°。

③ 调节触发脉冲的移相范围。

调节 R_{P2} 电位器，用示波器观察同步电压信号和“3”点 U_3 的波形，观察和记录触发脉冲的移相范围。

④ 调节电位器 R_{P2} 使 $\alpha=60°$，观察并记录 $U_1 \sim U_4$ 及输出“G、K”脉冲电压的波形，标出其幅值与宽度。将数据记录在任务单测试过程记录中。

3）操作结束后，按照要求清理操作台。

4）将任务单交给老师评价验收。

调试西门子 TCA785 触发电路任务单

<table>
<tr><td colspan="3">测试前准备</td></tr>
<tr><td>序号</td><td>准备内容</td><td>准备情况自查</td></tr>
<tr><td>1</td><td>知识准备</td><td>锯齿波触发电路工作原理和各点理论波形是否清楚　是□　否□
本次测试目的是否清楚　是□　否□
本次测试接线是否明白　是□　否□</td></tr>
<tr><td>2</td><td>材料准备</td><td>挂件是否具备　DJK01□　DJK03－1□
三相电源是否完好　是□　否□
DJK03－1 面板上与本次实训相关内容是否找到（外接 220V 电源□
锯齿波同步触发电路□　DJK03－1 挂件电源开关□）
导线□　示波器□　示波器探头□</td></tr>
<tr><td colspan="3">测试过程记录</td></tr>
<tr><td>步骤</td><td>内容</td><td>数据记录</td></tr>
<tr><td>1</td><td>接线</td><td>DJK01 上电源选择开关是否打到“直流调速”是□　否□
交流电压（A、B）是否接到 DJK03－1 电源开关右下方的“外接 220V”端子
是□　否□</td></tr>
<tr><td>2</td><td>触发电路</td><td>
<table>
<tr><td>测试点</td><td>波形</td><td>波形分析</td></tr>
<tr><td>同步电压</td><td></td><td>示波器读出电压峰值 V
频率 Hz</td></tr>
<tr><td>1 点</td><td></td><td>波形峰值 V；波形宽度 ms
波形形成的原因</td></tr>
<tr><td>2 点</td><td></td><td>锯齿波宽度 ms（电角度）
R_{p1} 增大，波形斜率如何变化</td></tr>
<tr><td>3 点</td><td></td><td>波形幅值 V；波形宽度 ms
调节 R_{p2}，记录波形变化</td></tr>
<tr><td>4 点</td><td></td><td>波形幅值 V；波形宽度 ms（电角度）
调节 R_{p2}，记录波形变化</td></tr>
<tr><td>5 点</td><td></td><td>波形幅值 V；波形宽度 ms（电角度）
调节 R_{p2}，记录波形变化</td></tr>
<tr><td>6 点</td><td></td><td>波形幅值 V；波形宽度 ms（电角度）
调节 R_{p2}，记录波形变化，该电路移相范围</td></tr>
<tr><td>GK</td><td></td><td>波形幅值 V；波形宽度 ms（电角度）
调节 R_{p2}，记录波形变化</td></tr>
</table>
</td></tr>
<tr><td>3</td><td>收尾</td><td>DJK03－1 挂件电源开关关闭□　DJK01 电源开关关闭□
接线全部拆除并整理好□　示波器电源开关关闭□
凳子放回原处□　台面清理干净□　垃圾清理干净□</td></tr>
<tr><td colspan="3">验收</td></tr>
<tr><td colspan="2">完成时间</td><td>提前完成□　按时完成□　延期完成□　未能完成□</td></tr>
<tr><td colspan="2">完成质量</td><td>优秀□　良好□　中□　及格□　不及格□
教师签字：　日期：</td></tr>
</table>

2.2.4　思考题与习题

1. TCA785 触发电路有哪些特点？
2. TCA785 触发电路的移相范围和脉冲宽度与哪些参数有关？
3. 简述 TCA785 触发电路工作原理。

2.3　任务 3　安装和调试单相桥式全控可控整流电路

2.3.1　学习目标

1）掌握单相桥式全控可控整流电路的结构和工作原理。
2）会对单相桥式全控可控整流电路进行输出电压、电流等参数的计算及元器件的选择。
3）能安装和调试单相桥式全控可控整流电路。
4）能用示波器对单相桥式全控可控整流电路输出波形进行检测和分析。

2.3.2　相关知识点

单相半波可控整流电路虽具有电路简单、投资小及调试方便等优点，但其电源只有半个周期工作，整流输出直流电压脉动大，设备利用率低，因此一般适用于对整流指标要求不高、小容量的可控整流装置。

存在上述缺点的原因是：交流电源 u_2 在一个周期中，最多只能半个周期向负载供电。为了使交流电源 u_2 的另一半周期也能向负载输出同方向的直流电压，既能减少输出电压 u_d 波形的脉动，又能提高输出直流电压平均值，所以实用中大量采用单相桥式全控可控整流电路。

2.3.2.1　单相桥式全控可控整流电路结构

单相桥式全控可控整流电路是由整流变压器、负载和 4 只晶闸管组成，如图 2-11 所示。晶闸管 VT_1 和 VT_2 的阴极接在一起，称为共阴极接法，VT_3 和 VT_4 的阳极接在一起，称为共阳极接法。电路中由 VT_1、VT_4 和 VT_2、VT_3 构成两个桥臂，对应的触发脉冲 u_{g1} 和 u_{g4}、u_{g2} 和 u_{g3} 必须成对出现，且两组门极触发脉冲信号相位相差 180°。

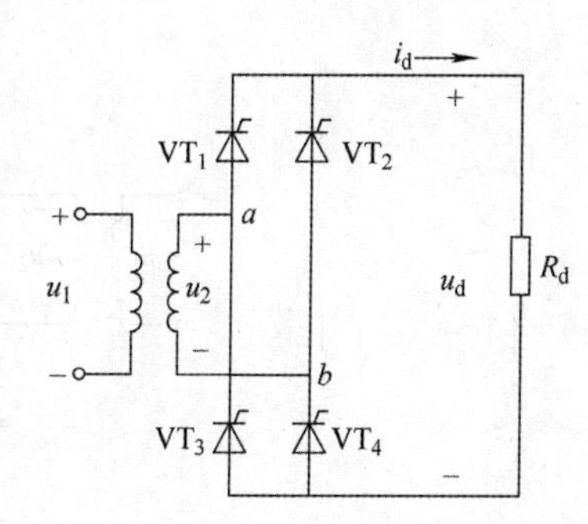

图 2-11　单相桥式全控可控整流电路图

2.3.2.2　单相桥式全控可控整流电路——电阻性负载

1. 工作原理

如图 2-12 所示，以 $\alpha=30°$ 时为例，负载两端电压 u_d 和晶闸管 VT_1 两端电压 u_{T1} 波形。

（1）输出电压和电流分析

在交流电源的正半周区间，即 a 端为正，b 端为负，VT_1 和 VT_4 会承受正向阳极电压，在控制角 $\alpha=30°$（ωt_1 时刻）给 VT_1 和 VT_4 同时加脉冲，则 VT_1 和 VT_4 会导通。此时，电流 i_d 从电源 a 端经 VT_1、负载 R_d 及 VT_4 回电源 b 端，如图 2-13 所示。负载上得到电压 u_d 为电源电压 u_2（忽略了 VT_1 和 VT_4 的导通电压降），方向为上正下负，VT_2 和 VT_3 则因为 VT_1 和 VT_4 的导通而承受反向的电源电压 u_2 不会导通。因为是电阻性负载，所以电流 i_d 也跟随电压的变化而变化。当电源电压 u_2 过零时（ωt_2 时刻），电流 i_d 降低为零，即两只晶闸管的阳极电流降低为零，故 VT_1 和 VT_4 会因电流小于维持电流而关断。

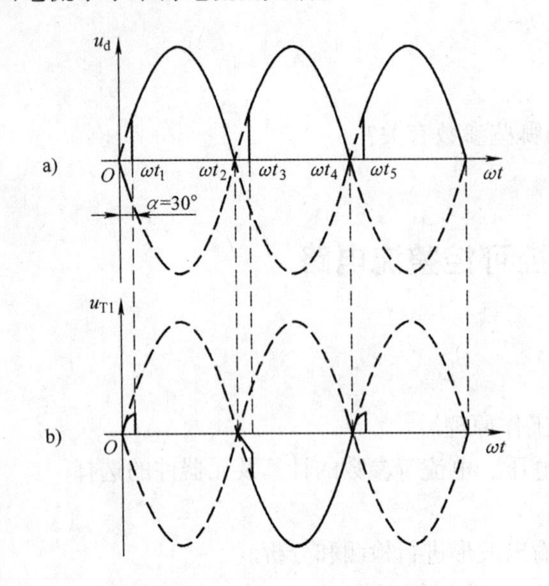

图 2-12 $\alpha = 30°$时的波形图

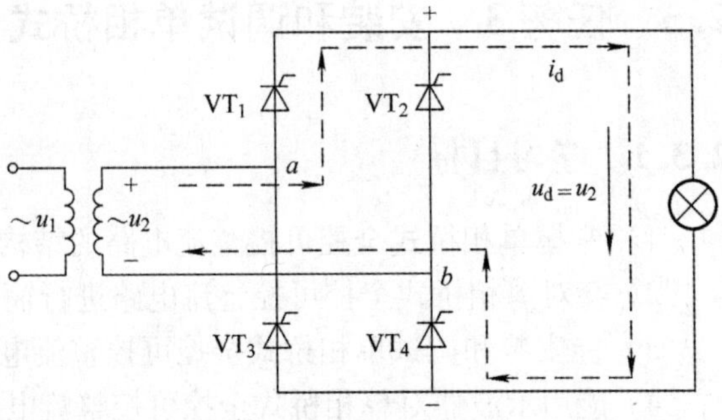

图 2-13 VT_1和 VT_4导通时输出电压和电流

在交流电源负半周区间，即 a 端为负，b 端为正，晶闸管 VT_2和 VT_3会承受正向阳极电压，在触发延迟角 $\alpha = 30°$（ωt_3时刻）给 VT_2和 VT_3同时加脉冲，则 VT_2和 VT_3被触发导通。电流 i_d从电源 b 端经 VT_2、负载 R_d及 VT_3回电源 a 端，如图 2-14 所示。负载上得到电压 u_d大小为电源电压 u_2，方向仍为上正下负，与正半周一致。此时，VT_1和 VT_4则因为 VT_2和 VT_3的导通而承受反向的电源电压 u_2而处于截止状态。直到电源电压负半周结束，电源电压 u_2过零时，电流 i_d也过零，使得 VT_2和 VT_3关断。下一周期重复上述过程。

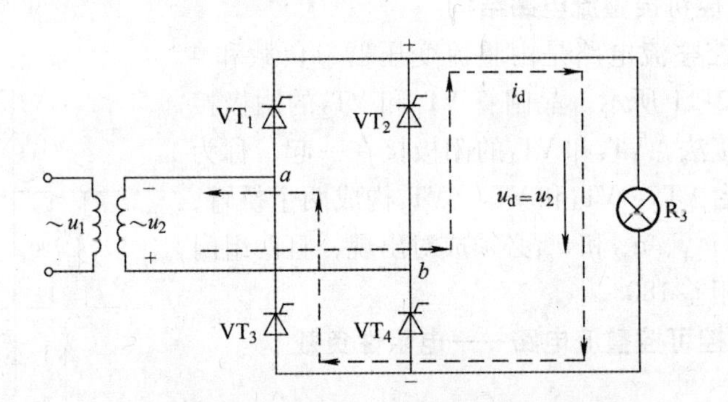

图 2-14 VT_2和 VT_3导通时输出电压和电流

（2）晶闸管两端电压分析

从图 2-12b 中，$\alpha = 30°$晶闸管两端电压波形图中可以看出，在一个周期内整个波形分为 4 部分。

① 在 $0 \sim \omega t_1$期间，电源电压 u_2处于正半周，触发脉冲尚未加入，$VT_1 \sim VT_4$都处于截止状态，晶闸管 VS_1承受电源电压的一半，即 $u_2/2$。

② 在 $\omega t_1 \sim \omega t_2$期间，晶闸管 VT_1导通，忽略管子的管压降，晶闸管两端电压为 0。

③ 在 $\omega t_2 \sim \omega t_3$期间，$VT_1 \sim VT_4$都处于截止状态，晶闸管 VS_1承受电源电压的一半，即 $u_2/2$。

④ 在$\omega t_3 \sim \omega t_4$期间，晶闸管$VT_2$被触发导通后，$VT_1$承受全部电源电压$u_2$。

（3）波形分析结论

以上分析可以得出：

① 在单相全控桥式整流电路中，两组晶闸管（VT_1、VT_4和VT_2、VT_3）在相位上互差180°轮流导通，将交流电转变成脉动的直流电。负载上的直流电压输出波形与单相半波时多了一倍。

② 晶闸管的触发延迟角α可从0°～180°，即移相范围0°～180°，导通角θ_T为$\pi-\alpha$。

③ 晶闸管承受的最大反向电压为$\sqrt{2}U_2$，而其承受的最大正向电压为$\frac{\sqrt{2}}{2}U_2$。

2. 相关参数计算

（1）输出直流电压的平均值U_d和输出直流电流平均值I_d

$$U_d = \frac{1}{\pi}\int_\alpha^\pi \sqrt{2}U_2\sin\omega t\,d(\omega t) = \frac{\sqrt{2}U_2}{\pi}(1+\cos\alpha) = 0.9U_2\frac{1+\cos\alpha}{2} \tag{2-1}$$

$$I_d = \frac{U_d}{R_d} \tag{2-2}$$

输出直流电压平均值是单相半波时的2倍。当$\alpha=0°$时，相当于不可控桥式整流，此时输出电压最大，即$U_d=0.9U_2$。当$\alpha=\pi$时，输出电压为零，故晶闸管的可控移相范围为$0\sim\pi$。

（2）输出电压有效值U与输出电流有效值I

$$U = \sqrt{\frac{1}{\pi}\int_0^\pi(\sqrt{2}U_2\sin\omega t)^2 d(\omega t)} = U_2\sqrt{\frac{\sin2\alpha}{2\pi}+\frac{\pi-\alpha}{\pi}} \tag{2-3}$$

$$I = \frac{U}{R_d} \tag{2-4}$$

输出电压有效值是单相半波的$\sqrt{2}$倍。

（3）流过晶闸管的电流平均值和有效值

由于晶闸管VS_1、VS_4和VS_2、VS_3在电路中是轮流导通的，因此流过每个晶闸管的平均电流只有负载上平均电流I_d的一半，

$$I_{dT} = \frac{1}{2}I_d = 0.45\frac{U_2}{R_d}\left(\frac{1+\cos\alpha}{2}\right) \tag{2-5}$$

$$I_T = \sqrt{\frac{1}{2\pi}\int_\alpha^\pi\left[\frac{\sqrt{2}U_2\sin\omega t}{R_d}\right]^2 d(\omega t)} = \frac{U_2}{\sqrt{2}R_d}\sqrt{\frac{1}{2\pi}\sin2\alpha+\frac{\pi-\alpha}{\pi}} = \frac{1}{\sqrt{2}}I \tag{2-6}$$

（4）晶闸管承受的最大电压$U_{TM}=\sqrt{2}U_2$，α的移相范围为$0\sim\pi$

2.3.2.3 单相桥式全控可控整流电路——电感性负载

1. 无续流二极管

单相桥式全控整流电路电感性负载电路如图2-15所示，为了便于分析和计算，在电路图中通常等效为电阻与电感串联表示。假设电路电感很大（$\omega L_d \geqslant 10R_d$），输出电流连续，波形近似为一条平直的直线，电路处于稳态。

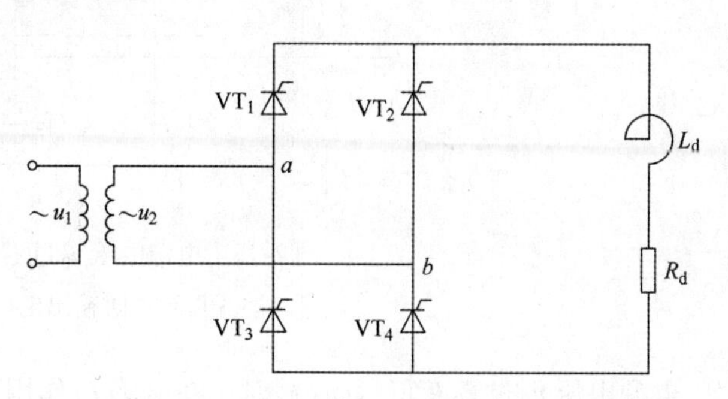

图2-15 单相全控桥式可控整流电感性负载无续流二极管的电路图

改变触发延迟角α的大小即可改变输出电压的波形，图2-16为触发延迟

角 $\alpha=30°$ 时负载两端电压 u_d 和晶闸管 VT_1 两端电压 u_{T1} 波形。

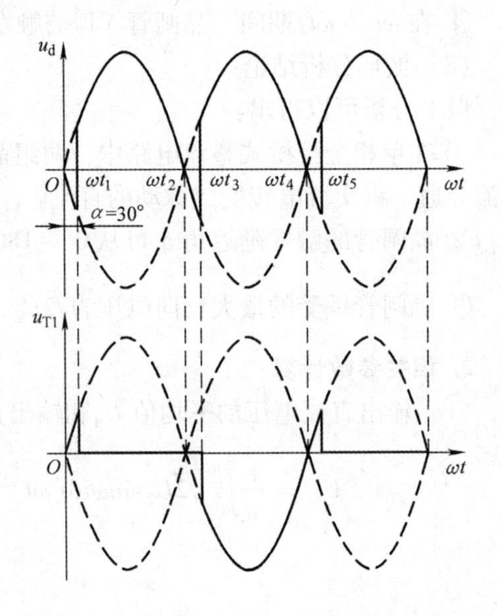

图 2-16　$\alpha=30°$ 时的波形图

(1) 输出电压和电流分析

电源电压 u_2 正半周，在 $\alpha=30°$（ωt_1）时刻，触发电路给 VT_1 和 VT_4 加触发脉冲，VT_1、VT_4 导通，忽略管子的管压降，负载两端电压 u_d 与电源电压 u_2 正半周波形相同，电流方向如图 2-17 所示。

电源电压 u_2 过零变负（ωt_2）时，在电感 L_d 作用下，负载电流方向不变且大于晶闸管 VT_1 和 VT_4 的维持电流，负载两端电压 u_d 出现负值，将电感 L_d 中的能量返送回电源，如图 2-18 所示。

在电压负半周 $\alpha=30°$（ωt_3）时刻，触发电路给 VT_2 和 VT_3 加触发脉冲，VT_2、VT_3 导通，VT_1 和 VT_4 因承受反向电压而关断，负载电流从 VT_1 和 VT_4 换流到 VT_2 和 VT_3，方向如图 2-19 所示。

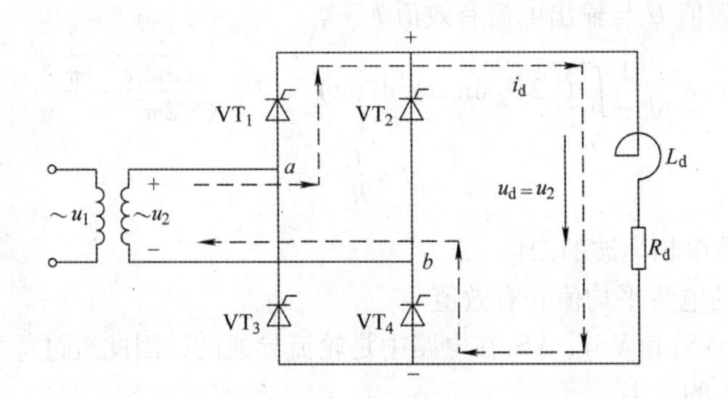

图 2-17　VT_1 和 VT_4 导通时输出电压和电流

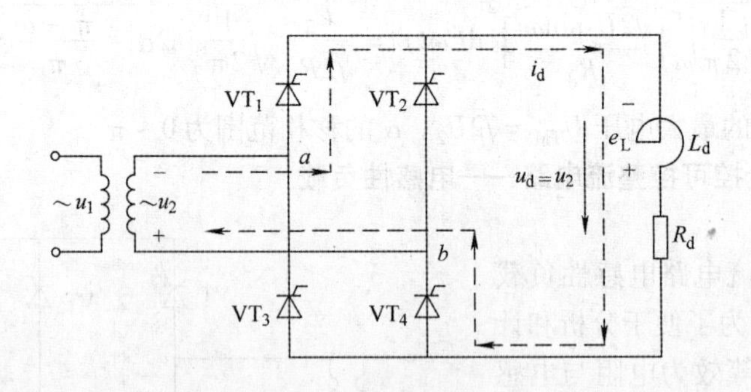

图 2-18　电源电压 u_2 过零变负时，VT_1 和 VT_4 导通时输出电压和电流

电源电压 u_2 过零变正（ωt_4）时，在电感 L_d 作用下，晶闸管 VT_2 和 VT_3 继续导通，将电感 L_d 中的能量返送回电源，直到晶闸管 VT_1 和 VT_4 再次被触发导通，如图 2-20 所示。

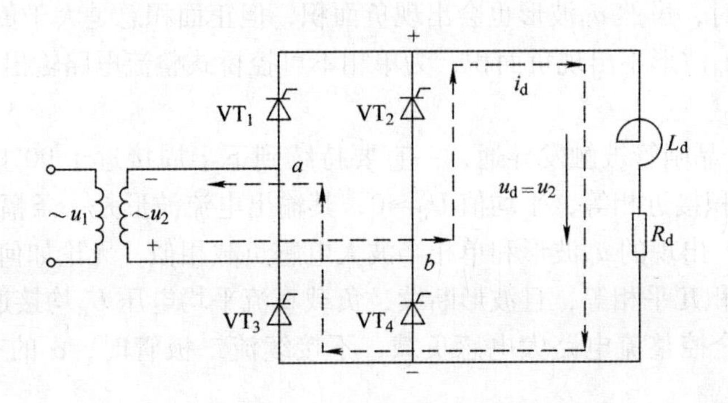

图 2-19　VT_2 和 VT_3 导通时输出电压和电流

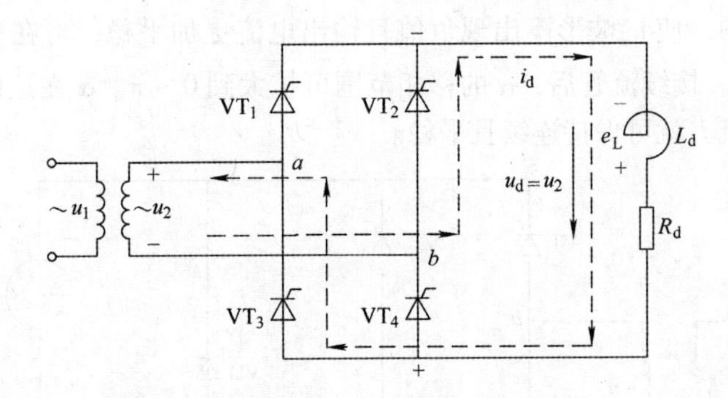

图 2-20　电源电压 u_2 过零变正时，VT_2 和 VT_3 导通时输出电压和电流

（2）晶闸管两端电压分析

如图 2-16 所示，当 $\alpha=30°$ 时晶闸管 VT_1 两端电压波形可以看出，在单相桥式全控整流电路大电感负载电路中，每只晶闸管导通 180°，因此，在一个周期内晶闸管 VT_1 两端电压波形分为两部分。

① 当晶闸管 VT_1 导通时，忽略管压降，晶闸管两端电压为 0；

② 当晶闸管 VT_1 处于截止状态时，VT_2 导通，VT_1 承受电源电压 u_2。

（3）相关参数计算

① 输出直流平均电压 U_d 和输出直流电流平均值 I_d 分别为

$$U_d = \frac{1}{\pi}\int_{\alpha}^{\pi+\alpha}\sqrt{2}U_2\sin\omega t\mathrm{d}(\omega t) = \frac{2\sqrt{2}}{\pi}U_2\cos\alpha = 0.9U_2\cos\alpha \tag{2-7}$$

$$I_d = \frac{U_d}{R_d} \tag{2-8}$$

② 晶闸管的电流平均值和电流有效值分别为

$$I_{dT} = \frac{1}{2}I_d \tag{2-9}$$

$$I_T = \frac{1}{\sqrt{2}}I_d = 0.707I_d \tag{2-10}$$

③ 晶闸管可能承受到的最大正、反向电压 $U_{TM}=\sqrt{2}U_2$，α 的移相范围为 0 ~ π/2。

（4）结论

以上分析可以得出以下结论。

① 当$0<\alpha<90°$时，虽然u_d波形也会出现负面积，但正面积总是大于负面积。

② 当$\alpha=0°$时，u_d波形不出现负面积，为单相不可控桥式整流电路输出波形，其输出电压平均值最大，$U_d=0.9U_2$。

③ 当$\alpha=90°$时，晶闸管被触发导通，一直要持续到下半周接近于90°时才被关断，负载两端电压u_d波形正负面积接近相等，平均值$U_d\approx0$，其输出电流波形是一条幅度很小的脉动直流。

④ 当$\alpha>90°$时，出现的u_d波形和单相半波大电感负载相似，无论如何调节α，而输出整流电压u_d波形的正负面积几乎相等，且波形断续，负载直流平均电压U_d均接近于零。

因此，单相桥式全控整流电路大电感负载，不接续流二极管时，α的有效移相范围是$0\sim\pi/2$。

为了扩大移相范围，不让负载两端出现负值，可在负载两端并接续流二极管。

2. 接续流二极管

为了扩大移相范围，使u_d波形不出现负值且输出电流更加平稳，可在负载两端并接续流二极管，如图2-21所示。接续流管后，α的移相范围可扩大到$0\sim\pi$。α在这区间内变化，只要电感量足够大，输出电流i_d就可保持连续且平稳。

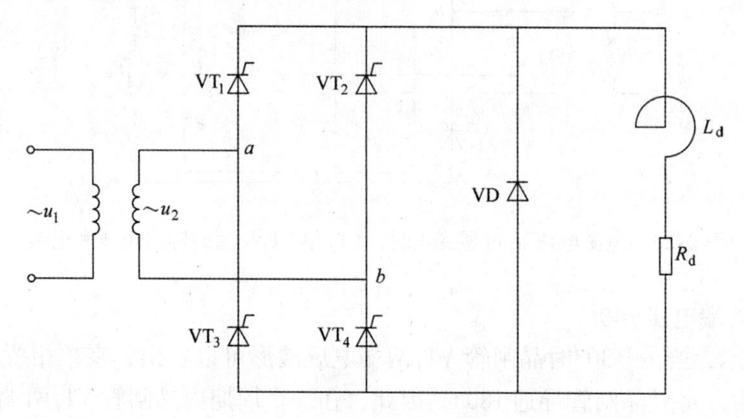

图2-21 单相全控桥式可控整流电感性负载接续流二极管的电路图

（1）波形分析

触发延迟角$\alpha=60°$时负载两端电压u_d和晶闸管VT_1两端电压u_{T1}波形如图2-22所示。

电源电压u_2正半周，在$\alpha=60°$（ωt_1）时刻触发VT_1和VT_4导通，负载两端电压u_d与电源电压u_2正半周波形相同，电流方向与没接续流二极管时相同。忽略管子的管压降，晶闸管两端电压为0。

电源电压u_2过零变负（ωt_2）时，续流二极管VD承受正向电压而导通，晶闸管VT_1和VT_4承受反向电压而关断，忽略续流二极管的管压降，负载两端电压u_d为0。此时负载电流不再流回电源，而是经过续流二极管VD进行续流，如图2-23所示，释放电感中储存的能量。此时，晶闸管VT_1承受电源电压的一半。

电源电压u_2负半周，在$\alpha=60°$（ωt_3）时刻触发VT_2和VT_3导通，续流二极管VD承受反向电压关断，负载两端电压$u_d=-u_2$，晶闸管VT_1承受电压等于电源电压。

电源电压u_2过零变正（ωt_4）时，续流二极管VD再次导通续流，如图2-23所示。直到晶闸管VT_1和VT_4再次触发导通。下一周期重复上述过程。

（2）相关参数计算

① 输出直流电压的平均值U_d和输出直流电流平均值I_d。

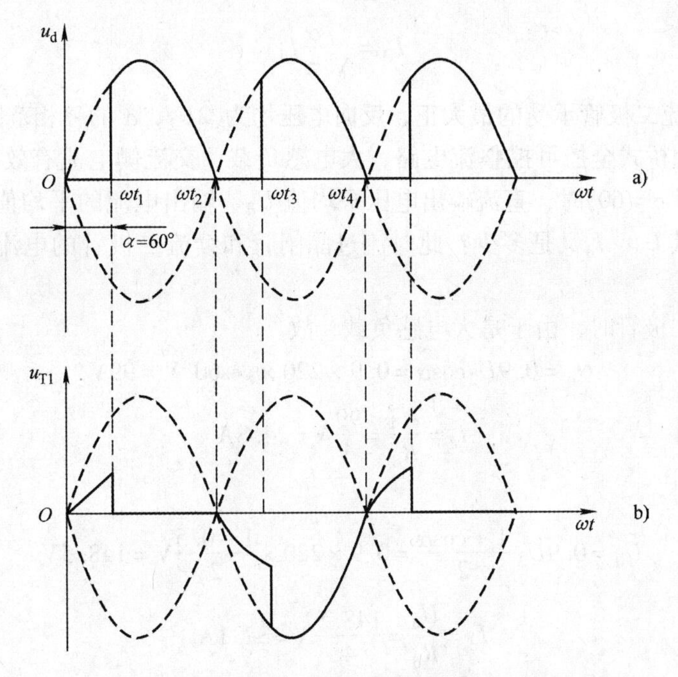

图 2-22　$\alpha=60°$时的波形图

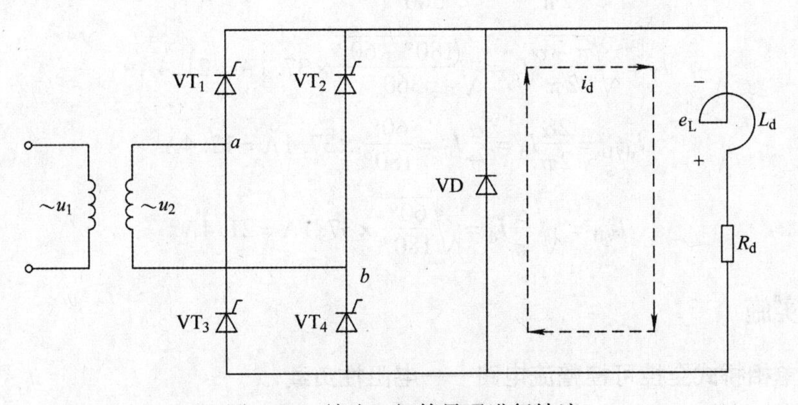

图 2-23　续流二极管导通进行续流

单相桥式全控整流电路电阻电感性负载接续流二极管时输出电压波形和电阻性负载时一样。

$$U_d = 0.9U_2 \frac{1+\cos\alpha}{2} \tag{2-11}$$

$$I_d = \frac{U_d}{R_d} \tag{2-12}$$

② 流过晶闸管的电流平均值和有效值分别为：

$$I_{dT} = \frac{\pi-\alpha}{2\pi} I_d \tag{2-13}$$

$$I_T = \sqrt{\frac{\pi-\alpha}{2\pi}} I_d \tag{2-14}$$

③ 流过续流二极管的电流平均值和有效值分别为：

$$I_{dD} = \frac{\alpha}{\pi} I_d \tag{2-15}$$

$$I_{\mathrm{D}}=\sqrt{\frac{\alpha}{\pi}}I_{\mathrm{d}} \tag{2-16}$$

④ 晶闸管和续流二极管承受的最大正、反向电压均为$\sqrt{2}U_2$，α 的移相范围为 0 ~ π。

【例 2-1】 单相桥式全控可控整流电路，大电感负载，交流侧电流有效值为 220V，负载电阻 R_{d}为 4Ω，计算当 $\alpha=60°$时，直流输出电压平均值 U_{d}、输出电流的平均值 I_{d}。若在负载两端并接续流二极管，其 U_{d}、I_{d}又是多少？此时流过晶闸管和续流二极管的电流平均值和有效值又是多少？

解：不接续流二极管时，由于是大电感负载，故

$$U_{\mathrm{d}}=0.9U_2\cos\alpha=0.9\times220\times\cos60°\mathrm{V}=99\mathrm{V}$$

$$I_{\mathrm{d}}=\frac{U_{\mathrm{d}}}{R_{\mathrm{d}}}=\frac{99}{4}\mathrm{A}=24.8\mathrm{A}$$

接续流二极管时：

$$U_{\mathrm{d}}=0.9U_2\frac{1+\cos\alpha}{2}=0.9\times220\times\frac{1+0.5}{2}\mathrm{V}=148.5\mathrm{V}$$

$$I_{\mathrm{d}}=\frac{U_{\mathrm{d}}}{R_{\mathrm{d}}}=\frac{148.5}{4}\mathrm{A}=37.1\mathrm{A}$$

$$I_{\mathrm{dT}}=\frac{\pi-\alpha}{2\pi}I_{\mathrm{d}}=\frac{180°-60°}{360°}\times37.1\mathrm{A}=12.4\mathrm{A}$$

$$I_{\mathrm{T}}=\sqrt{\frac{\pi-\alpha}{2\pi}}I_{\mathrm{d}}=\sqrt{\frac{180°-60°}{360°}}\times37.1\mathrm{A}=21.4\mathrm{A}$$

$$I_{\mathrm{dVD}}=\frac{2\alpha}{2\pi}I_{\mathrm{d}}=\frac{\alpha}{\pi}I_{\mathrm{d}}=\frac{60°}{180°}\times37.1\mathrm{A}=12.4\mathrm{A}$$

$$I_{\mathrm{VD}}=\sqrt{\frac{\alpha}{\pi}}I_{\mathrm{d}}=\sqrt{\frac{60°}{180°}}\times37.1\mathrm{A}=21.4\mathrm{A}$$

2.3.3 任务实施

2.3.3.1 调试单相桥式全控可控整流电路——电阻性负载

单相桥式全控可控整流电路电阻性负载的调试接线图如图 2-24 所示。

1. 所需仪器设备

1）DJDK－1 型电力电子技术及电机控制实验装置（DJK01 电源控制屏、DJK03－1 晶闸管触发电路、DJK02 晶闸管主电路、DJK06 给定及实验器件）。

2）示波器 1 台。

3）螺钉旋具 1 把。

4）万用表 1 块。

5）导线若干。

2. 操作步骤

1）接线。

① 触发电路接线。

将 DJK01 电源控制屏的电源选择开关打到“直流调速”侧，使输出线电压为 200V，用两根导线将 200V 交流电压（A、B）接到 DJK03－1 模块的“外接 220V”端。

② 主电路接线。

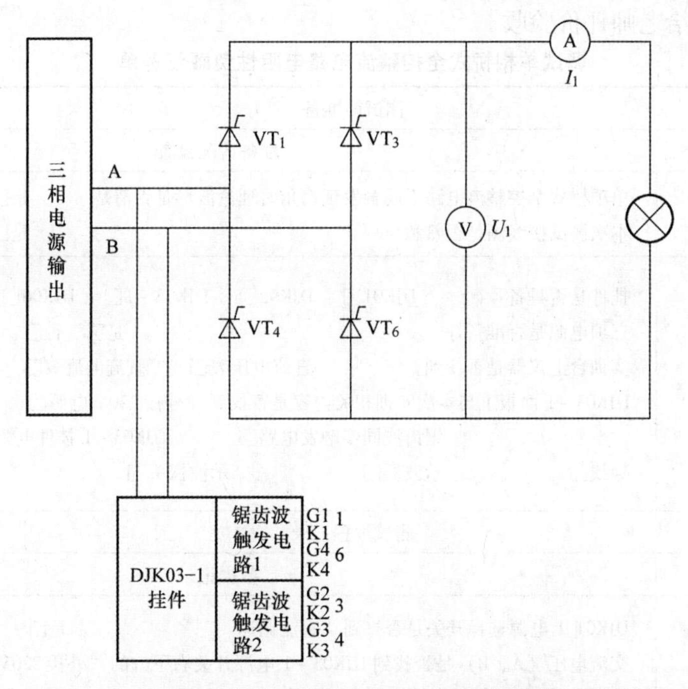

图 2-24 单相桥式全控可控整流电路电阻性负载的调试接线图

VT_1和VT_3共阴极连接，VT_4和VT_6共阳极连接；将 DJK01 电源控制屏的三相电源输出 A 接 DJK02 晶闸管主电路中的VS_1阳极，输出 B 接VT_3阳极，VT_1阴极接 DJK02 直流电流表“+”，直流电流表“-”接 DJK06 给定及实验器件中灯泡一端，灯泡的另一端接VT_4的阳极；将VT_1阴极接 DJK02 直流电压表“+”极，直流电压表“-”接VT_4阳极。

③ 触发脉冲接线。

锯齿波同步触发电路的G_1、K_1接VT_1的门极和阴极，G_4、K_4接VT_6的门极和阴极，G_2、K_2接VT_3的门极和阴极，G_3、K_3接VT_4的门极和阴极，见图 2-24。

2）触发电路调试。

① 按下电源控制屏的“启动”按钮，打开 DJK03-1 电源开关，电源指示灯亮，这时挂件中的所有触发电路开始工作。

② 用示波器测试触发电路各点的波形，将控制电压U_{CT}调至零（将电位器R_{P2}顺时针旋到底），观察同步电压信号和“6”点U_6的波形，调节偏移电压U_b调至零（即调电位器R_{P3}），使$\alpha=180°$。

3）调光灯电路调试。

① 观察灯泡亮度的变化。

按下电源控制屏的“启动”按钮，打开 DJK03-1 电源开关，保持偏移电压U_b不变（即电位器R_{P3}固定），逐渐增加控制电压U_{CT}（调节电位器R_{P2}），观察电压表、电流表的读数以及灯泡亮度的变化。

② 观测波形并记录数据。

保持偏移电压U_b不变（即电位器R_{P3}固定），逐渐增加控制电压U_{CT}（调节电位器R_{P2}），用示波器测在$\alpha=0°$、30°、60°、90°、120°时u_d、u_T的波形，并测量直流输出电压U_d和电源电压U_2，将数据记录在任务单测试过程记录中。

4）操作结束后，按照要求清理操作台。

5）将任务单交给老师评价验收。

调试单相桥式全控整流电路电阻性负载任务单

<table>
<tr><td colspan="3">测试前准备</td></tr>
<tr><td>序号</td><td>准备内容</td><td>准备情况自查</td></tr>
<tr><td>1</td><td>知识准备</td><td>单项桥式全控整流电路不同触发延迟角时理论波形是否清楚 是□ 否□
本次测试接线图是否熟悉 是□ 否□</td></tr>
<tr><td>2</td><td>材料准备</td><td>挂件是否具备 DJK01□ DJK02□ DJK03－1□ DJK06□
三项电源是否准备好 是□ 否□
实训台上仪器是否找到 直流电压表□ 直流电流表□
DJK03－1 面板上与本次实训相关内容是否找到（外接 220V 电源□
锯齿波同步触发电路□ DJK03－1 挂件电源开关□）
导线□ 示波器□ 示波探头□ 万用表□</td></tr>
<tr><td colspan="3">测试过程记录</td></tr>
<tr><td>步骤</td><td>内容</td><td>数据记录</td></tr>
<tr><td>1</td><td>接线</td><td>DJK01 上电源选择开关是否打到“直流调速” 是□ 否□
交流电压（A、B）是否找到 DJK03－1 电源开关右下方的“外接 220V”端子
是□ 否□
DJK02 中“正桥触发脉冲”对应晶闸管的触发脉冲开关位置 断□ 通□</td></tr>
<tr><td>2</td><td>触发电路调试</td><td>控制电压 U_{ct} 调至零（将电位 R_{P2} 顺时针旋到底）时，是否调节偏移电压 U_b（即 R_{P3} 电位器）使 $\alpha=180°$ 是□ 否□</td></tr>
<tr><td>3</td><td>调光灯电路调试</td><td>灯泡亮度是否可调 是□ 否□ 电压表读数的变化范围______。
<table>
<tr><td>α</td><td>0°或最小值</td><td>30°</td><td>60°</td><td>90°</td><td>120°</td></tr>
<tr><td>U_2（测量值）</td><td></td><td></td><td></td><td></td><td></td></tr>
<tr><td>负载电压波形 U_d</td><td></td><td></td><td></td><td></td><td></td></tr>
<tr><td>晶闸管两端电压波形 U_T</td><td></td><td></td><td></td><td></td><td></td></tr>
<tr><td>U_d（测量值）</td><td></td><td></td><td></td><td></td><td></td></tr>
<tr><td>U_d（计算值）</td><td></td><td></td><td></td><td></td><td></td></tr>
</table>
分析 U_d 测量值和计算值误差产生的原因</td></tr>
<tr><td>4</td><td>收尾</td><td>DJK03－4 挂件电源开关关闭□ DJK01 电源开关关闭□
接线全部拆除并整理好□ 示波器电源开关关闭□
凳子放回原处□ 台面清理干净□ 垃圾清理干净□</td></tr>
<tr><td colspan="3">验收</td></tr>
<tr><td colspan="2">完成时间</td><td>提前完成□ 按时完成□ 延期完成□ 未能完成□</td></tr>
<tr><td colspan="2">完成质量</td><td>优秀□ 良好□ 中□ 及格□ 不及格□
教师签字： 日期：</td></tr>
</table>

2.3.3.2 调试单相桥式全控可控整流电路——电感性负载

单相桥式全控可控整流电路电感性负载的调试接线图如图 2-25 所示。

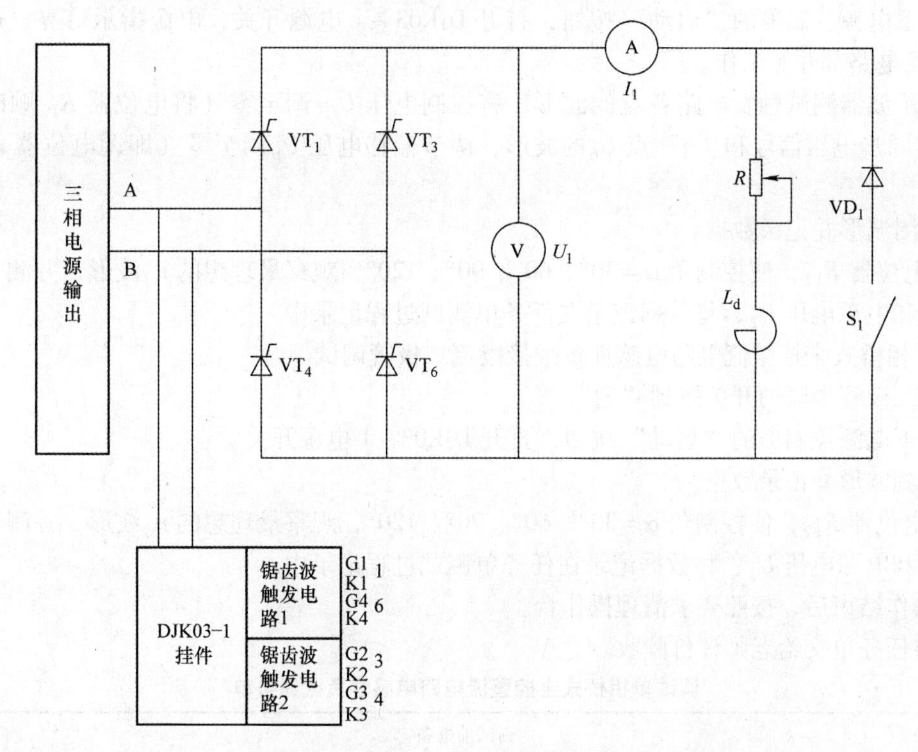

图 2-25 单相桥式全控可控整流电路电感性负载的调试接线图

1. 所需仪器设备

1）DJDK－1 型电力电子技术及电机控制实验装置（DJK01 电源控制屏、DJK03－1 晶闸管触发电路、DJK02 晶闸管主电路、DJK06 给定及实验器件、D42 三相可调电阻）。

2）示波器 1 台。

3）螺钉旋具 1 把。

4）万用表 1 块。

5）导线若干。

2. 操作步骤

1）接线。

① 触发电路接线。

将 DJK01 电源控制屏的电源选择开关打到“直流调速”侧，使输出线电压为 200V，用两根导线将 200V 交流电压（A、B）接到 DJK03－1 模块的“外接 220V”端。

② 主电路接线。

VT_1和 VT_3共阴极连接，VT_4和 VT_6共阳极连接；图中的 R 用 D42 三相可调电阻，将两个 900Ω 接成并联形式，二极管 VD_1及开关 S_1均在 DJK06 挂件上，电感 L_d在 DJK02 面板上，选用 700mH，直流电压表、电流表从 DJK02 挂件获得。

③ 触发脉冲接线。

锯齿波同步触发电路的 G_1、K_1接 VS_1的门极和阴极，G_4、K_4接 VT_6的门极和阴极，G_2、K_2接 VT_3的门极和阴极，G_3、K_3接 VT_4的门极和阴极，见图 2-25。

2）单相桥式全控整流电路电感性负载不接续流二极管调试。

① 与二极管串联的开关拨到“断”。

② 按下电源控制屏的“启动”按钮，打开 DJK03－1 电源开关，电源指示灯亮，这时挂件中所有触发电路都开始工作。

③ 用示波器测试触发电路各点的波形，将控制电压 U_{CT}调至零（将电位器 R_{P2}顺时针旋到底），观察同步电压信号和“6”点 U_6的波形，调节偏移电压 U_b调至零（即调电位器 R_{P3}），使 $\alpha=180°$。

④ 观测波形并记录数据。

调节电位器 R_{P2}，使控制角 $\alpha=30°$、60°、90°、120°，观察最理想的 u_d波形，并测量直流输出电压 U_d和电源电压 U_2，将数据记录在任务单测试过程记录中。

3）单相桥式全控整流电路电感性负载接续流二极管调试。

① 与二极管串联的开关拨到“通”。

② 按下电源控制屏的“启动”按钮，打开 DJK03－1 电源开关。

③ 观测波形并记录数据。

调节电位器 R_{P2}，使控制角 $\alpha=30°$、60°、90°、120°，观察最理想的 u_d波形，并测量直流输出电压 U_d和电源电压 U_2，将数据记录在任务单测试过程记录中。

4）操作结束后，按照要求清理操作台。

5）将任务单交给老师评价验收。

调试单相桥式全控整流电路电感性负载任务单

测试前准备		
序号	准备内容	准备情况自查
1	知识准备	单相桥式全控整流电路不同触发延迟角时理论波形是否清楚　是□　否□ 本次测试接线图是否熟悉　是□　否□
2	材料准备	挂件是否具备　DJK01□　DJK02□　DJK03－1□　DJK06□ 三项电源是否准备好　是□　否□ 实训台上仪器是否找到　直流电压表□　直流电流表□ DJK03－1 面板上与本次实训相关内容是否找到（外接 220V 电源□ 锯齿波同步触发电路□　DJK03－1 挂件电源开关□） 导线□　示波器□　示波探头□　万用表□

测试过程记录		
步骤	内容	数据记录
1	接线	DJK01 上电源选择开关是否打到“直流测速”　是□　否□ 交流电压（A、B）是否接到 DJK03－1 电源开关右下方“外接 220V”端子　是□　否□ DJK02 中“正桥触发脉冲”对应晶闸管的触发脉冲开关位置　断□　通□ 二极管接线是否正确　是□　否□ 与二极管连接的开关位置　断□　通□ 负载电阻______Ω

（续）

<table>
<tr><td colspan="3">测试过程记录</td></tr>
<tr><td>步骤</td><td>内容</td><td>数据记录</td></tr>
<tr><td>2</td><td>不接续流二极管电路调试</td><td>
<table>
<tr><td>α</td><td>30°</td><td>60°</td><td>90°</td><td>120°</td><td>150°</td></tr>
<tr><td>U_2（测量值）</td><td colspan="5"></td></tr>
<tr><td>负载电压波形 U_d</td><td></td><td></td><td></td><td></td><td></td></tr>
<tr><td>U_d（测量值）</td><td></td><td></td><td></td><td></td><td></td></tr>
</table>
</td></tr>
<tr><td>3</td><td>接续流二极管电路调试</td><td>
<table>
<tr><td>α</td><td>30°</td><td>60°</td><td>90°</td><td>120°</td><td>150°</td></tr>
<tr><td>U_2（测量值）</td><td colspan="5"></td></tr>
<tr><td>负载电压波形 U_d</td><td></td><td></td><td></td><td></td><td></td></tr>
<tr><td>U_d（测量值）</td><td></td><td></td><td></td><td></td><td></td></tr>
</table>
1. 总结接续流二极管和不接续流二极管时，输出电压波形和输出电压值的区别。
2. 比较接续流二极管时，U_d 测量值和计算值误差并分析原因。
</td></tr>
<tr><td>4</td><td>收尾</td><td>DJK03－4 挂件电源开关关闭□　DJK01 电源开关关闭□
接线全部拆除并整理好□　示波器电源开关关闭□
凳子放回原处□　台面清理干净□　垃圾清理干净□</td></tr>
<tr><td colspan="3">验收</td></tr>
<tr><td>完成时间</td><td colspan="2">提前完成□　按时完成□　延期完成□　未能完成□</td></tr>
<tr><td>完成质量</td><td colspan="2">优秀□　良好□　中□　及格□　不及格□
教师签字：　日期：</td></tr>
</table>

2.3.4 思考题与习题

1. 在单相全控桥式可控整流电感性负载（无续流二极管）电路中，触发延迟角的范围是多少？电感性负载（有续流二极管）电路中，触发延迟角的范围是多少？

2. 单相全控桥式可控整流电路中，若有一只晶闸管因过电流而烧成短路，结果会怎样？若这只晶闸管烧成断路，结果又会怎样？

3. 在单相全控桥式可控整流电路带大电感负载的情况下，突然输出电压平均值变得很小，且电路中各整流器件和熔断器都完好，试分析故障发生在何处？

4. 画出单相全控桥式可控整流电路，当 $\alpha = 60°$时，以下三种情况的 u_2、u_G、u_d、i_d及 u_T的波形。

1）电阻性负载。

2）大电感负载不接续流二极管。

3）大电感负载接续流二极管。

5. 电路如图2-26所示，已知电源电压220V，电阻电感性负载，负载电阻 $R_{\mathrm{d}}=5\Omega$，晶闸管的触发延迟角为60°。

1）试画出晶闸管两端承受的电压波形。

2）晶闸管和续流二极管每周期导通多少度?

3）选择晶闸管型号。

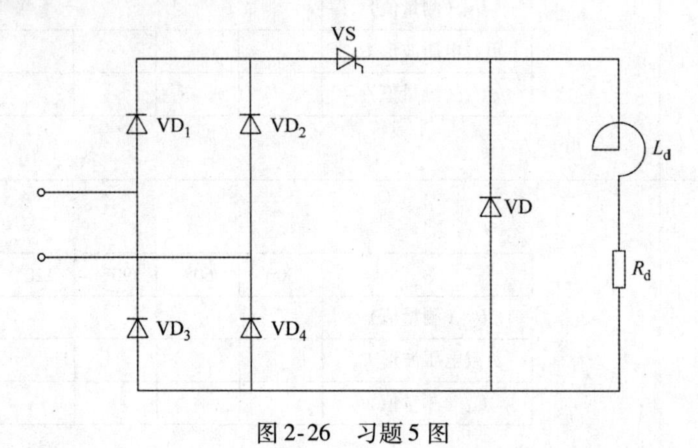

图2-26　习题5图

项目3　认识和调试交流调压控制的调光灯电路

项目引入

调光灯除了可以采用前面项目介绍的单相可控整流电路实现调光外，还可以采用交流调压电路来实现调光。图3-1就是一种采用单相交流调压电路实现调光的调光灯电路图。其工作原理：接通220V电源，经白炽灯、电位器RP对电容C_1充电，调节电位器RP阻值大小，可以改变电源对C_1充电时间。当C_1上电压使双向二极管VD导通时，双向晶闸管被触发导通，白炽灯中流过电流被点亮。电位器RP阻值越小，电容C_1的充电时间越短（触发延迟角α越小），灯越亮，反之灯亮度越低。

本项目介绍由双向晶闸管构成的调光灯电路。根据电路的工作原理，本项目分解成认识和测试双向晶闸管、安装和调试单相交流调压电路共两个工作任务。

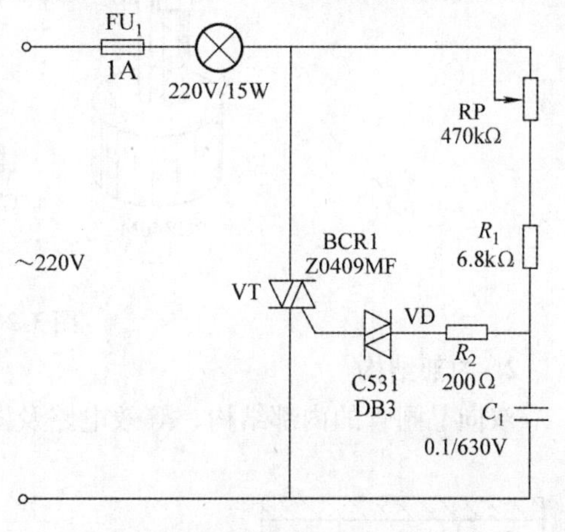

图3-1　采用单相交流调压电路控制的调光灯电路

3.1　任务1　认识和测试双向晶闸管

3.1.1　学习目标

1）认识双向晶闸管的外形，了解其内部结构。

2）掌握晶闸管的工作原理、触发方式和主要参数。

3）会用万用表判断晶闸管的好坏。

4）能根据电路的要求选择双向晶闸管。

3.1.2　相关知识点

双向晶闸管是由普通晶闸管派生出来的，在交流电路中可以代替一组反并联的普通晶闸管，只需一个触发电路。因其具有触发电路简单、工作性能可靠的优点，在交流调压、无触点交流开关、温度控制、灯光调节及交流电动机调速等领域中应用广泛，是一种比较理想的交流开关器件。

3.1.2.1　双向晶闸管的结构

1. 外部结构

双向晶闸管的外形与普通晶闸管类似，有塑封式、螺栓式、平板式。但其内部是一种NPNPN五层结构的3端器件，它有2个主电极T_1、T_2，1个门极G。常见的双向晶闸管外形及引脚排列如图3-2所示。

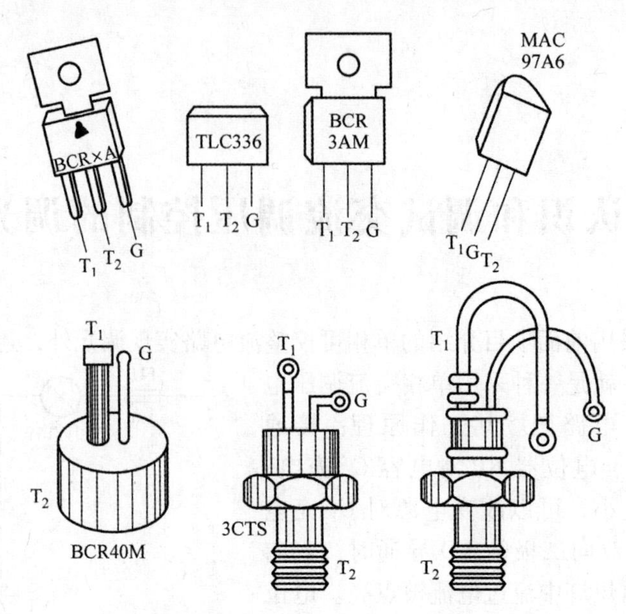

图 3-2　双向晶闸管的外形

2. 内部结构

双向晶闸管的内部结构、等效电路及图形符号如图 3-3 所示。

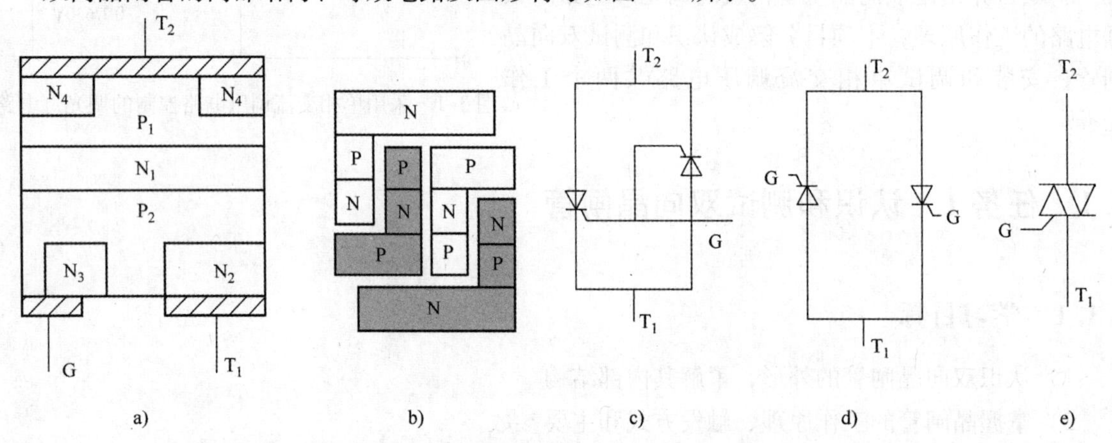

图 3-3　双向晶闸管的内部结构、等效电路及图形符号

a）内部结构 1　b）内部结构 2　c）等效电路 1　d）等效电路 2　e）图形符号

双向晶闸管的其结构示意图如图 3-3a 所示，N_4 与 P_1 表面用金属膜连通构成一个阳极；N_2 与 P_2 也用金属膜连通为另一阳极 T_1；N_3 与 P_2 一部分引出公共门极 G，门极 G 与一个阳极在同一侧引出。由此可以看出，双向晶闸管相当于两个晶闸管反并联（$P_1N_1P_2N_2$ 和 $P_2N_1P_1N_4$），不过它只有一个门极 G。如果不考虑 G 极的不同，把它分割成 3-3 图 b 所示，如图 3-3c 所示连接。图 3-3d 和 e 分别为双向晶闸管等效电路和图形符号。

3.1.2.2　双向晶闸管的工作原理

1. 伏安特性

双向晶闸管有正反向对称的伏安特性曲线。正向部分位于第Ⅰ象限，反向部分位于第Ⅲ象限，如图 3-4 所示，从曲线中可以看出，第Ⅰ和第Ⅲ象限内具有基本相同转换性能。双向晶闸管工作时，它的 T_1 和 T_2 间加正（负）压，若门极无电压，只要 T_1 和 T_2 间电压低于转折电压，它就不会导通，处于阻断状态。若门极加一定的正（负）压，则双向晶闸管在 T_1 和 T_2 间电压小于转折电压时被门极触发导通。

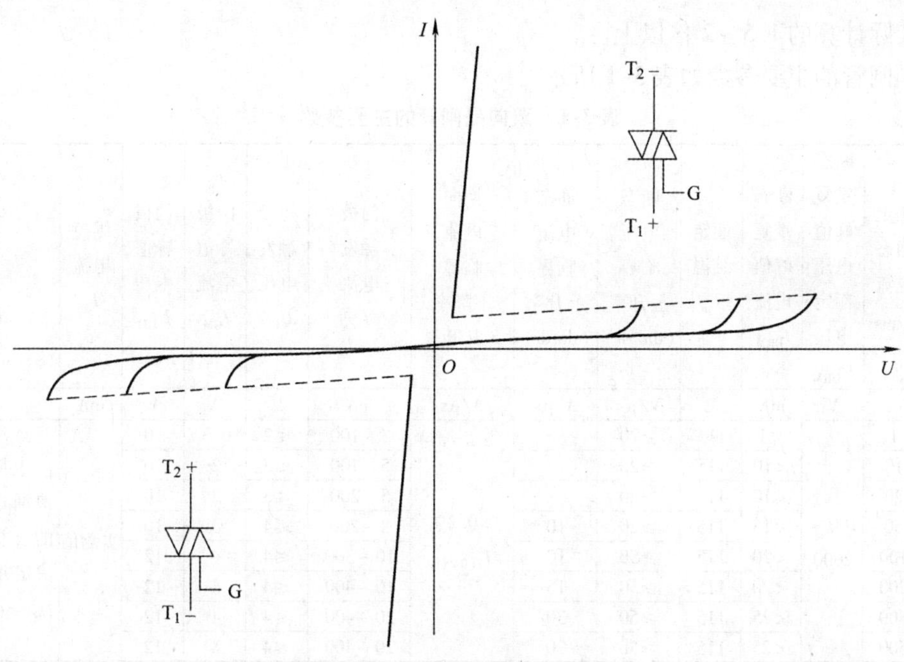

图 3-4　双向晶闸管伏安特性

2. 触发方式

双向晶闸管正反两个方向都能导通，门极加正负电压都能触发。主电压与触发电压相互配合，可以得到 4 种触发方式。

1）I_+触发方式。阳极电压 $U_{T1T2}>0$（主极为 T_1 正，T_2 为负）；门极电压 $U_G>0$（G 为正，T_2 为负）。特性曲线在第 I 象限，为正触发。

2）I_-触发方式。阳极电压 $U_{T1T2}>0$（主极为 T_1 正，T_2 为负）；门极电压 $U_G<0$（G 为负，T_2 为正）。特性曲线在第 I 象限，为负触发。

3）III_+触发方式。阳极电压 $U_{T1T2}<0$（主极为 T_1 负，T_2 为正）；门极电压 $U_G>0$（G 为正，T_2 为负）。特性曲线在第Ⅲ象限，为正触发。

4）III_-触发方式。阳极电压 $U_{T1T2}<0$（主极为 T_1 负，T_2 为正）；门极电压 $U_G<0$（G 为负，T_2 为正）。特性曲线在第Ⅲ象限，为负触发。

由于双向晶闸管的内部结构原因，4 种触发方式中灵敏度不相同，以III_+触发方式灵敏度最低，使用时要尽量避开，常采用的触发方式为I_+和III_-。

3.1.2.3　双向晶闸管的主要参数

双向晶闸管的主要参数中只有额定电流与普通晶闸管有所不同，其他参数定义相似。由于双向晶闸管工作在交流电路中，正反向电流都可以流过，所以它的额定电流不用平均值而是用有效值来表示。定义为：在标准散热条件下，当器件的单向导通角大于 170°，允许流过器件的最大交流正弦电流的有效值，用 $I_{T(RMS)}$ 表示。

可见，双向晶闸管的峰值电流 I_m 为有效值 $I_{T(RMS)}$ 的$\sqrt{2}$倍。即 $I_m=\sqrt{2}I_{T(RMS)}$ 双向晶闸管额定电流与普通晶闸管额定电流之间的换算关系式为

$$I_{T(AV)}=\frac{\sqrt{2}}{\pi}I_{T(RMS)}=0.45I_{T(RMS)}$$

以此推算，一个 100A 的双向晶闸管与两个反并联 45A 的普通晶闸管电流容量相等。由于双向晶闸管的过载能力差，所以在选择元器件时，必须根据设备的重要性和可靠性的要求，使其额

定电流为实际计算的1.5～2倍以上。

双向晶闸管的主要参数如表3-1所示。

表3-1 双向晶闸管的主要参数

参数/系列	额定通态电流 $I_{T(RMS)}$	断态重复峰值电压额定电压 U_{DRM}	断态重复峰值电流 I_{DRM}	额定结温 T_{jn}	断态电压临界上升率 (du/dt)	通态电流临界上升率 (di/dt)	换向电流临界下降率 (di/dt)	门极触发电流 I_{or}	门极触发电压 U_{GT}	门极峰值电流 I_{GM}	门极峰值电压 U_{GM}	维持电流 I_S	通态平均电压 $U_{T(AV)}$
	A	V	mA	℃	V/μs	A/μs	A/μs	mA	V	A	V	mA	V
KS1	1		<1	115	≥20	—		3～100	≤2	0.3	10		
KS10	10		<10	115	≥20	—		5～100	≤3	2	10		
KS20	20		<10	115	≥20	—		5～200	≤3	2	10		
KS50	50	100～2000	<15	115	≥20	10	≥0.2% $I_{T(RMS)}$	8～200	≤4	3	10	实测值	上限值各厂由浪涌电流和结温的合格形式实验决定并满足 $U_{T1}-U_{T2}\leqslant 0.5V$
KS100	100		<20	115	≥50	10		10～300	≤4	4	12		
KS200	200		<20	115	≥50	15		10～400	≤4	4	12		
KS400	400		<25	115	≥50	30		20～400	≤4	4	12		
KS500	500		<25	115	≥50	30		20～400	≤4	4	12		

3.1.2.4 双向晶闸管的型号

1. 国产双向晶闸管

国产双向晶闸管的型号有部颁新标准KS系列和部颁旧标准3CTS系列。

如型号KS50－10－21表示额定电流50A，额定电压10级（1000V），断态电压临界上升率du/dt为2级（不小于200V/μs），换向电流临界下降率di/dt为1级（不小于1%$I_{T(RMS)}$）的双向晶闸管。3CTS1表示额定电压为400V、额定电流为1A的双向晶闸管。

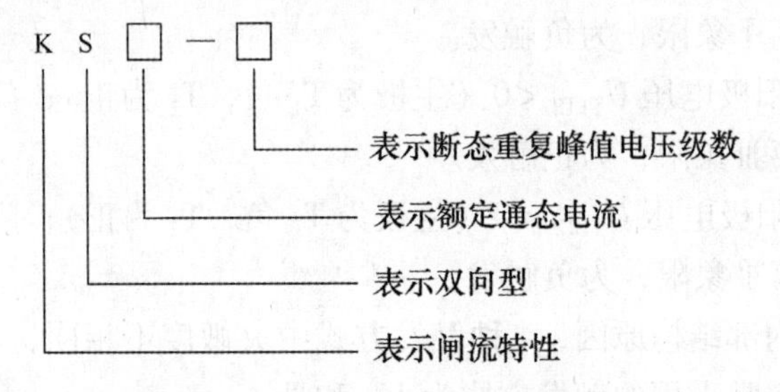

2. 国外双向晶闸管

“TRIAC”（Triode AC semiconductor Switch）是双向晶闸管的统称，各个生产商有其自己产品命名方式。

由双向（Bi－directional）、控制（Controlled）、整流器（Rectifier）这3个英文名词的首个字母组合而成“BCR”表示双向晶闸管。以“BCR”来命名双向晶闸管的典型厂家如日本三菱，如：BCR1AM－12、BCR8KM、BCR08AM等。

MOTOROLA（摩托罗拉半导体）公司以“MAC”来命名，如：MAC97－6。

意法ST公司，则以“BT”字母为前缀来命名元件的型号，并且在“BT”后加“A”或“B”来表示绝缘与非绝缘。组合成“BTA”“BTB”系列的双向晶闸管型号，型号的后缀字母（型号最后一个字母）带“W”的，均为“三象限双向晶闸管”。如“BW”“CW”“SW”“TW”，代表型号如：BTB12－600BW、BTA26－700CW、BTA08－600SW等。四象限/绝缘型/双向晶闸管：BTA06－600C、BTA12－600B、BTA16－600B、BTA41－600B等；四象限/非绝缘/双向晶闸管：BTB06－600C、BTB12－600B、BTB16－600B、BTB41－600B 等。

ST 公司也有以“Z”表示 TRIAC series 的双向晶闸管，如 Z0402MF，其中“04”表示额定电流 $I_{T(RMS)}$ 为 4A；“02”表示触发电流不小于 3mA（“05”表示 5mA、“09”表示 10mA、“10”表示 25mA）；“M”表示额定电压 600V（“S”表示 700V、“N”表示 800V）；“F”表示封装为 TO202－3。

荷兰飞利浦（Philips）公司以“BT”（Bi－directional Triode）来命名，代表型号有：PHILIPS的 BT131－600D、BT134－600E、BT136－600E、BT138－600E、BT139－600E 等。Philips 公司的产品型号前缀为“BTA”字头的，通常是指三象限的双向晶闸管。

型号后缀字母的触发电流，各个厂家的代表含义如下。PHILIPS 公司：D＝5mA，E＝10mA，C＝15mA，F＝25mA，G＝50mA，R＝200μA 或 5mA，型号没有后缀字母的触发电流，通常为 25～35mA。意法 ST 公司：TW＝5mA，SW＝10mA，CW＝35mA，BW＝50mA，C＝25mA，B＝50mA，H＝15mA，T＝15mA。

3.1.2.5 双向晶闸管的测试

1. 双向晶闸管电极的判定

一般可先从元器件外形识别引脚排列，引脚排列如图 3-2 所示。多数的小型塑封双向晶闸管，面对印字面，引脚朝下，则从左向右的排列顺序依次为主电极 T_1、主电极 T_2、控制极（门极）。但是也有例外，所以有疑问时应通过检测作出判别。

（1）确定第二阳极 T_2

G 极与 T_1 极靠近，距 T_2 极较远。因此，G－T_1 之间的正、反向电阻都很小。用万用表 $R\times1$ 档或 $R\times10$ 档测任意两脚之间的电阻，如图 3-5 所示。只有在 G－T_1 之间呈现低阻，正、反向电阻都很小（约 100Ω），而 T_2－G、T_2－T_1 之间的正、反向电阻均为无穷大。这表明，如果测出某脚和其他两脚都不通，就肯定是 T_2 极。另外，采用 TO－220 封装的双向晶闸管，T_2 极通常与小散热板连通，据此也可确定 T_2 极。

（2）区分 T_1 和 G

测量 T_1、G 极间正、反向电阻，读数相对较小的那次测量的黑表笔所接的引脚为第一阳极 T_1，红表笔所接引脚为控制极 G。

2. 双向晶闸管的好坏测试

1）将万用表置于 $R\times100$ 档或 $R\times1k$ 档，测量双向晶闸管的 T_1、T_2 之间的正、反向电阻应近似无穷大（∞），测量 T_2 与 G 之间的正、反向电阻也应近似无穷大（∞）。如果测得的电阻都很小，则说明被测双向晶闸管的极间已击穿或漏电短路，性能不良，不宜使用。

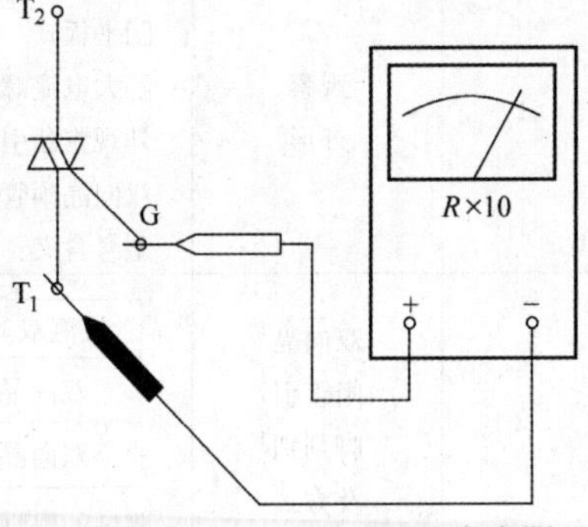

图 3-5 测量 G、T_1 极间正向电阻

2）将万用表置于 $R\times1$ 档或 $R\times10$ 档，测量双向晶闸管 T_1 与 G 之间的正、反向电阻，若读数在几十欧至一百欧之间，则为正常，且测量 G、T_1 间正向电阻（如图 3-5 所示）时的读数要比反向电阻稍微小一些。如果测得 G、T_1 间的正、反向电阻均为无穷大（∞），则说明被测晶闸管已开路损坏。

3.1.3 任务实施 认识和测试双向晶闸管

1. 所需仪器设备

1）双向晶闸管 2 个。

2）万用表 1 块。

2. 测试前准备

1）课前预习相关知识。

2）清点相关材料、仪器和设备。

3）填写任务单中的准备内容。

3. 操作步骤

1）观察双向晶闸管外形。

观察双向晶闸管外形，从外观上判断 3 个引脚，记录双向晶闸管的型号，说明型号的含义。将数据记录在任务单测试过程记录中。

2）双向晶闸管引脚的判别。

用万用表判断双向晶闸管 3 个引脚，并与观察判断的引脚对照。

3）测试双向晶闸管。

根据双向晶闸管测试要求和方法，用万用表认真测量双向晶闸管各引脚之间的电阻值并记录。

4）操作结束后，按照要求清理操作台。

5）将任务单交给老师评价验收。

认识和测试双向晶闸管任务单

测试前准备

序号	准备内容	准备情况自查
1	知识准备	双向晶闸管外形是否熟悉　是□　否□ 双向晶闸管内部结构是否了解　是□　否□ 用万用表测试双向晶闸管的方法是否掌握　是□　否□
2	材料准备	双向晶闸管　1 个□　2 个□ 万用表是否完好　是□　否□

测试过程记录

步骤	内容	数据记录
1	观察外形	你的双向晶闸管是 □平板式　□小电流 TO－92 塑封式　□小电流螺旋式 □大电流螺旋式　□小电流 TO－220AB 塑封式　□其他 外观判断引管脚说明：________ 双向晶闸管型号：________ 型号含义：________
2	双向晶闸管引脚判别及方式	（见下表） 测试的引脚与外观判断的引脚是否相符　是□　否□
3	收尾	双向晶闸管放回原处□　万用表档位回位□ 凳子放回原处□　台面清理干净□　垃圾清理干净□

被测双向晶闸管	R_{T1T2}/Ω	R_{T2T1}/Ω	R_{T1G}/Ω	R_{GT1}/Ω	结论
双向晶闸管 1					
双向晶闸管 2					

验收

完成时间	提前完成□　按时完成□　延期完成□　未能完成□
完成质量	优秀□　良好□　中□　及格□　不及格□ 教师签字：　日期：

3.1.4 思考题与习题

1．双向晶闸管额定电流参数是如何定义的？额定电流为100A的双向晶闸管若用普通晶闸管反并联代替，普通晶闸管的额定电流应选多大？

2．画出双向晶闸管的图形符号，并指出它有哪几种触发方式？一般选用哪几种？

3．说明图3-6所示的电路，指出双向晶闸管的触发方式。

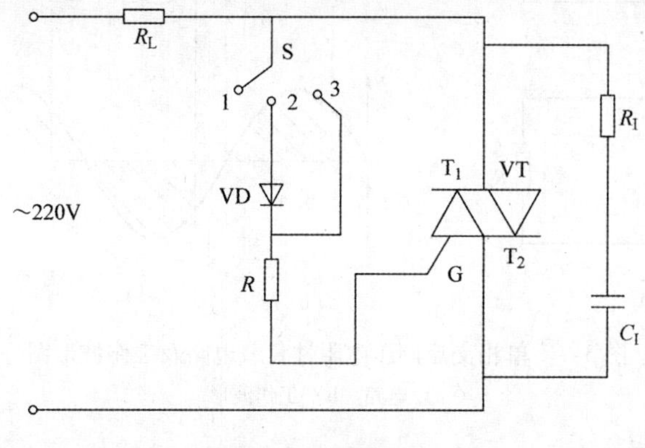

图3-6 习题3图

3.2 任务2 安装和调试单相交流调压电路

3.2.1 学习目标

1）会分析单相交流调压电路的工作原理。

2）能够安装和调试单相交流调压电路。

3）会分析双向晶闸管触发电路工作原理。

4）能够调试双向晶闸管触发电路。

3.2.2 相关知识点

交流调压是将幅值固定的交流电能转化为同频率的幅值可调的交流电能。交流调压电路广泛应用于灯光控制、工业加热、感应电机调速以及电解电镀的交流侧调压等场合。本次任务介绍单相交流调压电路和双向晶闸管的触发电路。

3.2.2.1 单相交流调压电路

用晶闸管对单相交流电压进行调压的电路有多种形式，可由一个双向晶闸管组成，也可以用两个普通的晶闸管反并联组成。由双向晶闸管组成的单相交流调压电路简单，成本低，在工业加热、灯光控制、小容量感应电动机调速等场合得到了广泛的应用。以下就其在不同应用条件下进行工作原理的分析。

1. 电阻性负载

图3-7为一双向晶闸管与电阻性负载R_L组成的交流调压主电路，图中双向晶闸管也可改用两个反并联的普通晶闸管，但需要两组独立的触发电路分别控制两个晶闸管。在电源U_2的正半周$\omega t=\alpha$时，触发VT导通，有正向电流流过R_L，负载端电压U_R为正值，电源电压过零，VT电流下降为零而关断；当$\omega t=\pi+\alpha$时，再触发VT导通，有反向电流流过R_L，负载端电压U_R为

负值，电源电压过零，VT 电流下降为零而再次关断。然后重复上述过程。改变 α 角的大小，便改变了输出电压有效值的大小，达到交流调压的目的。

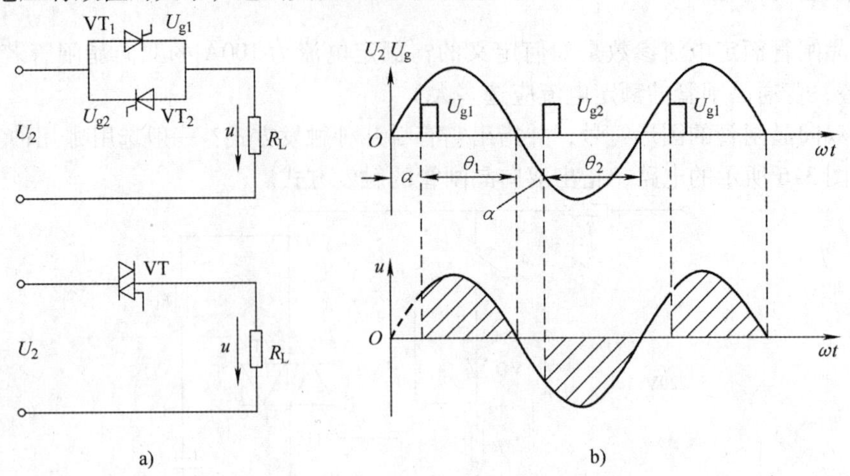

图 3-7　单相交流调压电阻性负载电路及工作波形图

a）电路　b）工作波形

设 $u_2=\sqrt{2}U_2\sin\omega t$，则输出交流电压有效值和电流的有效值。

电压有效值

$$U_R=\sqrt{\frac{1}{\pi}\int_{\alpha}^{\pi}(\sqrt{2}U_2\sin\omega t)^2\mathrm{d}(\omega t)}=U_2\sqrt{\frac{1}{2\pi}\sin2\alpha+\frac{\pi-\alpha}{\pi}} \tag{3-1}$$

电流的有效值

$$I=\frac{U_R}{R}=\frac{U_2}{R}\sqrt{\frac{1}{2\pi}\sin2\alpha+\frac{\pi-\alpha}{\pi}} \tag{3-2}$$

功率因数 $\cos\varphi$

$$\cos\varphi=\frac{P}{S}=\frac{U_RI}{U_2I}=\sqrt{\frac{1}{2\pi}\sin2\alpha+\frac{\pi-\alpha}{\pi}} \tag{3-3}$$

从式（3-1）中可以看出，随着 α 角的增大，U_R逐渐减小；当 $\alpha=\pi$ 时，$U_R=0$。因此，单相交流调压器对于电阻性负载，其电压的输出调节范围 $0\sim U_2$，触发延迟角 α 的移相范围为 $0\sim\pi$。

2. 电感性负载

图 3-8 所示为电感性负载的交流调压电路。由于电感的作用，在电源电压由正向负过零时，负载中电流要滞后一定 φ 角度才能到零，即管子要继续导通到电源电压的负半周才能关断。晶闸管的导通角 θ 不仅与触发延迟角 α 有关，而且与负载的功率因数角 φ 有关。触发延迟角越小则导通角越大，负载的功率因数角 φ 越大，表明负载感抗大，自感电动势使电流过零的时间越长，因而导通角 θ 越大。

下面分三种情况加以讨论。

1）$\alpha>\varphi$。由图 3-9 可见，当 $\alpha>\varphi$ 时，$\theta<180°$，即正负半周电流断续，且 α 越大，θ 越小。可见，α 在 $\varphi\sim180°$范围内，交流电压连续可调，电流电压波形如图 3-9a 所示。

2）$\alpha=\varphi$。由图 3-9 可知，当 $\alpha=\varphi$ 时，$\theta=180°$，即正负半周电流临界连续，相当于晶闸管失去控制，电流电压波形如图 3-9b 所示。

3）$\alpha<\varphi$。此种情况若开始给 VS_1 管以触发脉冲，VS_1 管导通，而且 $\theta>180°$。如果触发脉

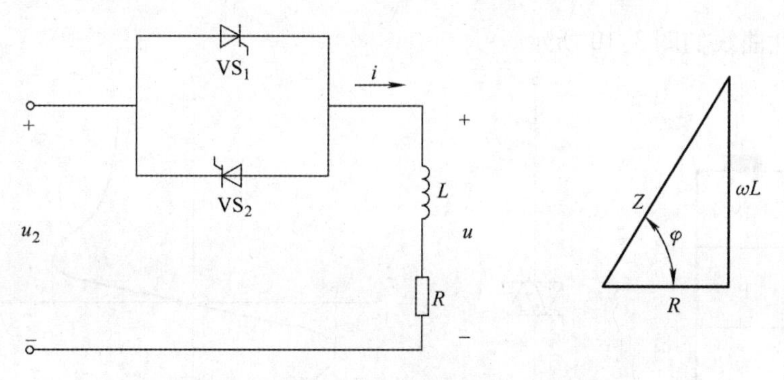

图 3-8　单相交流调压电感性负载电路图

冲为窄脉冲，当 u_{G2} 出现时，VS_1 管的电流还未到零，VS_1 管关不断，VS_2 管不能导通。当 VS_1 管电流到零关断时，u_{G2} 脉冲已消失，此时 VS_2 管虽已受正压，但也无法导通。到第 3 个半波时，u_{G1} 又触发 VS_1 导通。这样负载电流只有正半波部分，出现很大直流分量，电路不能正常工作。因而电感性负载时，晶闸管不能用窄脉冲触发，可采用宽脉冲或脉冲列触发。

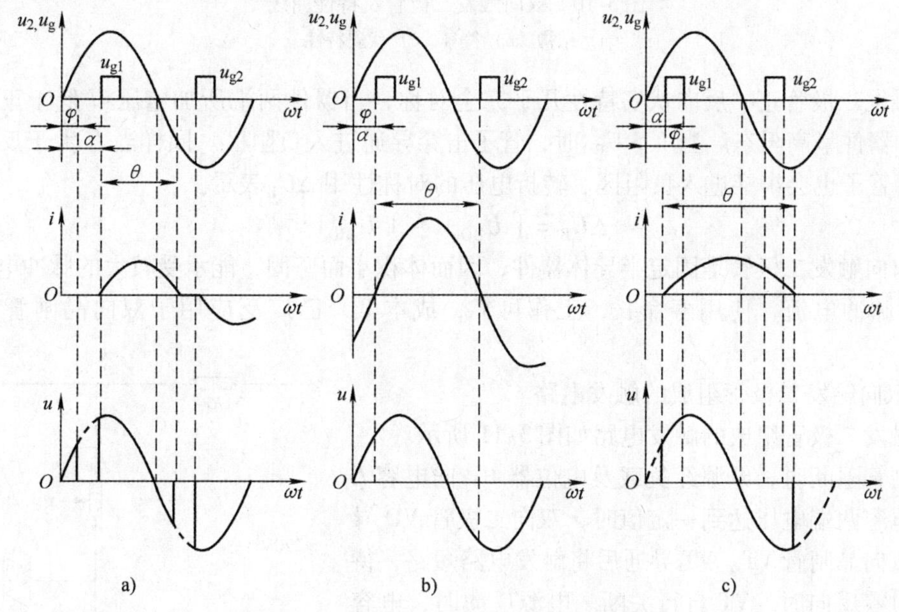

图 3-9　单相交流调压电感性负载工作波形图

a）$\alpha>\varphi$　b）$\alpha=\varphi$　c）$\alpha<\varphi$

综上所述，单相交流调压有如下特点。

① 电阻负载时，负载电流波形与单相桥式可控整流交流侧电流一致。改变触发延迟角 α 可以连续改变负载电压有效值，达到交流调压的目的。移相范围为 0°～180°。

② 电感性负载时，不能用窄脉冲触发。否则当 $\alpha<\varphi$ 时，会出现一个晶闸管无法导通，产生很大直流分量电流，烧毁熔断器或晶闸管。

③ 电感性负载时，最小触发延迟角 $\alpha_{min}=\varphi$（阻抗角）。所以 α 的移相范围为 φ～180°。

3.2.2.2　双向晶闸管触发电路

1．双向触发二极管组成的触发电路

（1）双向触发二极管

双向触发二极管由 NPN 三层结构组成，它是一个具有对称性的半导体二极管器件，其内部结构、符号及特性曲线如图 3-10 所示。

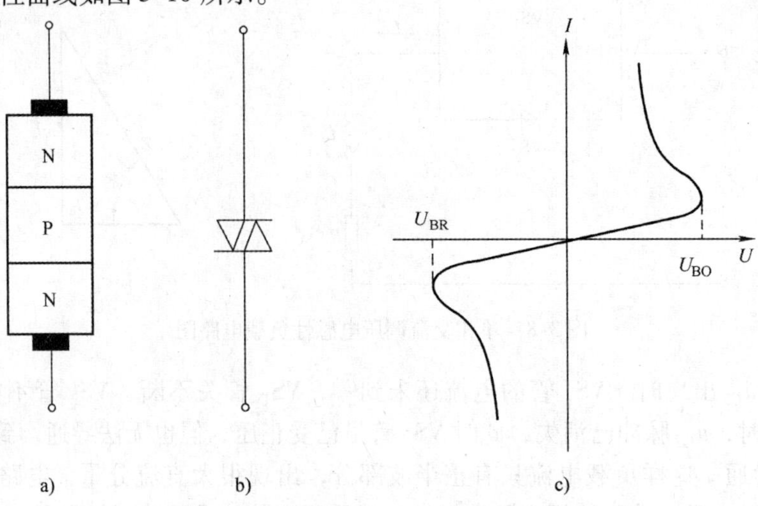

图 3-10 双向触发二极管及特性曲线

a）结构 b）符号 c）伏安特性

双向触发二极管正、反向伏安特性几乎完全对称，当器件两端所加电压 U 低于正向转折电压 U_{BO}时，器件呈高阻态。当 $U>U_{BO}$时，管子击穿导通进入负阻区。同样当 U 大于反向转折电压 U_{BR}时，管子也会击穿进入负阻区。转折电压的对称性用 ΔU_B表示。

$$\Delta U_B = |U_{BO}| - |U_{BR}|$$

由于双向触发二极管是固定半导体器件，因而体积小而坚固，能承受较大的脉冲电流，一般能承受2A 脉冲电流，使用寿命长，工作可靠，成本低，已广泛应用于双向晶闸管的触发电路中。

（2）双向触发二极管组成的触发电路

双向触发二极管组成的触发电路如图 3-11 所示。

当晶闸管阻断时，电源经负载及电位器 RP 向电容 C 充电。当电容两端电压达到一定值时，双向二极管 VD 导通，触发双向晶闸管 VT。VT 导通后将触发电路短路，待交流电压过零反向时，VT 自行关断。电源反向时，电容 C 反向充电，充电到一定值时，双向二极管 VD 反向击穿，再次触发 VT 导通，属于 Ⅰ$_+$、Ⅲ$_-$ 触发方式。改变 RP 阻值即可改变电容两端电压达到双向二极管导通的时刻（即改变正负半周控制角），从而负载上可得到不同大小的电压。

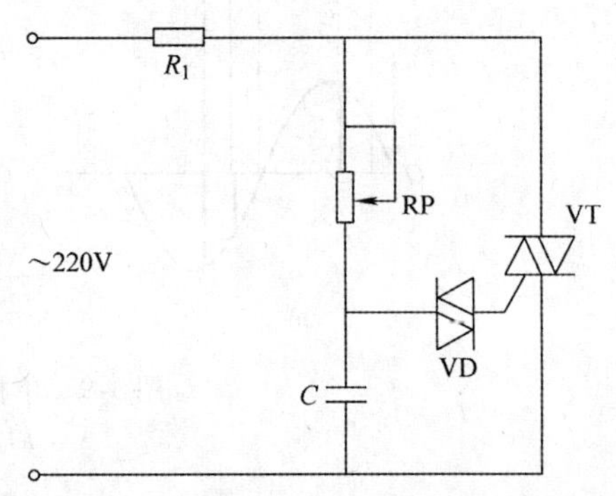

图 3-11 双向触发二极管组成的触发电路

2. 集成触发器组成的触发电路

KC 系列中的 KC05 和 KC06 是专门用于双向晶闸管或两只反向并联晶闸管组成的交流调压电路中，具有失交保护、输出电流大等优点，是交流调压的理想触发电路。它们的不同是 KC06 具有自生直流电源，这里介绍 KC05 触发器。

（1）KC05 内部原理图

KC05 内部原理图如图 3-12 所示。

“15”“16” 端为同步电压输入端，“16” 端同时是 +15V 电源输入端，VT_1、VT_2 组成的同

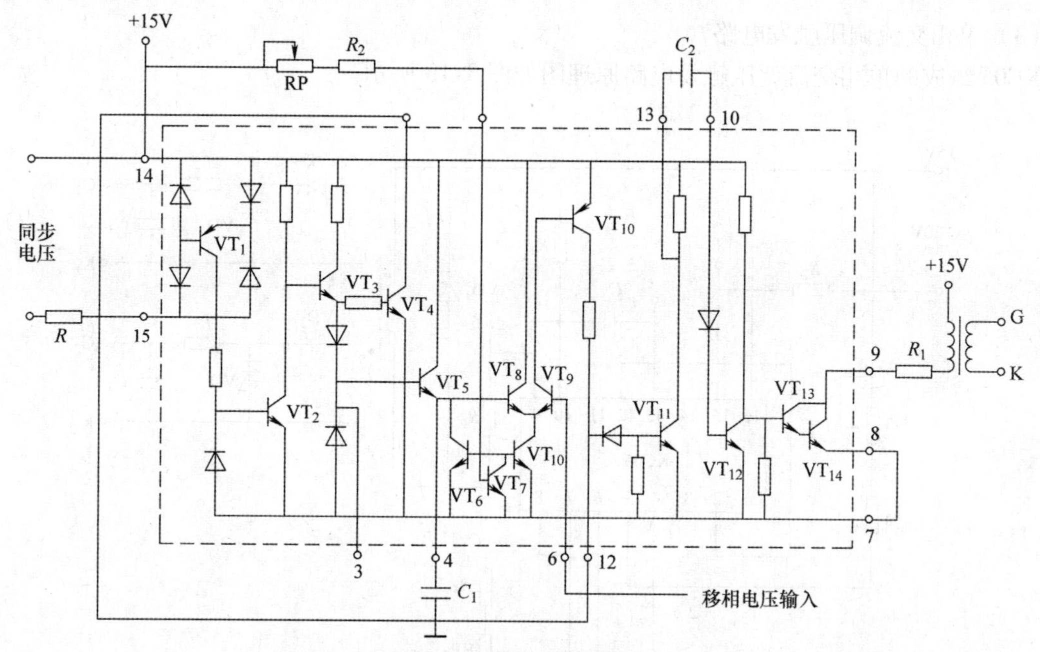

图 3-12　KC05 内部原理图

步检测电路，当同步电压过零时 VT_1、VT_2 截止，从而使 VT_3、VT_4、VT_5 导通，电源通过 VT_5 对外接的电容 C_1 充电至 8V 左右。同步过零结束后 VT_1、VT_2 导通，VT_3、VT_5 恢复截止，C_1 电容由 VT_6 恒流放电，形成线性下降的锯齿波。锯齿波下降的斜率由“5”端的外接的锯齿波斜率电位器 R_{P1} 调节。

锯齿波送至 VT_8 与“6”端引入 VT_9 的移相控制电压进行比较放大，经 VT_{10}、VT_{11} 以及外接 R、C 微分，在 VT_{12} 集电极得到一定宽度的移相脉冲，脉冲宽度由 R_2、C_2 的值决定。脉冲经 VT_{13}、VT_{14} 功率放大后，在“9”端能够得到输出 200mA 电流的触发脉冲。VT_4 是失交保护输出。当输入移相电压大于 8.5V 与锯齿波失交时，VT_4 的同步零点脉冲输出通过“2”端与“12”端的连接，保证了移相电压与锯齿波失交时晶闸管仍保持全导通。

（2）KC05 引脚及功能

KC05 引脚及功能如表 3-2 所示。

表 3-2　KC05 引脚功能

引脚	功能	引脚	功能
1	悬空	9	触发脉冲输出端，通过一个电阻接晶闸管门极或脉冲变压器一端
2	失交保护信号连接端，与 12 脚相连接进行失交保护	10	脉宽电阻及微分电容连接端，通过一个电阻接工作电源，并通过一个电容接 13 脚
3	悬空	11	悬空
4	锯齿波电容连接端，通过 0.47μF 电容接地	12	失交保护信号公共连接端，与 2 脚相连
5	锯齿波斜率调节端，通过一个电阻与可调电位器串联接工作电源	13	宽度微分电容连接端，通过一个电容接 10 脚
6	移相电压输入端，接移相电位器中点或控制系统调节输出信号	14	悬空
7	地端	15	同步信号输入端，通过一个电阻接同步电源
8	脉冲功率放大晶体管发射极端，与工作电源地端相连	16	电源端，接直流电源

（3）单相交流调压触发电路

KC05 组成的单相交流调压触发电路原理图如图 3-13 所示。

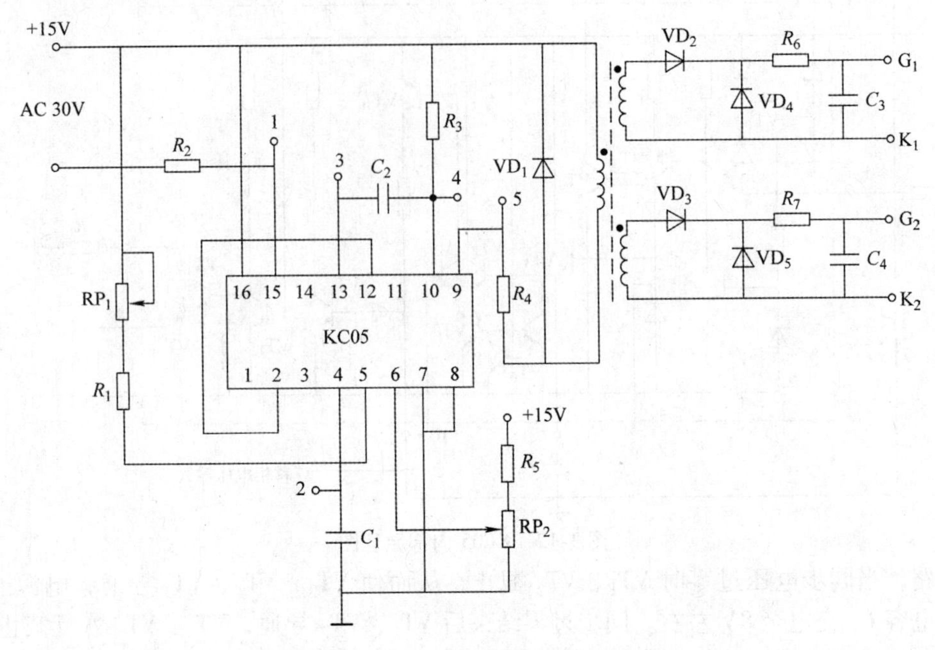

图 3-13　单相交流调压触发电路原理图

同步电压由 KC05 的 15、16 脚输入，在两点可以观测到锯齿波，锯齿波斜率由 R_{P1}、R_1、C_1 决定，调节 R_{P1} 电位器可调节锯齿波的斜率。锯齿波与 6 脚引入的移相控制电压进行比较放大，调节 R_{P2}，可调节触发脉冲控制角。触发脉冲从第 9 脚，经脉冲变压器输出。脉冲宽度由 R_3、C_2 决定，再经过功率放大由 9 脚输出。各主要点波形如图 3-14 所示。

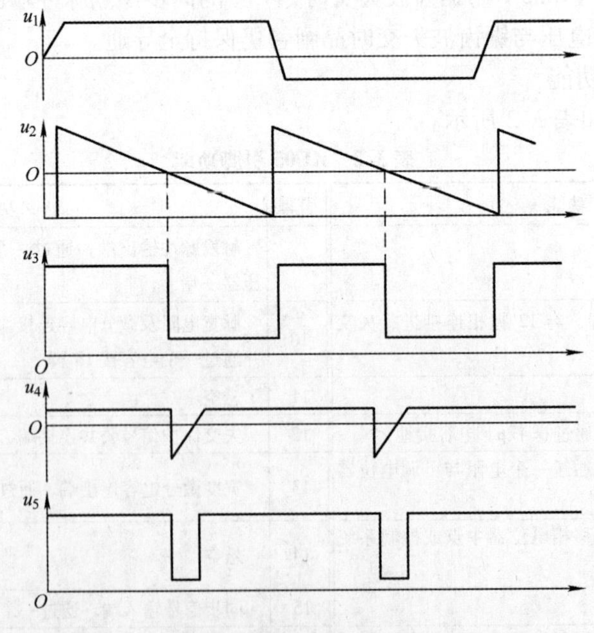

图 3-14　单相交流调压触发电路各主要点波形

3.2.3 任务实施 安装和调试双向晶闸管实现单相交流调压电路

1. 所需仪器设备

1）DJDK－1 型电力电子技术及电机控制实验装置（含 DJK01 电源控制屏、DJK22 单相交流调压/调功电路）一套。

2）双踪示波器一台。

3）万用表一块。

4）导线若干。

2. 测试前准备

1）课前预习相关知识。

2）清点相关材料、仪器和设备。

3）填写任务单中的准备内容。

3. 操作步骤

1）接线。

① 将 DJK01 电源控制屏的电源选择开关打到“直流调速”侧，使输出线电压为 200V，用两根导线将 200V 交流电压（A、B）接到 DJK22 的交流调压电路的“U_i”电源输入端。

② 接入 220V，25W 的白炽灯负载。

③ 在负载两端并接交流电压表。

2）电路调试。

① 按下电源控制屏“启动”按钮，打开交流调压电路的电源开关。

② 调节面板上的“移相触发控制”电位器 RP，观察白炽灯亮度和电压表读数的变化。

③ 观察负载两端波形并记录输出电压大小。调节面板上的“移相触发控制”电位器 R_P，用双踪示波器观察并记录当 $\alpha=30°$、$60°$、$90°$、$120°$时，电容器两端、双向晶闸管两端、双向晶闸管触发信号及白炽灯两端的波形，并测试直流输出电压 U_o和电源电压 U_i的值，记录于任务单中。

3）操作结束后，按照要求清理操作台。

4）将任务单交给老师评价验收。

安装和调试双向晶闸管实现单相交流调压电路任务单

测试前准备		
序号	准备内容	准备情况自查
1	知识准备	单相交流电压电路不同触发延迟角时理论波形是否清楚 是□ 否□ 本次测试接线图是否熟悉 是□ 否□
2	准备材料	挂件是否具备 是□ 否□ 三相电源是否完好 是□ 否□ 实训台式仪表是否找到 交流电压□ DJK22 面板上与本次实训相关内容是否找到（交流调压电路□ 灯座□ 移相控制电位器□ 电源开关□） 导线□ 示波器□ 示波器探头□ 万用表□
测试过程记录		
步骤	内容	数 据 记 录
1	接线	DJK01 上电源选择开关是否打到“直流调速” 是□ 否□ 在负载两端并接的是否交流电压表 是□ 否□

（续）

<table>
<tr><th colspan="7">测试过程记录</th></tr>
<tr><th>步骤</th><th>内容</th><th colspan="5">数 据 记 录</th></tr>
<tr><td rowspan="10">2</td><td rowspan="10">调光灯电路调试</td><td colspan="5">灯泡亮度是否可调　是□　否□　　电压表读数的变化范围______</td></tr>
<tr><td>α</td><td>30°</td><td>60°</td><td>90°</td><td>120°</td></tr>
<tr><td>U_{i} 测量值</td><td></td><td></td><td></td><td></td></tr>
<tr><td>电容两端电压波形</td><td></td><td></td><td></td><td></td></tr>
<tr><td>触发信号波形</td><td></td><td></td><td></td><td></td></tr>
<tr><td>负载电压波形</td><td></td><td></td><td></td><td></td></tr>
<tr><td>晶闸管两端电压波形</td><td></td><td></td><td></td><td></td></tr>
<tr><td>负载两端电压测量值</td><td></td><td></td><td></td><td></td></tr>
<tr><td>负载两端打压计算值</td><td></td><td></td><td></td><td></td></tr>
<tr><td colspan="5">分析负载两端电压测量值计算值误差产生的原因</td></tr>
<tr><td>3</td><td>收尾</td><td colspan="5">DJK03－4 挂件电源开关关闭□　　DJK01 电源开关关闭□
接线全部拆除并整理好□　　示波器电源开关关闭□
凳子放回原处□　　台面清理干净□　　垃圾清理干净□</td></tr>
</table>

<table>
<tr><th colspan="2">验收</th></tr>
<tr><td>完成时间</td><td>提前完成□　按时完成□　延期完成□　未能完成□</td></tr>
<tr><td>完成质量</td><td>优秀□　良好□　中□　及格□　不及格□
教师签字:　　日期:</td></tr>
</table>

3.2.4　思考题与习题

1. 什么是交流调压?

2. 单相交流调压电路，负载阻抗角为 30°，问触发延迟角 α 的有效移相范围有多大?

3. 单相交流调压主电路中，对于电阻－电感负载，为什么晶闸管的触发脉冲要用宽脉冲或脉冲列?

4. 图 3-15 单相交流调压电路，$U_2=220\mathrm{V}$，$L=5.516\mathrm{mH}$，$R=1\Omega$，试求:

1）触发延迟角 α 的移相范围。

2）负载电流最大有效值。

3）最大输出功率和功率因数。

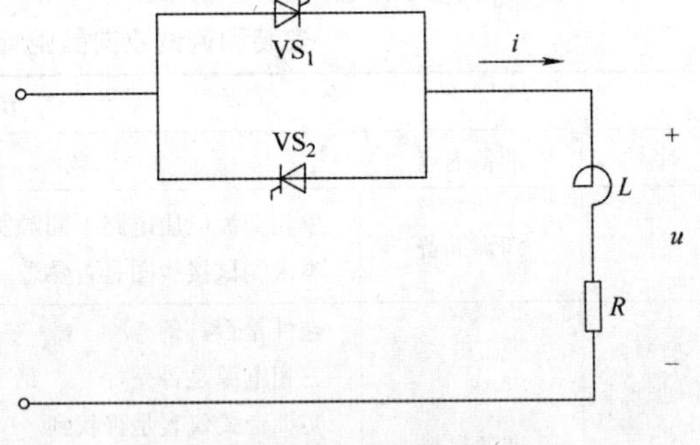

图 3-15　习题 4 图

项目 4　认识和调试同步电动机励磁电源电路

项目引入

同步电动机在工业生产中得到越来越广泛的应用，应用中同步电动机稳定运行是关键因素，在诸多改善电动机稳定性的措施中，提高励磁系统的控制性能，是最为有效和经济的措施。因此能使同步电动机安全稳定而又节能运行的励磁电源装置格外重要，图 4-1 所示为同步电动机励磁控制系统主电路图，利用三相桥式全控可控整流电路将交流电变换成直流电供给励磁系统，运行可靠，经济性好，得到越来越广泛的应用。

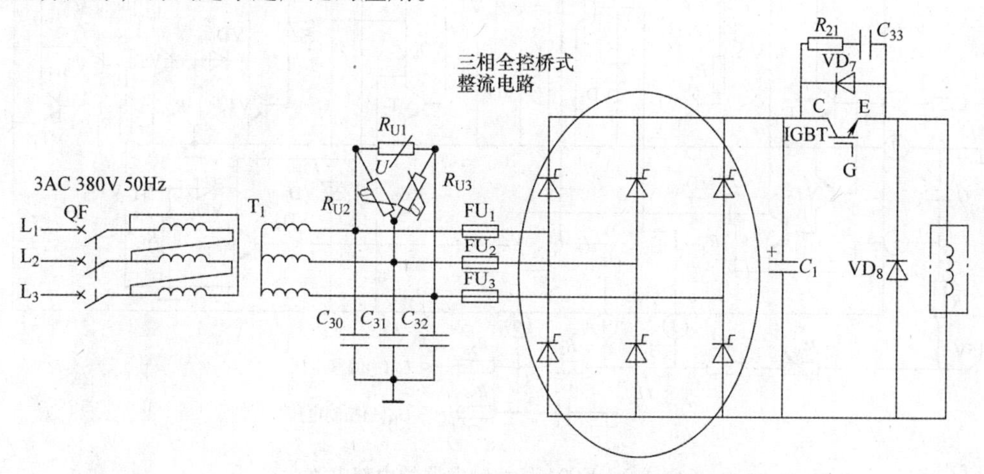

图 4-1　同步电动机励磁控制系统主电路图

本项目将分别介绍调试三相集成触发电路、安装和调试三相半波可控整流电路、安装和调试三相桥式全控整流电路、安装和调试三相桥式全控有源逆变电路 4 个任务。

4.1　任务 1　认识和调试三相集成触发电路

4.1.1　学习目标

1）了解 KC04 和 KC41C 组成的三相集成触发电路的工作原理。

2）掌握三相集成触发电路的接线和调试方法。

3）熟悉集成触发电路各点波形。

4.1.2　相关知识点

晶闸管的电流容量越大，要求的触发功率就越大，对于大、中容量的晶闸管，尤其是三相整流电路中，为了保证其触发脉冲具有足够的功率，满足移相范围宽、可靠性高的要求，往往采用三相集成触发电路，集成触发电路具有体积小、温漂小、功耗低、性能稳定、工作可靠等多种优点，大大简化了触发电路的生产、调试和维修，应用越来越广泛，并逐步取代分立式电路。

相控集成触发器主要有 KC、KJ 两大系列共十余种，用于各种移相触发、过零触发等场合。这里介绍 KC 系列中的 KC04、KC41C 组成的三相集成触发电路。

4.1.2.1 KC04 移相集成触发器

KC04 移相触发器的内部电路如图 4-2 所示，与分立元件组成的锯齿波触发电路相似，由同步、锯齿波形成、移相控制、脉冲形成及放大输出等环节组成，适用于单相、三相桥式全控整流装置中晶闸管双路脉冲相控触发。

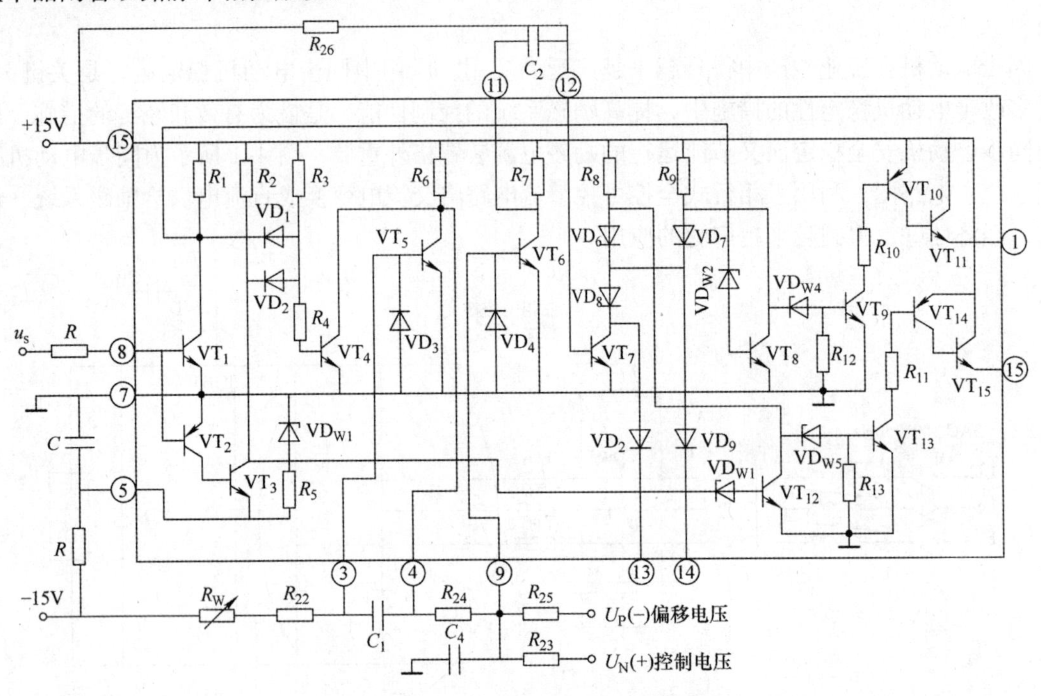

图 4-2 KC04 移相触发器的内部电路

1. 同步电路

如图 4-2 所示，同步电路由晶体管 VT_1 ~ VT_4 等元器件组成。正弦波电压经限流电阻加到 VT_1、VT_2 的基极。在电源电压正半周，VT_2 截止，VT_1 导通，VD_1 导通，VT_4 截止。在电源电压负半周，VT_1 截止，VT_2、VT_3 导通，VD_2 导通，VT_4 同样截止。在电源电压正负半周内，当电压小于 0.7V 时，VT_1、VT_2、VT_3 均截止，VD_1、VD_2 也截止，于是 VT_4 从电源 +15V 经 R_3、R_4 获得足够的基极电流而饱和导通，在 VT_4 的集电极获得与电源电压的同步脉冲。

2. 锯齿波形成电路

锯齿波形成电路由 VT_5、C_1 组成。当 VT_4 截止时，+15V 电源通过 R_6、R_{22}、R_W、−15V 对 C_1 充电。当 VT_4 导通时，C_1 通过 VT_4、VD_3 迅速放电，在 KC04 的第 4 脚（也就是 VT_5 的集电极）形成锯齿波电压，锯齿波的斜率取决于 R_{22}、R_W与 C_1 的大小。

3. 移相电路

移相电路由 VT_6 与外围元器件组成，锯齿波电压、控制电压、偏移电压分别通过电阻 R_{24}、R_{23}、R_{25}在 VT_6 的基极叠加，控制 VT_6 管的导通和截止时刻。

4. 脉冲形成电路

脉冲形成电路由 VT_7与外围元器件组成。当 VT_6 截止时，+15V 电源通过 R_7、VT_7的 b−e 结对 C_2 充电（左正右负），同时 VT_7经 R_{26}获得基极电流而导通。当 VT_6 导通时，C_2 上的充电电

压成为 VT_7的 b－e 结的反偏电压，VT_7截止。此后＋15V 经 R_{26}、VT_6 对 C_2 充电（左负右正），当反向充电电压大于1.4V 时，VT_7又恢复导通。这样在 VT_7的集电极得到了脉冲，其宽度由时间常数 $R_{26}C_2$ 的大小决定。

5. 脉冲输出电路

脉冲输出电路由 VT_8～VT_{15}组成。在电源电压正半周，VT_1 导通，使 VT_8截止、VT_{12}导通。VT_{12}的导通使 VD_{W5}截止，由 VT_{13}、VT_{14}、VT_{15}组成的放大电路无脉冲输出。VT_8的截止使 VD_{W3}导通，VT_7集电极的脉冲经 VT_9、VT_{10}、VT_{11}组成的电路放大后由 1 脚输出。在电源电压负半周，VT_8导通，VT_{12}截止，VT_7的正脉冲经 VT_{13}、VT_{14}、VT_{15}组成的电路放大后由 15 脚输出。

KC04 各管脚电压波形如图 4-3a 所示。

4.1.2.2 KC41C 六路双脉冲形成器

三相全控桥式整流电路要求用双窄脉冲触发，即用两个间隔 60°的窄脉冲去触发晶闸管。产生双窄脉冲的方法有两种，一种是每个触发电路在每个周期内只产生一个脉冲，脉冲输出电路同时触发两个桥臂的晶闸管，这叫外双脉冲触发。另一种是每个触发电路在一个周期内连续发出两个相隔 60°的窄脉冲，脉冲输出电路只触发一个晶闸管，称为内双脉冲。内双脉冲触发是目前应用最多的一种触发方式。

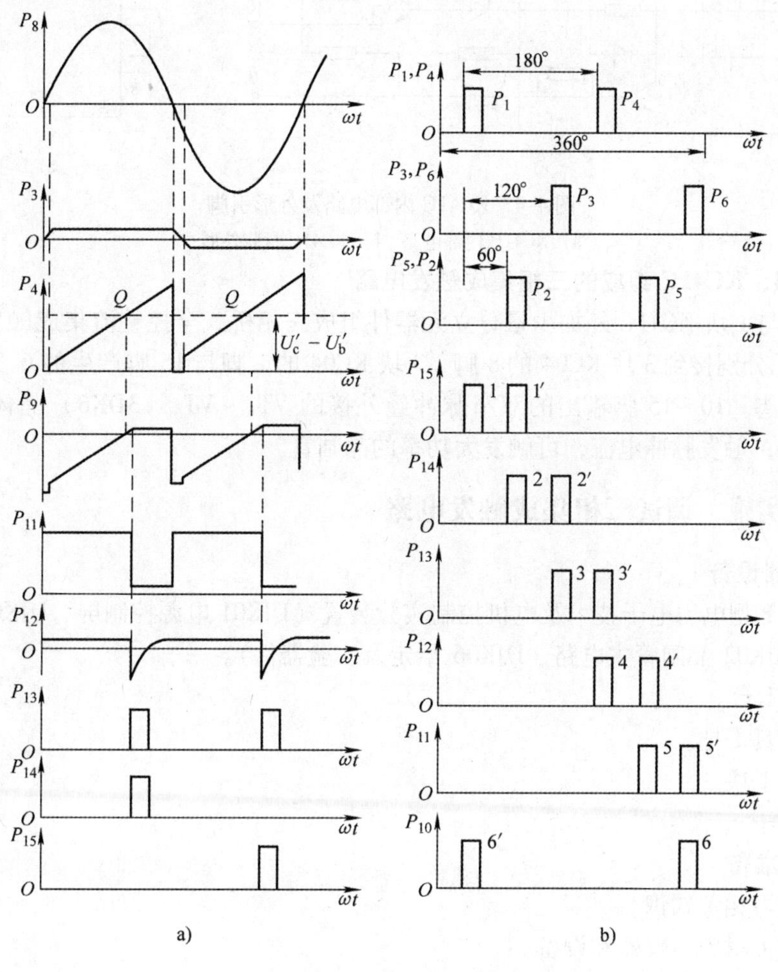

图 4-3 KC04 与 KC41C 各引脚波形

a）KC04 各引脚电压波形 b）KC41C 各引脚电压波形

KC41C 是六路双脉冲形成器，它不仅具有双脉冲形成功能，还具有脉冲封锁控制的功能。内部电路及外部接线图如图 4-4 所示。1 ~6 脚是六路脉冲输入端，每路脉冲由输入二极管送给本相和前相，由具有的“或”功能形成双窄脉冲，再由 VT_1 ~ VT_6 组成的六路放大器分六路输出。VT_7管为电子开关，当 7 脚接地时，VT_7管截止，10 ~15 脚又脉冲输出，反之，7 脚置高电位，VT_7管导通，各路脉冲被封锁。KC41C 各引脚电压波形如图 4-3b 所示。

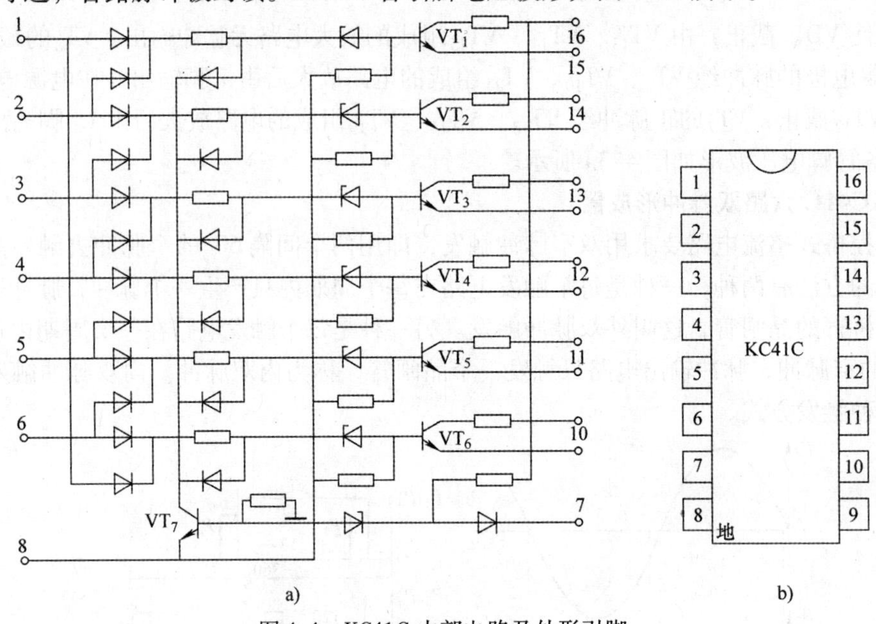

图 4-4　KC41C 内部电路及外形引脚

a）KC41C 内部电路　b）KC41C 封装外形

4.1.2.3　KC04、KC41C 组成的三相集成触发电路

3 块 KC04 与 1 块 KC41C 外加少量分立元器件组成三相桥式全控整流集成触发电路如图 4-5 所示。三相电源分别接到 3 块 KC04 的 8 脚，3 块 KC04 的 1 脚与 15 脚产生的 6 个脉冲分别接到 KC41C 的 1 ~6 脚。10 ~15 脚输出的双窄脉冲经外接的 VT_1 ~ VT_6（3DK6）晶体管用做功率放大，得到 800 mA 触发脉冲电流，可触发大功率的晶闸管。

4.1.3　任务实施　调试三相集成触发电路

1. 所需仪器设备

1）DJDK－1 型电力电子技术及电机控制实验装置（DJK01 电源控制屏、DJK02－1 三相晶闸管触发电路、DJK02 晶闸管主电路、DJK06 给定及实验器件）。

2）示波器 1 台。

3）螺钉旋具 1 把。

4）万用表 1 块。

5）导线若干。

2. 测试前准备

1）课前预习相关知识。

2）清点相关材料、仪器和设备。

3）填写任务单中的准备内容。

3. 操作步骤

1）接线。

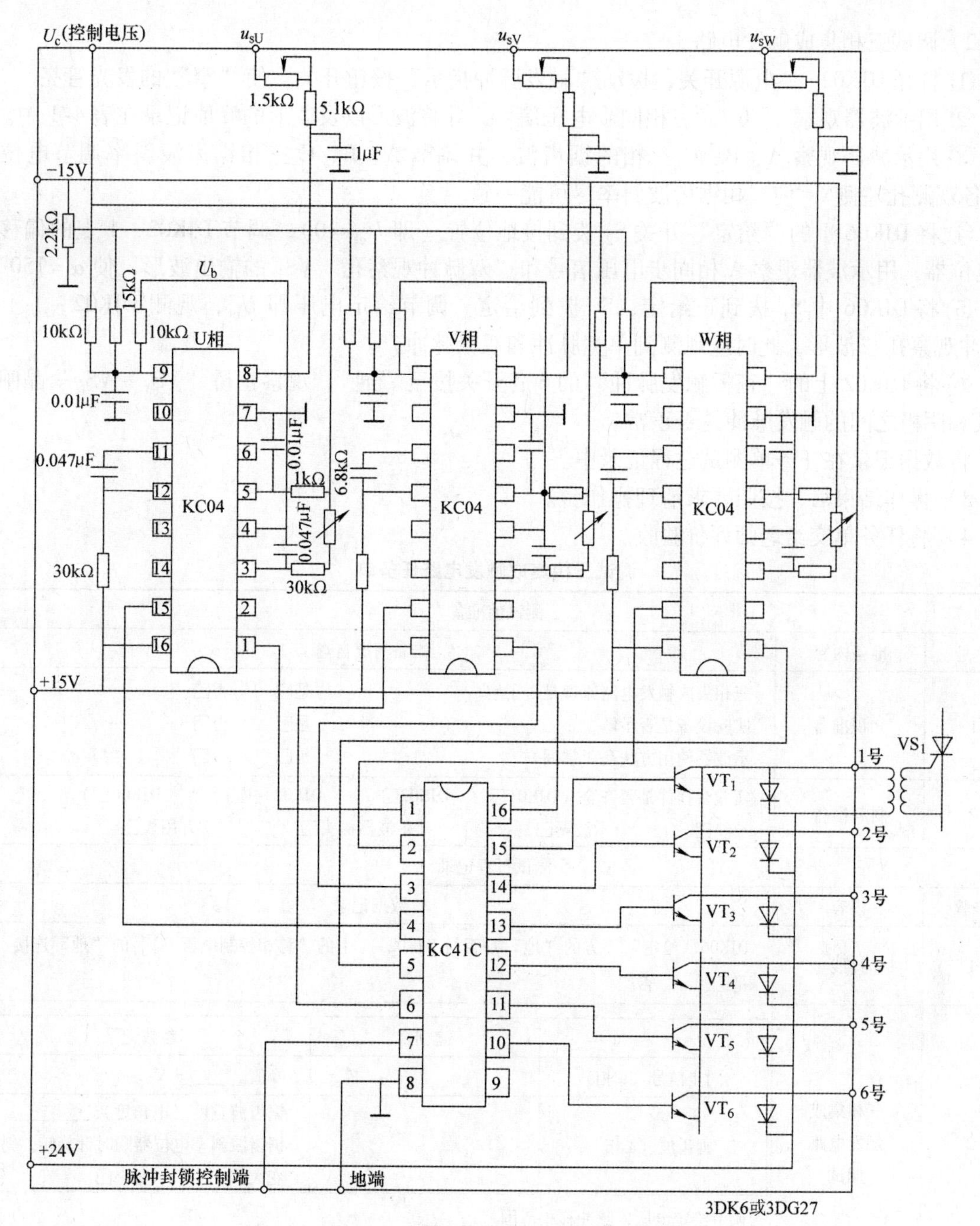

图 4-5 三相桥式全控整流的双窄脉冲集成触发电路

① 用 10 芯的扁平电缆，将 DJK02 的“三相同步信号输出”端和 DJK02 - 1“三相同步信号输入”端连接。

② 将 DJK06 上的“给定”输出直接与 DJK02 - 1 上的移相控制电压 U_{ct} 相接。

注意：DJK06 和 DJK02 - 1 两个挂件不共地，在将“给定”接“移相控制电压 U_{ct}”时，地线需要用导线连接。

③ 用 8 芯的扁平电缆，将 DJK02 - 1 面板上“触发脉冲输出”和“触发脉冲输入”相连。

④ 将 DJK02 - 1 面板上 U_{lf} 的端接地。

⑤ 用 20 芯的扁平电缆，将 DJK02 - 1 面板上“正桥触发脉冲输出”和 DJK02“正桥触发脉冲输入”相连。

2）调试三相集成触发电路。

① 打开 DJK02－1 电源开关，拨动“触发脉冲指示”按钮开关，使“窄”的发光管亮。

② 用示波器观察 a、b、c 三相同步电压信号，并将波形以及波形的峰值记录在表 4-1 中。

③ 用示波器观察 A、B、C 三相的锯齿波，并调节 A、B、C 三相锯齿波斜率调节电位器（在各观测孔左侧），使三相锯齿波斜率尽可能一致。

④ 将 DJK06 上的“给定”开关 S_2 拨到接地位置（即 $U_{ct}=0$），调节 DJK02－1 上的偏移电压电位器，用示波器观察 A 相同步电压信号和“双脉冲观察孔” VS_1 的输出波形，使 $\alpha=150°$

⑤ 将 DJK06 中 S_1 拨到正给定，S_2 拨到给定。调节给定电压即 U_{ct}，观测 DJK02－1 上的“脉冲观察孔“波形，此时应观测到单宽脉冲和双窄脉冲。

⑥ 将 DJK02 上的“正桥触发脉冲”的 6 各开关拨至“通”，观察正桥“$VS_1 \sim VS_6$”晶闸管门极和阴极之间的触发脉冲是否正常。

将数据记录在任务单测试过程记录中。

3）操作结束后，按照要求清理操作台。

4）将任务单交给老师评价验收。

调试三相集成触发电路任务单

<table>
<tr><th colspan="3">测试前准备</th></tr>
<tr><th>序号</th><th>准备内容</th><th>准备情况自查</th></tr>
<tr><td>1</td><td>知识准备</td><td>三相集成触发电路原理是否了解　是□　否□
实验设备是否了解　是□　否□
示波器使用方法是否掌握　是□　否□</td></tr>
<tr><td>2</td><td>材料准备</td><td>实验台挂件是否齐全（DJK01□　DJK02□　DJK02－1□　DJK06□）
导线□　示波器□　示波器探头□　万用表□</td></tr>
<tr><th colspan="3">测试过程记录</th></tr>
<tr><th>步骤</th><th>内容</th><th>数据记录</th></tr>
<tr><td>1</td><td>接线</td><td>DJK06“给定”下方的“地”是否与 DJK02－1 上的“移相控制电压 U_{ct}”的“地”连接
是□　否□</td></tr>
<tr><td>2</td><td>二相集成触发电路调试</td><td><table><tr><th></th><th>波形</th><th>参数记录</th></tr><tr><td>同步信号（a 相）</td><td></td><td>峰值________V</td></tr><tr><td>锯齿波（a 相）</td><td></td><td>锯齿波宽度（电角度）________。
锯齿波斜率电位器顺时针旋转，斜率变大□　变小□</td></tr></table>调节给定电压，脉冲移相范围________。
VS_1 和 VS_4 相位差________，VS_1 和 VS_1' 相位差________。</td></tr>
<tr><td>3</td><td>收尾</td><td>DJK02－1 挂件电源开关关闭□　DJK01 电源开关关闭□
接线全部拆除并整理好□　示波器电源开关关闭□
凳子放回原处□　台面清理干净□　垃圾清理干净□</td></tr>
</table>

<table>
<tr><th colspan="2">验收</th></tr>
<tr><td>完成时间</td><td>提前完成□　按时完成□　延期完成□　未能完成□</td></tr>
<tr><td>完成质量</td><td>优秀□　良好□　中□　及格□　不及格□
教师签字：　日期：</td></tr>
</table>

4.1.4 思考题与习题

1. 说明集成触发电路的优点。
2. KC04 移相触发器包括哪些环节？
3. 说明 KC41C 的工作原理。

4.2 任务2 安装和调试三相半波可控整流电路

4.2.1 学习目标

1）掌握三相半波可控整流电路的工作原理，能进行波形分析。
2）能对三相半波可控整流电路进行参数计算，并能合理选择元器件。
3）掌握三相半波可控整流电路的连接和调试方法。

4.2.2 相关知识点

单相可控整流电路简单，价格便宜，制造、调整、维修都比较容易，但其输出的直流电压脉动大。又因为它接在三相电网的一相上，当容量较大时易造成三相电网的不平衡。因而只用在容量较小的地方。当整流负载容量较大，一般负载功率超过 4kW，要求直流电压脉动较小时，可以采用三相可控整流电路。三相可控整流电路形式很多，有三相半波、三相全控桥式、三相半控桥式等，但三相半波是最基本的组成形式，其他类型可看成三相半波电路以不同方式串联或并联而成。

4.2.2.1 三相半波可控整流电路——电阻性负载

1. 电路结构

三相半波可控整流电路如图 4-6 所示。Tr 为三相整流变压器，晶闸管 VT_1、VT_3、VT_5 的阳极分别与变压器的 U、V、W 三相相连，3 只晶闸管的阴极接在一起经负载电阻 R_d 与变压器的中性线相连，它们组成共阴极接法电路。

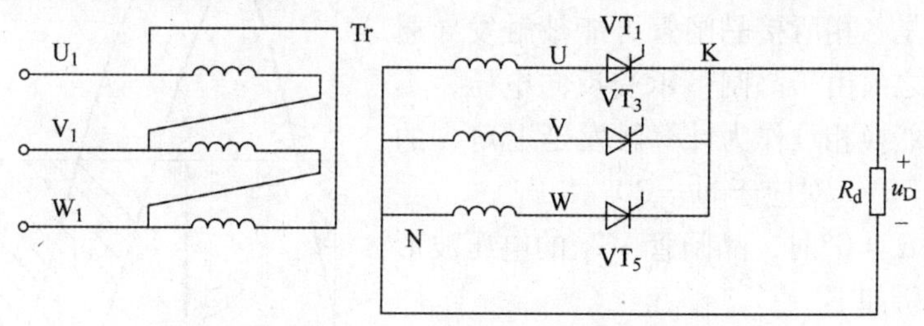

图 4-6 三相半波可控整流电路电阻性负载电路

设二次绕组 U 相电压的初相位为零，相电压有效值为 U_2，则对称三相电压的瞬时值表达式为

$$u_U = \sqrt{2}U_2\sin\omega t$$

$$u_V = \sqrt{2}U_2\sin(\omega t - 2\pi/3)$$

$$u_W = \sqrt{2}U_2\sin(\omega t + 2\pi/3)$$

电源电压是不断变化的，三相中哪一相所接的晶闸管可被触发导通呢？根据晶闸管的单向导电原理，取决于 3 只晶闸管各自所接的 u_U、u_V、u_W 中哪一相电压瞬时值最高，则该相所接晶闸

管可被触发导通，而另外两管则承受反向电压而阻断。

三相电源如图4-7中的1、3、5交点为电源相电压正半周的相邻交点，称为自然换相点，也就是三相半波可控整流电路各相晶闸管触发延迟角 α 的起点，即 $\alpha=0°$ 的点。由于自然换相点距相电压原点为30°，所以触发脉冲距对应相电压的原点为 $30°+\alpha$。下面分析当触发延迟角 α 不同时，整流电路的工作原理。

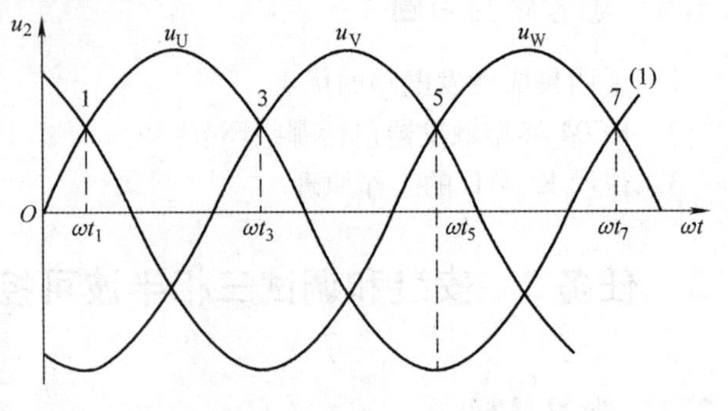

图4-7　三相电源电压波形

2. 工作原理

（1）触发延迟角 $\alpha=0°$

当 $\alpha=0°$时，晶闸管VT_1、VT_3、VT_5 相当于3只整流二极管，如图4-8所示，工作原理分析如下。

$\omega t_1\sim\omega t_3$ 期间，u_U瞬时值最高，U相所接的晶闸管VT_1触发导通，输出电压 $u_d=u_U$，V相和W相所接VT_3、VT_5 承受反向线电压而阻断。

$\omega t_3\sim\omega t_5$ 期间，u_V瞬时值最高，V相所接的晶闸管VT_3触发导通，输出电压 $u_d=u_V$，VT_1、VT_5 承受反向线电压而阻断。

$\omega t_5\sim\omega t_7$期间，u_W瞬时值最高，W相所接的晶闸管VT_5触发导通，输出电压 $u_d=u_W$，VT_1、VT_3 承受反向线电压而阻断。

依次循环，每个晶闸管导通120°，三相电源轮流向负载供电，负载电压 u_d 为三相电源电压正半周包络线。

ωt_1、ωt_3、ωt_5 时刻所对应的1、3、5三个点，称为自然换相点，分别是3只晶闸管轮换导通的起始点。自然换相点也是各相所接晶闸管可能被触发导通的最早时刻，在此之前由于晶闸管承受反向电压，不能导通，因此把自然换相点作为计算触发延迟角 α 的起点，即该点时 $\alpha=0°$，对应于 $\omega t=30°$。

在触发延迟角 $\alpha=0°$时，晶闸管VT_1的电压波形如图4-8所示，分析如下。

$\omega t_1\sim\omega t_3$ 期间，VT_1导通，管压降为零；

$\omega t_3\sim\omega t_5$ 期间，晶闸管VT_3导通，VT_1承受反向线电压 u_{UV}；

$\omega t_5\sim\omega t_7$期间，晶闸管VT_5导通，VT_1承受反向线电压 u_{UW}。

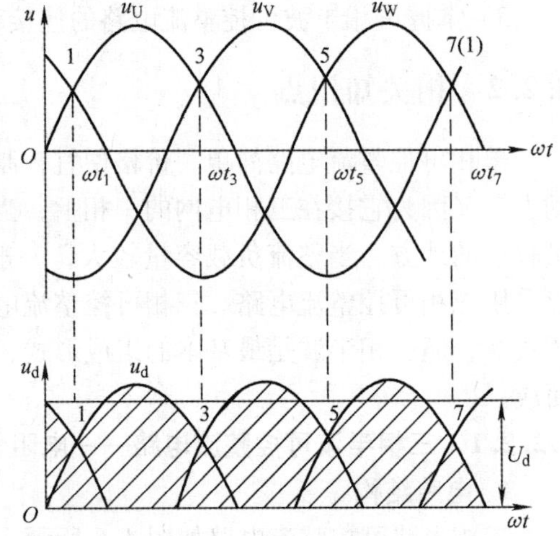

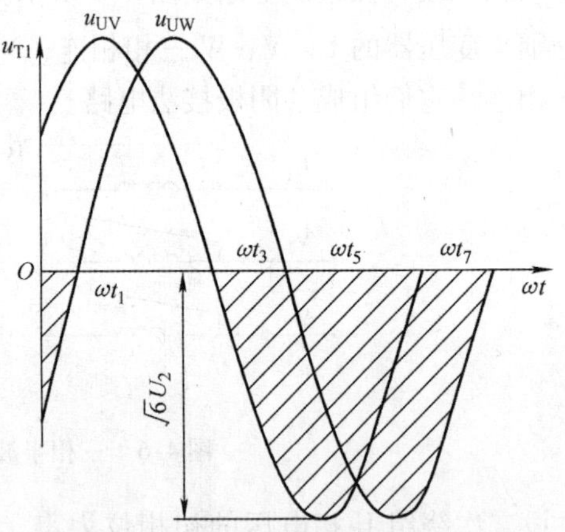

图4-8　三相半波可控整流电路电阻性负载 $\alpha=0°$的波形图

（2）触发延迟角 $\alpha=30°$

图4-9所示为当 $\alpha=30°$时的波形。假设电路已在工作，W相所接的晶闸管VT_5导通，经过自然换相点“1”时，由于U相所接晶闸管VT_1的触发脉冲尚未送到，故无法导通。于是VT_5管仍承受 u_W正向电压继续导通，直到过U相自然换相点“1”点30°，即 $\alpha=30°$时，晶闸管VT_1

被触发导通，输出直流电压波形由 u_W 换成为 u_U，波形如图 4-9 所示。VT_1 的导通使晶闸管 VT_5 承受 u_{UW} 反向电压而被强迫关断，负载电流 i_d 从 W 相换到 U 相。依次类推，其他两相也依次轮流导通与关断。负载电流 i_d 波形与 u_d 波形相似，而流过晶闸管 VT_1 的电流 i_{T1} 波形是 i_d 波形的 1/3 区间，如图 4-9 所示。当 $\alpha=30°$ 时，晶闸管 VT_1 两端的电压 u_{T1} 波形如图 4-9 所示，它可分成 3 部分，晶闸管 VT_1 本身导通，$u_{T1}=0$；VS_3 导通时，$u_{T1}=u_{UV}$；VT_5 导通时，$u_{T1}=u_{UW}$。

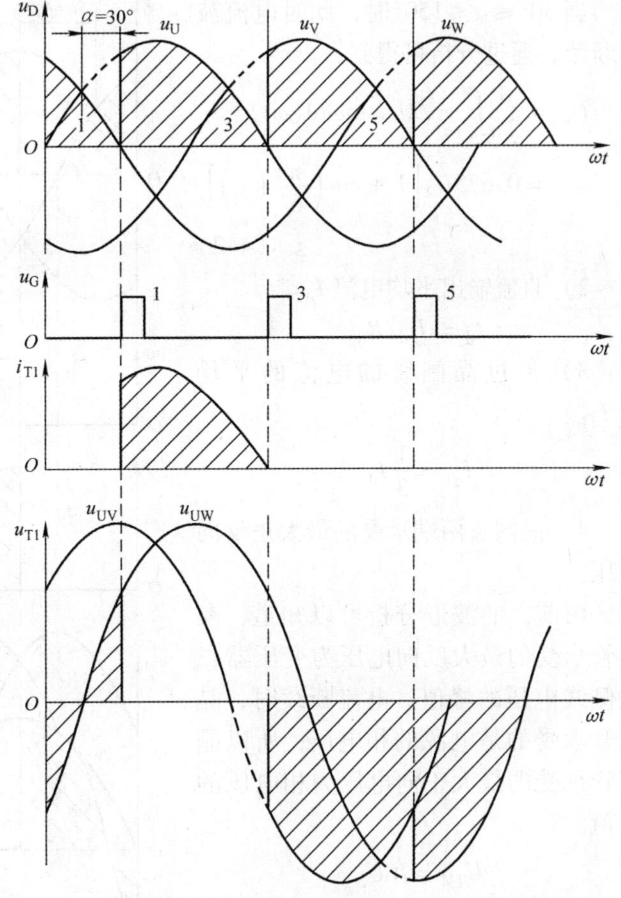

图 4-9　三相半波可控整流电路电阻性负载 $\alpha=30°$ 的波形图

（3）触发延迟角 $\alpha=60°$

图 4-10 所示为当 $\alpha=60°$ 时的波形，其输出电压 u_d 的波形及负载电流 i_d 的波形均已断续，3 只晶闸管都在本相电源电压过零时自行关断。晶闸管的导通角显然小于 120°，仅为 $\theta_T=90°$。晶闸管 VT_1 两端的电压 u_{T1} 的波形如图 4-10 所示，器件本身导通时，$u_{T1}=0$；相邻器件导通时，要承受电源线电压，即 $u_{T1}=u_{UV}$ 与 $u_{T1}=u_{UW}$；当 3 只晶闸管均不导通时，VT_1 承受本身 U 相电源电压，即 $u_{T1}=u_U$。

根据以上分析，当触发脉冲后移到 $\alpha=150°$ 时，由于晶闸管已不再承受正向电压而无法导通，$u_d=0V$。

（4）结论

由以上分析可以得出如下结论。

① 改变晶闸管触发延迟角，就能改变整流电路输出电压的波形。当 $\alpha=0°$ 时，输出电压最大；α 角增大，输出电压减小；$\alpha=150°$ 时，输出电压为零。三相半波可控整流电路的移相范围是 0°～150°。

② 当 $\alpha\leqslant30°$ 时，u_d 的波形连续，各相晶闸管的导通角均为 $\theta=120°$；当 $\alpha>30°$ 时，u_d 波形出现断续，晶闸管关断点均在各自相电压过零点，晶闸管导通角 $\theta<120°$（$\theta=150°-\alpha$）。

③ 在波形连续时，晶闸管阳极承受的电压波形由 3 段组成：晶闸管导通时，晶闸管两端电压为零（忽略管压降），其他任一相导通时，晶闸管承受相应的线电压；波形断续时，3 个晶闸管均不导通，管子承受的电压为所接相的相电压。

3. 参数计算

1）整流输出电压 U_d 的平均值计算。

当 $0°\leqslant\alpha\leqslant30°$ 时，此时电流波形连续，通过分析可得到

$$U_d=\frac{3}{2\pi}\int_{\frac{\pi}{6}+\alpha}^{\frac{5\pi}{6}+\alpha}\sqrt{2}U_2\sin\omega t\,\mathrm{d}(\omega t)=1.17U_2\cos\alpha \tag{4-1}$$

当 $30° \leqslant \alpha \leqslant 150°$ 时，此时电流波形断续，通过分析可得到

$$U_d = \frac{3}{2\pi}\int_{\frac{\pi}{6}+\alpha}^{\pi} \sqrt{2}U_2 \sin\omega t \mathrm{d}(\omega t) = 0.675U_2\left[1+\cos\left(\frac{\pi}{6}+\alpha\right)\right] \tag{4-2}$$

2）直流输出平均电流 I_d。

$$I_d = U_d/R_d$$

3）流过晶闸管的电流的平均值 I_{dT}。

$$I_{dT} = \frac{1}{3}I_d$$

4）晶闸管两端承受的最大正反向电压。

由前面的波形分析可以知道，晶闸管承受的最大反向电压为变压器二次侧线电压的峰值。电流断续时，晶闸管承受的是电源的相电压，所以晶闸管承受的最大正向电压为相电压的峰值。

$$U_{TM} = \sqrt{6}U_2$$

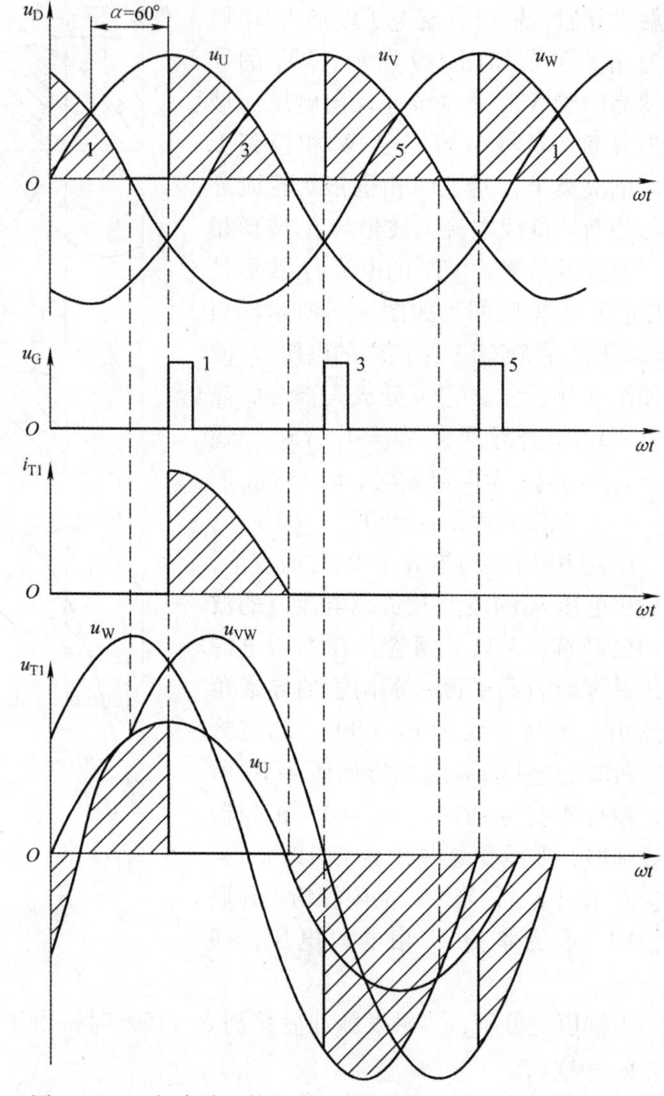

图 4-10　三相半波可控整流电路电阻性负载 $\alpha = 60°$ 的波形图

4.2.2.2　三相半波可控整流电路——大电感性负载

1. 电路结构和工作原理

三相半波可控整流电路大电感负载电路如图 4-11a 所示。只要输出电压平均值 U_d 不为零，晶闸管导通角均为 120°，与触发延迟角 α 无关，其电流波形近似为方波，图 4-11c、e 分别为 $\alpha = 20°$ 和 $\alpha = 60°$ 时负载电流波形。

图 4-11b、d 所示分别为 $\alpha = 20°$（$0° \leqslant \alpha \leqslant 30°$ 区间）、$\alpha = 60°$（$30° < \alpha \leqslant 90°$ 区间）时输出电压 u_d 波形。由于电感 L_d 的作用，当 $\alpha > 30°$ 后，u_d 波形出现负值，如图 4-11d 所示。当负载电流从大变小时，即使电源电压过零变负，在感应电动势的作用下，晶闸管仍承受正向电压而维持导通。只要电感量足够大，晶闸管导通就能维持到下一相晶闸管被触发导通为止，随后承受反向线电压而被强迫关断。尽管 $\alpha > 30°$ 后，u_d 波形出现负面积，但只要正面积能大于负面积，其整流输出电压平均值总是大于零，电流 i_d 可连续平稳。

显然，当触发脉冲后移到 $\alpha = 90°$ 后，u_d 波形的正、负面积相等，其输出电压平均值 u_d 为零，所以大电感负载不接续流二极管时，其有效的移相范围只能为 $\alpha = 0° \sim 90°$。

晶闸管两端电压波形与电阻性负载分析方法相同。

2. 参数计算

1）输出电压平均值 U_d。

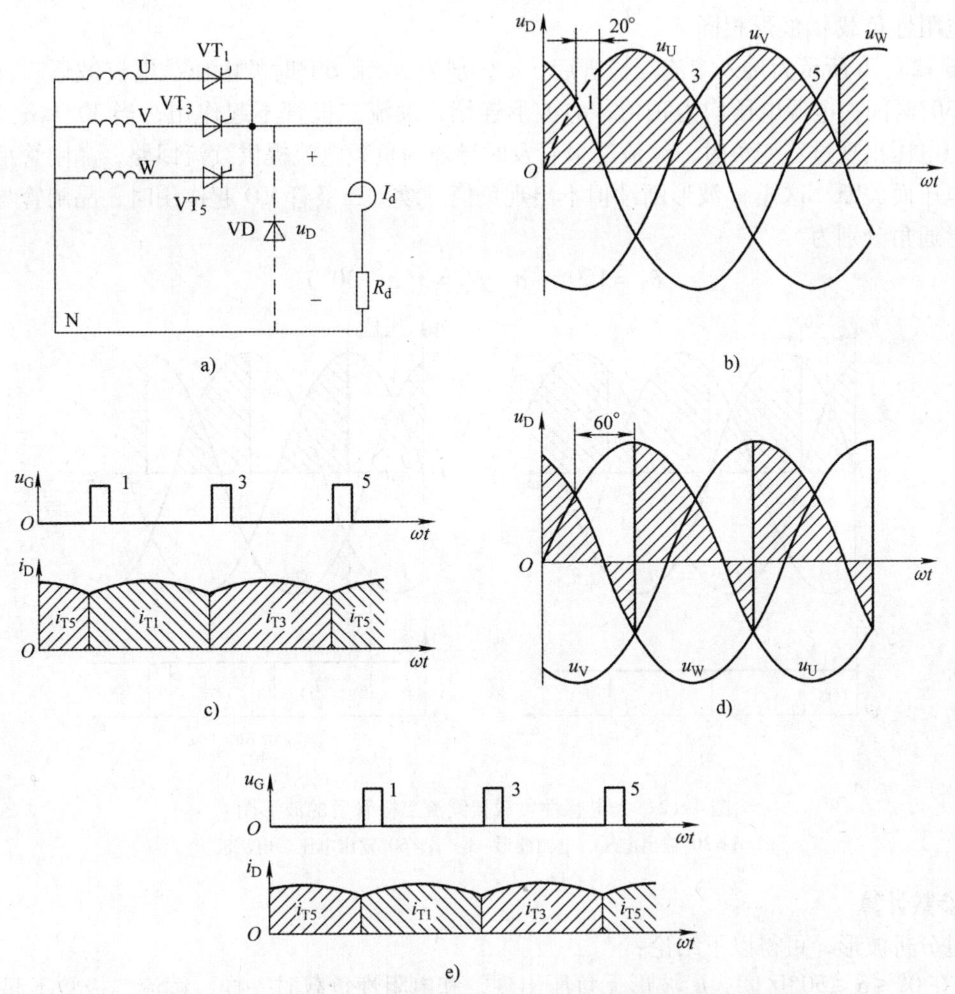

图 4-11　三相半波可控整流电路大电感性负载电路和波形图

a）电路图　b）$\alpha=20°$时输出电压波形　c）$\alpha=20°$时流过负载电流波形

d）$\alpha=60°$时输出电压波形　e）$\alpha=60°$时流过负载电流波形

$$U_{\mathrm{d}} = \frac{3}{2\pi}\int_{\frac{\pi}{6}+\alpha}^{\frac{5\pi}{6}+\alpha} \sqrt{2}U_2\sin\omega t\mathrm{d}(\omega t) = 1.17U_2\cos\alpha \tag{4-3}$$

由上式可以看出，大电感负载U_{d}的计算公式与电阻性负载在$0°\leqslant\alpha\leqslant30°$时的$U_{\mathrm{d}}$公式相同。在$\alpha>30°$后，$u_{\mathrm{d}}$波形出现负面积，在同一$\alpha$角时，$U_{\mathrm{d}}$值将比电阻负载时小。

2）负载电流平均值。

$$I_{\mathrm{d}} = \frac{U_{\mathrm{d}}}{R_{\mathrm{d}}}$$

3）流过晶闸管的电流平均值I_{dT}、有效值I_{T}及承受的最大正、反向电压U_{TM}分别为

$$I_{\mathrm{dT}} = \frac{1}{3}I_{\mathrm{d}} \quad I_{\mathrm{T}} = \sqrt{\frac{1}{3}}I_{\mathrm{d}} \quad U_{\mathrm{TM}} = \sqrt{6}U_2$$

4.2.2.3　三相半波可控整流电路——大电感性负载接续流二极管

1. 电路结构和工作原理

为了避免波形出现负值，可在大电感负载两端并接续流二极管 VD，以提高输出平均电压

值，改善负载电流的平稳性，同时扩大移相范围。由于续流二极管的作用，u_d波形已不出现负值，与电阻性负载u_d波形相同。

图4-12a、b所示为接入续流二极管后，α分别为30°和60°时的电压、电流波形。可见，在0°≤α≤30°区间，电源电压均为正值，u_d波形连续，续流二极管不起作用；当30°≤α≤150°区间，电源电压出现过零变负时，续流二极管及时导通为负载电流提供续流回路，晶闸管承受反向电源相电压而关断。这样u_d波形断续但不出现负值。续流二极管VD起作用时，晶闸管与续流二极管的导通角分别为

$$\theta_T = 150° - \alpha \quad \theta_D = 3(\alpha - 30°)$$

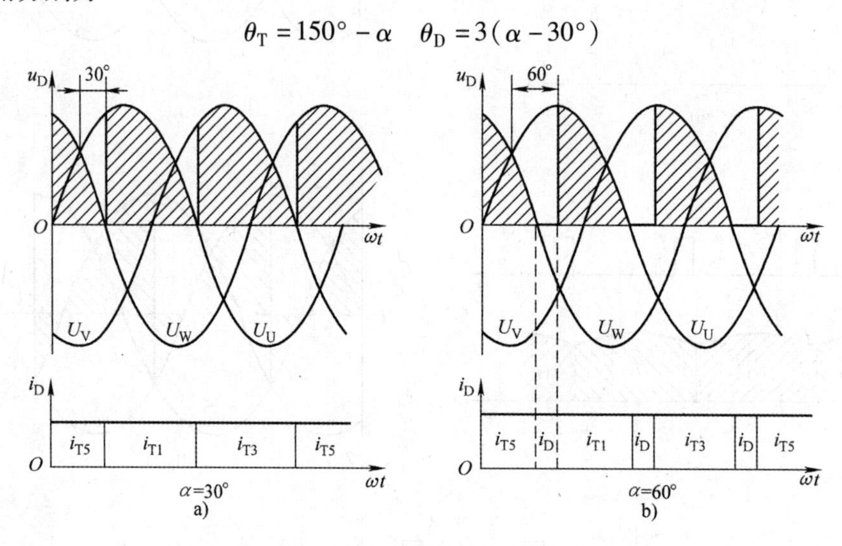

图4-12　大电感性负载接续流二极管后的波形图

a）α=30°输出电压、电流波形　b）α=60°输出电压、电流波形

2. 参数计算

通过分析波形，可得以下结论：

1）在0°≤α≤30°区间，u_d波形无负压出现，和电阻性负载时一样，续流二极管不起作用。整流电路输出直流电压平均值U_d和输出直流电流平均值I_d为

$$U_d = \frac{3}{2\pi}\int_{\frac{\pi}{6}+\alpha}^{\frac{5\pi}{6}+\alpha} \sqrt{2}U_2 \sin\omega t \mathrm{d}(\omega t) = 1.17U_2\cos\alpha \tag{4-4}$$

$$I_d = \frac{U_d}{R_d}$$

流过晶闸管的电流平均值I_{dT}、有效值I_T及承受的最大正、反向电压U_{TM}分别为

$$I_{dT} = \frac{1}{3}I_d \quad I_T = \sqrt{\frac{1}{3}}I_d \quad U_{TM} = \sqrt{6}U_2$$

2）当30°<α≤150°区间，电源电压出现过零变负时，续流管及时导通为负载电流提供续流回路，晶闸管承受反向电源相电压而关断。这样u_d波形断续但不出现负值。续流管VD起作用时，所以此电路α的范围是0°~150°，晶闸管与续流管的导通角分别为

$$\theta_T = 150° - \alpha \quad \theta_D = 3(\alpha - 30°)$$

整流电路输出直流电压平均值U_d和输出直流电流平均值I_d为

$$U_d = \frac{3}{2\pi}\int_{\frac{\pi}{6}+\alpha}^{\pi} \sqrt{2}U_2 \sin\omega t \mathrm{d}(\omega t) = 0.675U_2\left[1 + \cos\left(\frac{\pi}{6} + \alpha\right)\right] \tag{4-5}$$

$$I_d = \frac{U_d}{R_d}$$

流过晶闸管的电流平均值 I_{dT}、有效值 I_T 及承受的最大正、反向电压 U_{TM} 分别为

$$I_{dT}=\frac{150°-\alpha}{360°}I_d \quad I_T=\sqrt{\frac{150°-\alpha}{360°}}I_d \quad U_{TM}=\sqrt{6}U_2 \tag{4-6}$$

流过续流二极管管的电流平均值 I_{dD}、有效值 I_D 及承受的最大正、反向电压 U_{DM} 分别为

$$I_{dD}=\frac{\alpha-30°}{120°}I_d \quad I_D=\sqrt{\frac{\alpha-30°}{120°}}I_d \quad U_{DM}=\sqrt{2}U_2 \tag{4-7}$$

【例 4-1】 三相半波可控整流电路，大电感负载 $\alpha=60°$，已知电感内阻 $R_d=2\Omega$，电源电压 $U_2=220\text{V}$。试计算不接续流二极管与接续流二极管两种情况下的平均电压 U_d，平均电流 I_d，并选择晶闸管的型号。

解：(1) 不接续流二极管时

$$U_d=1.17U_2\cos\alpha=1.17\times220\times\cos60°\text{V}=128.7\text{V}$$

$$I_d=\frac{U_d}{R_d}=\frac{128.7}{2}\text{A}=64.35\text{A}$$

$$I_T=\frac{I_d}{\sqrt{3}}\text{A}=37.15\text{A}$$

$$I_{T(AV)}=(1.5\sim2)\frac{I_T}{1.57}\text{A}=(35.5\sim47.3)\text{A}$$

$$U_{Tn}=(2\sim3)U_{TM}=(2\sim3)\sqrt{6}U_2\text{V}=(1078\sim1616)\text{V}$$

所以选择晶闸管型号为 KP50－12。

(2) 接续流二极管时

$$U_d=0.675U_2\left[1+\cos\left(\frac{\pi}{6}+\alpha\right)\right]=0.675\times220[1+\cos(30°+60°)]\text{V}=148.5\text{V}$$

$$I_d=\frac{U_d}{R_d}=\frac{148.5}{2}\text{A}=74.25\text{A}$$

$$I_T=\sqrt{\frac{150°-60°}{360°}}\times74.25\text{A}=37.15\text{A}$$

$$I_{T(AV)}=(1.5\sim2)\frac{I_T}{1.57}\text{A}=(35.5\sim47.3)\text{A}$$

所以选择晶闸管型号为 KP50－12。

通过计算表明：接续流二极管后，平均电压 U_d 提高，晶闸管的导通角由 120°降到 90°，流过晶闸管的电流有效值相等，输出 I_d 提高。

4.2.3 任务实施 安装和调试三相半波可控整流电路

1. 所需仪器设备

1）DJDK－1 型电力电子技术及电机控制实验装置（DJK01 电源控制屏、DJK02－1 三相晶闸管触发电路、DJK02 晶闸管主电路、DJK06 给定及实验器件、DJK42 三相可调电阻）。

2）示波器 1 台。

3）万用表 1 块。

4）导线若干。

2. 测试前准备

1）课前预习相关知识。

2）清点相关材料、仪器和设备。

3）填写任务单中的准备内容。

3. 操作步骤

三相半波可控整流电路用了3只晶闸管，与单相电路比较，其输出电压脉动小，输出功率大。不足之处是晶闸管电流即变压器的二次侧电流在一个周期内只有1/3时间有电流流过，变压器利用率较低。图4-13中晶闸管用DJK02正桥组的3个电阻 R 用D42三相可调电阻，将两个900Ω接成并联形式，L_d 电感用DJK02面板上的700mH，其三相触发信号由DJK02－1内部提供，只需在其外加一个给定电压接到 U_{ct} 端即可。直流电压、电流表由DJK02获得。

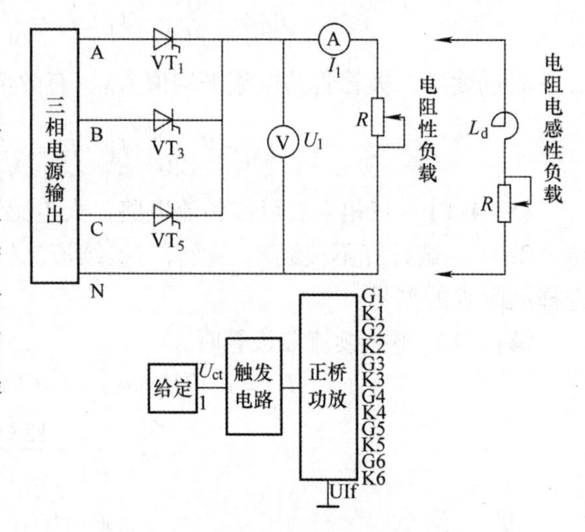

图4-13　三相半波可控整流电路实验原理图

1）触发电路调试。见4.1.3.1节内容。

2）电阻性负载的调试。

按图4-13接线，将电阻器放在最大阻值处，按下“启动”按钮，DJK06上的“给定”从零开始，慢慢增加移相电压，使 α 能从30°~180°范围内调节，用示波器观察并纪录三相电路中当 $\alpha=30°$、60°、90°、120°和150°时整流输出电压 u_d 和晶闸管两端电压 u_{VT} 的波形，并记录相应的电源电压 U_2 及 U_d 的数值于任务单中。

调试结束后，将移相控制电压调到零。

3）电感性负载（无续流二极管）的调试。

① 接线。将DJK02上700mH的电抗器与负载电阻 R 串联后接入主电路，负载两端并联在续流二极管上（将串联的开关拨到“断”）。

② 调试。按下“启动”按钮，打开相应挂件电源开关，将“给定”从零开始，慢慢增加移相控制电压，观察不同移相角 α 时 u_d 的波形，并记录相应的电源电压 U_2 及 U_d 值于任务单中。

调试结束后，将移相控制电压调到零。

4）电感性负载（接续流二极管）的调试。

① 接线。将与二极管串联的开关拨到“通”。

② 调试。按下“启动”按钮，打开相应挂件电源开关，将“给定”从零开始，慢慢增加移相控制电压，观察不同移相角 α 时 u_d 的波形，并记录相应的电源电压 U_2 及 U_d 值于任务单中。

调试结束后，将移相控制电压调到零。

5）操作结束后，按照要求清理操作台。

6）将任务单交给老师评价验收。

安装和调试三相半波可控整流电路任务单

测试前准备		
序号	准备内容	准备情况自查
1	知识准备	三相半波可控整流电路原理是否了解　是□　否□ 接线图是否明白　是□　否□ 操作步骤以及需要测试的波形和数据是否清楚　是□　否□
2	材料准备	实验台挂件是否齐全　DJK01□　DJK02□　DJK02－1□ DJK06□　D42□ 导线□示波器□示波器探头□万用表□

（续）

<table>
<tr><td colspan="3">测试过程记录</td></tr>
<tr><td>步骤</td><td>内容</td><td>数据记录</td></tr>
<tr><td>1</td><td>接线</td><td>DJK01 上电源选择开关是否打到“直流调速” 是□ 否□
DJK02 中“正桥触发脉冲”对应晶闸管的触发脉冲开关位置 是□ 否□
移相控制电压是否调到零 是□ 否□
负载电阻________ Ω</td></tr>
<tr><td>2</td><td>电阻性负载调试</td><td>
<table>
<tr><td>α</td><td>0°或最小值</td><td>30°</td><td>60°</td><td>90°</td><td>120°</td></tr>
<tr><td>U_2（测量值）</td><td colspan="5"></td></tr>
<tr><td>负载电压波形 U_d</td><td></td><td></td><td></td><td></td><td></td></tr>
<tr><td>晶闸管两端电压 U_T</td><td></td><td></td><td></td><td></td><td></td></tr>
<tr><td>U_d（测量值）</td><td></td><td></td><td></td><td></td><td></td></tr>
<tr><td>U_d（计算值）</td><td></td><td></td><td></td><td></td><td></td></tr>
</table>
分析 U_d 测量值和计算值误差产生的原因</td></tr>
<tr><td>3</td><td>电阻电感性负载不接续流二极管调试</td><td>
<table>
<tr><td>α</td><td>最小值（α＝____°）</td><td>中间值（α＝____°）</td><td>最大值（α＝____°）</td></tr>
<tr><td>U_2（测量值）</td><td colspan="3"></td></tr>
<tr><td>负载电压波形 U_d</td><td></td><td></td><td></td></tr>
<tr><td>U_d（测量值）</td><td></td><td></td><td></td></tr>
<tr><td>I_d（测量值）</td><td></td><td></td><td></td></tr>
</table></td></tr>
<tr><td>4</td><td>电阻电感性负载接续流二极管调试</td><td>
<table>
<tr><td>α</td><td>最小值（α＝____°）</td><td>中间值（α＝____°）</td><td>最大值（α＝____°）</td></tr>
<tr><td>U_2（测量值）</td><td colspan="3"></td></tr>
<tr><td>负载电压波形 U_d</td><td></td><td></td><td></td></tr>
<tr><td>U_d（测量值）</td><td></td><td></td><td></td></tr>
<tr><td>I_d（测量值）</td><td></td><td></td><td></td></tr>
</table></td></tr>
<tr><td>5</td><td>收尾</td><td>挂件电源开关关闭□ DJK01 电源开关关闭□
接线全部拆除并整理好□ 示波器电源开关关闭□
凳子放回原处□ 台面清理干净□ 垃圾清理干净□</td></tr>
<tr><td colspan="3">验收</td></tr>
<tr><td colspan="2">完成时间</td><td>提前完成□ 按时完成□ 延期完成□ 未能完成□</td></tr>
<tr><td colspan="2">完成质量</td><td>优秀□ 良好□ 中□ 及格□ 不及格□
教师签字： 日期：</td></tr>
</table>

4.2.4 思考题与习题

1. 带电阻性负载三相半波相控整流电路，如触发脉冲左移到自然换流点之前 15°处，分析电路工作情况，画出触发脉冲宽度分别为 10°和 20°时负载两端的电压 u_d 波形。

2. 三相半波相控整流电路带大电感负载，$R_d=10\Omega$，相电压有效值 $U_2=220\text{V}$。求 $\alpha=45°$时负载直流电压 U_d、流过晶闸管的平均电流 I_{dT}和有效电流 I_T，画出 u_d、i_{T2}、u_{T3}的波形。

3. 现有单相半波、单相桥式、三相半波三种整流电路带电阻性负载，负载电流 I_d 都是

40A，问流过与晶闸管串联的熔断器的平均电流、有效电流各为多大?

4. 三相半波可控整流电路，如果3只晶闸管共用一套触发电路，如图4-14所示，每隔120°同时给3只晶闸管送出脉冲，电路能否正常工作？此时电路带电阻性负载时的移相范围是多少？

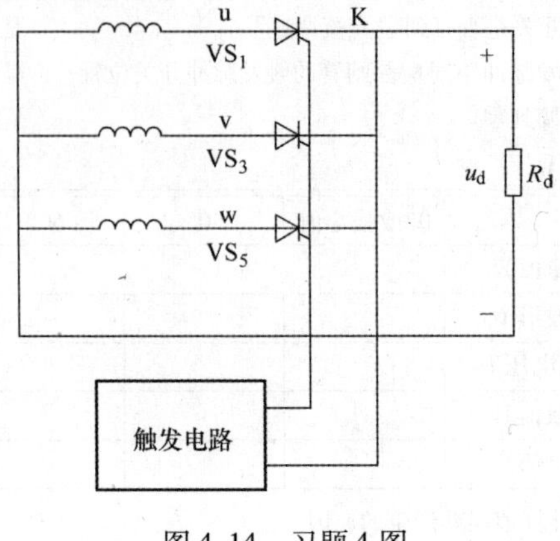

图4-14 习题4图

4.3 任务3 安装和调试三相桥式全控可控整流电路

4.3.1 学习目标

1）掌握三相桥式全控可控整流电路的工作原理，能进行波形分析。

2）能对三相桥式全控可控整流电路进行参数计算，并能合理选择元器件。

3）掌握三相桥式全控可控整流电路的连接和调试方法。

4.3.2 相关知识点

三相半波可控整流电路与单相电路比较，输出电压脉动小，输出功率大、三相负载平衡。但不足之处是整流变压器二次绕组每周期只有1/3时间有电流通过，且是单方向的，变压器使用率低，且直流分量造成变压器直流磁化。为此三相半波可控整流电路应用受到限制，在较大容量或性能要求高时，广泛采用三相桥式可控整流电路。

三相桥式全控整流电路多用于直流电动机或要求实现有源逆变的负载，为使负载电流连续平滑，改善直流电动机的机械特性，利于直流电动机换向及减小火花，一般要串入平波电抗器，相当于负载是含有反电动势的大电感负载。

4.3.2.1 三相桥式全控可控整流电路——电阻性负载

1. 电路结构

如图4-15所示，为三相全控桥式可控整流电路，它可以看成是由一组共阴接法和另一组共阳接法的三相半波可控整流电路串联而成。共阴极组VT_1、VT_3、VT_5在正半周导电，流经变压器的电流为正向电流；共阳极组VT_2、VT_4、VT_6在负半周导电，流经变压器的电流为反向电流。变压器每相绕组在正、负半周都有电流流过，因此，变压器绕组中没有直流磁通势，同时也提高了变压器绕组的利用率。

如图4-16所示，共阴极组有VT_1、VT_3、VT_5，对应自然换相点是1、3、5（三相交流电相电压正半周交点）；共阳极组有VT_2、VT_4、VT_6，对应自然换相点是2、4、6（三相交流电相电压负半周交点）。1~6这6个点也是三相交流电线电压正半周的交点，它们即为触发这6只晶闸

管触发延迟角 α 的起始点。电路工作时，共阴组和共阳组各有一个晶闸管导通，才能构成电流的通路。

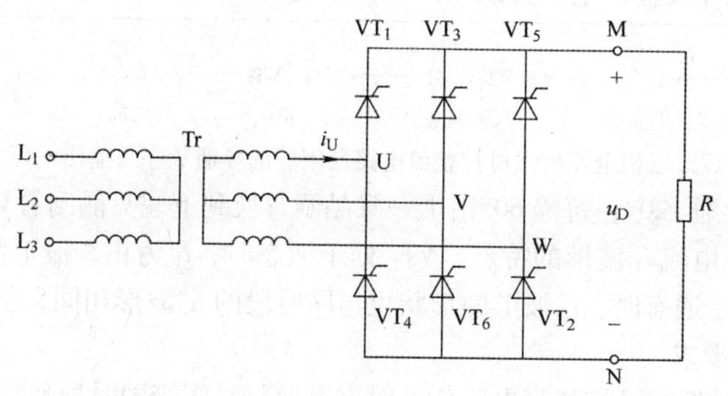

图 4-15　三相全控桥式可控整流电路电阻性负载

2. 触发延迟角 $\alpha=0°$ 电路的分析

如图 4-16 所示。为分析方便，按 6 个自然换相点把一周等分为 6 个区间段。在 1 点到 2 点之间，U 相电压最高，V 相电压最低，在触发脉冲的作用下，共阴极组的 VT_1 被触发导通，共阳极组的 VT_6 被触发导通。这期间电流由 U 相经 VT_1 流向负载，再经 VT_6 流入 V 相，负载上得到的电压为 $u_d=u_U-u_V=u_{UV}$，为线电压。在 2 点到 3 点之间，U 相电压仍然最高，VT_1 继续导通，但 W 相电压最低，使得 VT_2 承受正向电压，当 2 点触发脉冲到来时，VT_2 被触发导通，使 VT_6 承受反向电压而关断。这期间电流由 U 相经 VT_1 流向负载，再经 VT_2 流入 W 相，负载上得到的电压为 $u_d=u_U-u_W=u_{UW}$，为线电压。依次类推，得到输出电压 u_d 波形图，波形如图 4-16 所示，输出的电压为三相电源的线电压。

依次类推，得到以下结论：

1）三相全控桥式可控整流电路任一时刻必须有两只晶闸管同时导通，才能形成负载电流，一只在共阳极组，一只在共阴极组。

2）整流输出电压 u_d 波形由电源线电压 u_{UV}、u_{UW}、u_{VW}、u_{VU}、u_{WU} 和 u_{WV} 的轮流输出组成。

3）1～6 这 6 个点是 VT_1～VT_6 的也是自然换相点，也是电源线电压正半周的交点，它们即为触发这 6 只晶闸管触发延迟角

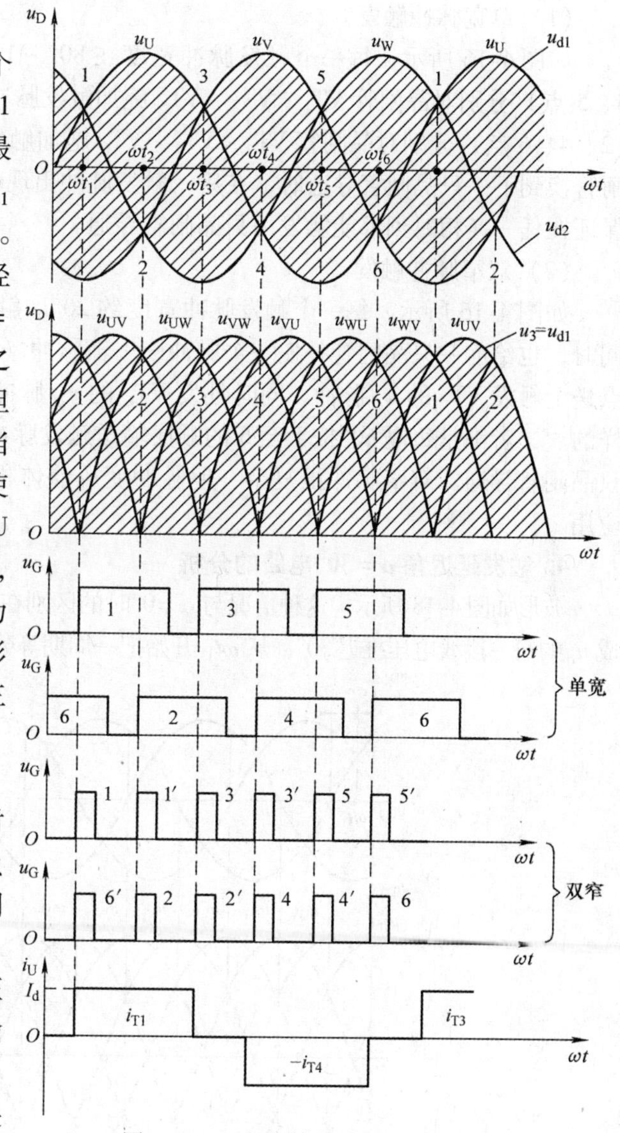

图 4-16　三相全控桥式可控整流电路
电阻性负载 $\alpha=0°$ 波形

α 的起始点。

4）晶闸管导通顺序及输出电压关系如图 4-17 所示。

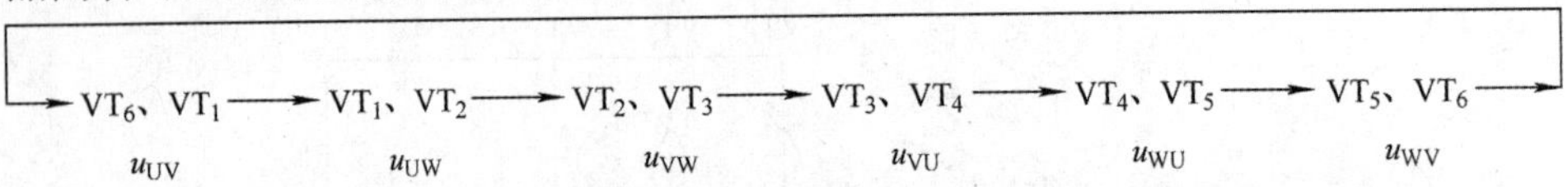

VT_6、VT_1 → VT_1、VT_2 → VT_2、VT_3 → VT_3、VT_4 → VT_4、VT_5 → VT_5、VT_6
u_{UV} u_{UW} u_{VW} u_{VU} u_{WU} u_{WV}

图 4-17　三相全控桥式可控整流电路晶闸管的导通顺序与输出电压关系

5）每只晶闸管导通 120°，每隔 60°由上一只晶闸管换到下一只晶闸管导通。

6）变压器二次侧电流 i_U 波形的特点。VT_1 处于通态时，i_U 为正，波形的形状与同时段的 u_d 波形相同，在 VT_4 处于通态时，i_U 波形的形状也与同时段的 u_d 波形相同，但为负值。

3. 对触发脉冲的要求

为了保证三相全控桥式可控整流电路任一时刻有两只晶闸管同时导通，对将要导通的晶闸管施加触发脉冲，有以下两种方法可供选择。

（1）单宽脉冲触发

如图 4-16 所示，每一个触发脉冲宽度在 80° ~ 100°，$\alpha=0°$时在阴极组的自然换相点（1、3、5 点）分别对晶闸管 VT_1、VT_3、VT_5 施加触发脉冲 u_{g1}、u_{g3}、u_{g5}；在共阳极组的自然换相点（2、4、6 点）分别对晶闸管 VT_2、VT_4、VT_6 施加触发脉冲 u_{g2}、u_{g4}、u_{g6}。每隔 60°由上一只晶闸管换到下一只晶闸管导通时，在后一触发脉冲出现时刻，前一触发脉冲还没有消失，这样就可保证在任一换相时刻都能触发两只晶闸管导通。

（2）双窄脉冲触发

如图 4-16 所示，每一个触发脉冲宽度约 20°。触发电路在给某一只晶闸管送上触发脉冲的同时，也给前一只晶闸管补发一个脉冲——辅脉冲（即辅助脉冲）。图中 4-16 中，$\alpha=0°$时在 1 点送上触发 VT_1 的 u_{g1} 脉冲，同时补发 VT_6 的 u_{g6} 脉冲。双窄脉冲的作用同单宽脉冲的作用是一样的。二者都是每隔 60°按 1 至 6 的顺序输送触发脉冲，还可以触发一只晶闸管的同时触发另一只晶闸管导通。双窄脉冲虽复杂，但脉冲变压器体积小、触发装置的输出功率小，所以广泛被应用。

4. 触发延迟角 $\alpha=30°$ 电路的分析

波形如图 4-18 所示。这种情况与 $\alpha=0°$时的区别在于：晶闸管起始导通时刻推迟了 30°，因此组成 u_d 的每一段线电压推迟 30°，从 ωt_1 开始把一周期等分为 6 段，u_d 波形仍由 6 段线电压构成。

u_{D1}
$\alpha=30°$
u_U
u_V
u_W
O
ωt_1
ωt
u_{D2}
u_{UV} u_{UW} u_{VW} u_{VU} u_{WU} u_{WV}
u_D
O
ωt

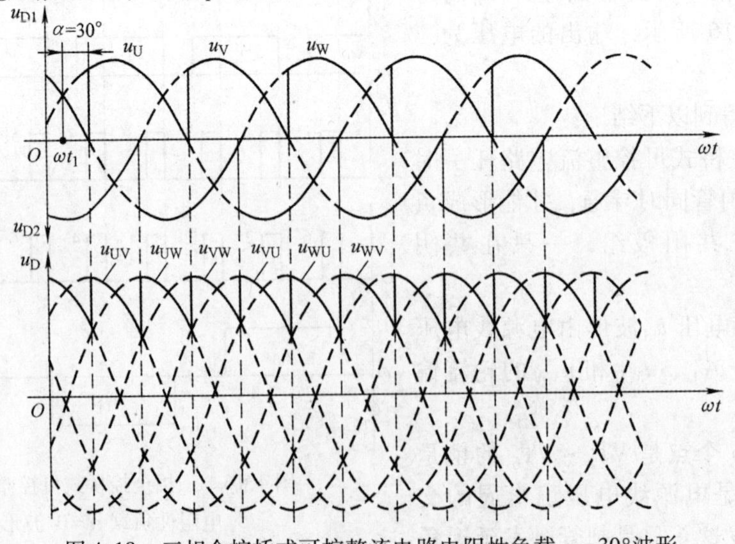

图 4-18　三相全控桥式可控整流电路电阻性负载 $\alpha=30°$波形

5. 触发延迟角 $\alpha=60°$ 电路的分析

波形如图 4-19 所示。此时 u_d 的波形中每段线电压的波形继续后移，u_d 平均值继续降低。当 $\alpha=60°$ 时 u_d 出现为零的点，即 $\alpha=60°$ 时输出电压 u_d 的波形临界连续。但是每只晶闸管的导通角仍然为 120°。

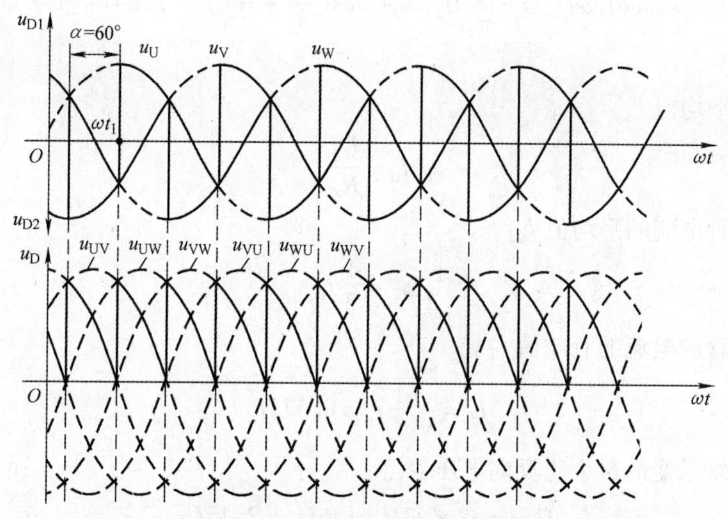

图 4-19　三相全控桥式可控整流电路电阻性负载 $\alpha=60°$ 波形

6. 触发延迟角 $\alpha=90°$ 电路的分析

当 $\alpha=90°$ 时，波形如图 4-20 所示。此时 $\alpha=90°$ 的波形中每段线电压的波形继续后移，u_d 平均值继续降低。u_d 波形断续，每个晶闸管的导通角小于 120°。由以上分析可知，电阻性负载时，三相全控可控整流电路的移相范围为 0°～120°。

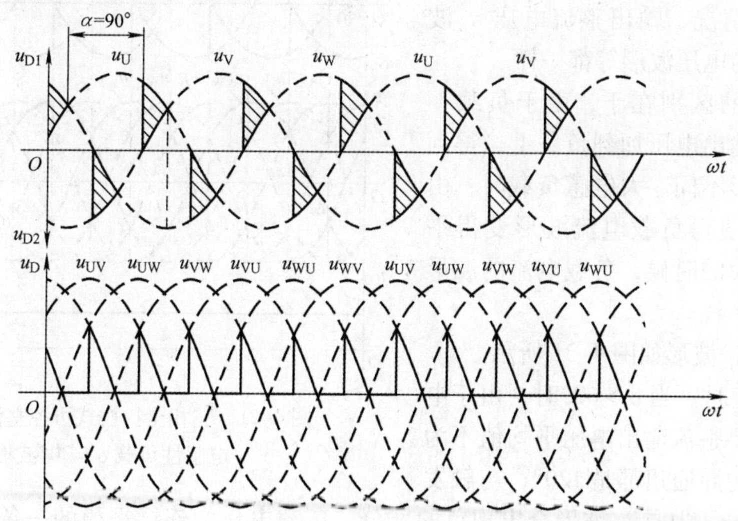

图 4-20　三相全控桥式可控整流电路电阻性负载 $\alpha=90°$ 波形

7. 参数计算

1）负载电压平均值 U_d。

当 $\alpha\leqslant60°$ 时，

$$U_d = \frac{3}{\pi}\int_{\frac{\pi}{3}+\alpha}^{\frac{2\pi}{3}+\alpha} \sqrt{6}U_2 \sin\omega t \mathrm{d}(\omega t) = \frac{3\sqrt{6}}{\pi}U_2\cos\alpha = 2.34U_2\cos\alpha \tag{4-8}$$

当 $\alpha \leqslant 60°$ 时，

$$U_d = \frac{3}{\pi}\int_{\frac{\pi}{3}+\alpha}^{\pi} \sqrt{6}U_2 \sin\omega t \mathrm{d}(\omega t) = \frac{3\sqrt{6}}{\pi}U_2\left[1+\cos\left(\frac{\pi}{3}+\alpha\right)\right] = 2.34U_2\left[1+\cos\left(\frac{\pi}{3}+\alpha\right)\right] \tag{4-9}$$

2）负载电流平均值 I_d。

$$I_d = \frac{U_d}{R_d}$$

3）流过晶闸管电流的平均值 I_{dT}。

$$I_{dT} = \frac{1}{3}I_d$$

4）流过晶闸管的电流的有效值 I_T。

$$I_T = \sqrt{\frac{1}{3}}I_d = 0.577I_d$$

5）晶闸管两端承受的最大正反向电压 U_{TM}。

$$U_{TM} = \sqrt{2}\times\sqrt{3}U_2 = \sqrt{6}U_2 = 2.45U_2$$

4.3.2.2 三相桥式全控可控整流电路——大电感性负载

1. 工作原理

1）在 $\alpha < 60°$ 时。由电阻性负载工作原理分析，当 $\alpha < 60°$ 时，三相全控桥式整流电路输出电压 u_d 波形连续，每只晶闸管的导通角都是120°，工作情况与带电阻负载时十分相似，各晶闸管的通断情况、输出整流电压 u_d 波形、晶闸管承受的电压波形等都一样。

两种负载时的区别在于，由于负载不同，同样的整流输出电压加到负载上，得到的负载电流 i_d 波形不同。大电感负载时，由于电感的作用，使得负载电流波形变得平直，当电感足够大的时候，负载电流的波形可近似为一条水平线。

当 $\alpha = 30°$ 时，波形如图 4-21 所示。

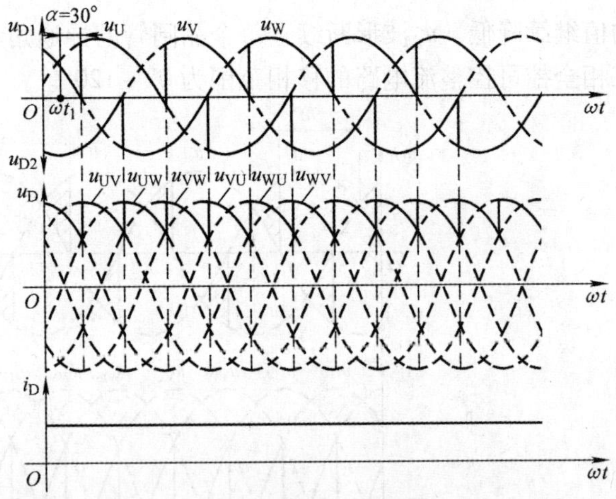

图 4-21　三相全控桥式可控整流电路大电感性负载 $\alpha = 30°$ 波形

2）当 $\alpha > 60°$ 时。当 $\alpha > 60°$ 时，由于电感 L 的作用，只要整流输出电压平均值不为零，每只晶闸管的导通角都是120°，与触发延迟角 α 大小无关，但是 u_d 波形会出现负的部分，负载电流为连续平稳的一条水平线，而流过晶闸管与变压器绕组的电流均为方波。当 $\alpha = 90°$ 时，输出整流电压 u_d 波形正、负面积相等，平均值为零，如图 4-22 所示，带大电感负载时，三相桥式全控整流电路的 α 角移相范围为 0°~90°。

2. 参数计算

（1）输出电压平均值和电流值分别为

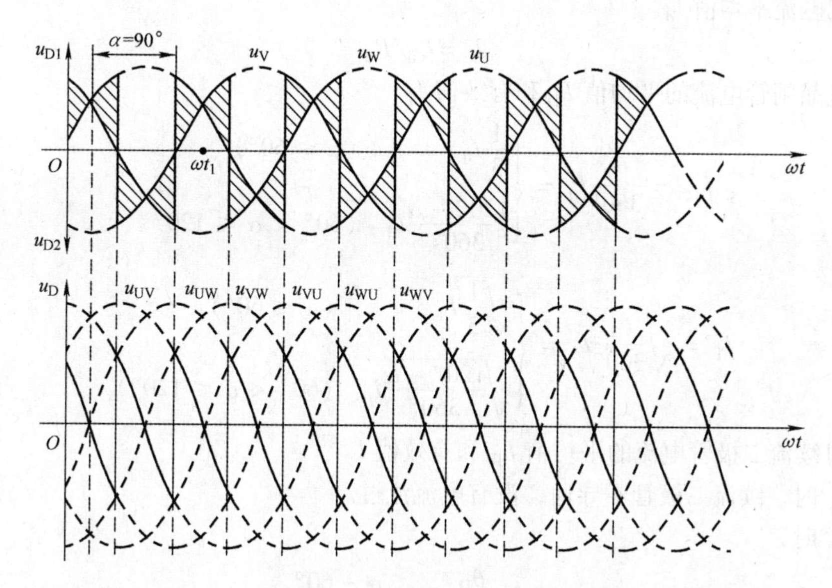

图 4-22　三相全控桥式可控整流电路大电感性负载 $\alpha=90°$ 波形

$$U_d = \frac{6}{2\pi}\int_{\frac{\pi}{3}+\alpha}^{\frac{2\pi}{3}+\alpha}\sqrt{6}U_2\sin\omega t\mathrm{d}(\omega t) = 2.34U_2\cos\alpha \tag{4-10}$$

$$I_d = \frac{U_d}{R_d}$$

（2）流过晶闸管的电流平均值 I_{dT}、有效值 I_T 及承受的最大正、反向电压 U_{TM} 分别为

$$I_{dT} = \frac{1}{3}I_d \quad I_T = \sqrt{\frac{1}{3}}I_d \quad U_{TM} = \sqrt{6}U_2$$

4.3.2.3　三相桥式全控可控整流电路——大电感性负载接续流二极管

1. 工作原理

三相全控桥式整流电路大电感负载电路中，当 $\alpha>60°$ 时，输出电压的波形出现负值，使输出电压平均值下降，可在大电感负载两端并接续流二极管 VD，这样不仅可以提高输出电压的平均值，而且可以扩大移相范围并使负载电流更平稳。

当 $\alpha\leqslant60°$ 时，输出电压波形和参数计算与大电感负载不接续流二极管时相同，续流二极管不起作用，每个晶闸管导通 120°。

当 $\alpha>60°$ 时，三相电源电压每相过零变负时，电感的感应电动势使续流二极管承受正向电压而导通，晶闸管关断。

续流期间输出电压 $u_d=0$，使得波形不出现负向电压。可见输出电压波形与电阻性负载时输出电压波形相同，晶闸管导通角 $\theta<120°$。

2. 参数计算

（1）输出电压平均值 U_d

① $\alpha\leqslant60°$ 时，$\theta=120°$

$$U_d = 2.34U_2\cos\alpha \tag{4-11}$$

② $\alpha>60°$ 时，$\theta<120°$

$$U_d = 2.34\ U_2\left[1+\cos\left(\frac{\pi}{3}+\alpha\right)\right] \tag{4-12}$$

（2）负载电流平均值 I_d

$$I_d = U_d / R_d$$

（3）流过晶闸管电流的平均值 I_{dT}和有效值 I_T

$$I_{dT} = \frac{\theta_T}{360°} I_d = \begin{cases} \frac{1}{3} I_d & (\alpha \leqslant 60°) \\ \frac{120° - \alpha}{360°} I_d & (60° < \alpha \leqslant 120°) \end{cases} \tag{4-13}$$

$$I_T = \sqrt{\frac{\theta_T}{360°}} I_d = \begin{cases} \sqrt{\frac{1}{3}} I_d & (\alpha \leqslant 60°) \\ \sqrt{\frac{120° - \alpha}{360°}} I_d & (60° < \alpha \leqslant 120°) \end{cases} \tag{4-14}$$

（4）流过续流二极管电流的平均值 I_{dD}和有效值 I_D

当 $\alpha \leqslant 60°$时，续流二极管不导通，没有电流流过。

当 $\alpha > 60°$时，

$$I_{dD} = \frac{\theta_D}{360°} I_d = \frac{\alpha - 60°}{120°} I_d \tag{4-15}$$

$$I_D = \sqrt{\frac{\theta_D}{360°}} I_d = \sqrt{\frac{\alpha - 60°}{120°}} I_d \tag{4-16}$$

（5）晶闸管两端承受的最高电压 U_{TM}

$$U_{TM} = \sqrt{2} \times \sqrt{3} U_2 = \sqrt{6} U_2 = 2.45 U_2$$

4.3.2.4 晶闸管的保护电路

晶闸管虽然有很多优点，但与其他电气设备相比，承受过电压与过电流能力很差，承受的电压上升率 du/dt、电流上升率 di/dt 也不高。在实际应用时，由于各种原因，总可能会发生都可能造成晶闸管的损坏。为使晶闸管装置能正常工作而不损坏，只靠合理选择元器件还不行，还要设计完善的保护环节。

1. 过电压保护

凡是超过晶闸管正常工作时承受的最大峰值电压都是过电压。

（1）过电压的分类

晶闸管的过电压分类形式有多种，最常见的分类有以下两种形式。

按原因分类：

① 浪涌过电压，即由于外部原因，如雷击、电网激烈波动或干扰等产生的过电压。这种过电压的发生具有偶然性，它能量特别大、电压特别高，必须将其值限制在晶闸管的断态正反向不重复峰值电压 U_{DSM}、U_{RSM}之下。

② 操作过电压，即在操作过程中，由于电路状态变化时积聚的电磁能量不能及时的消散所产生的过电压。如晶闸管关断、开关的突然闭合与关断等所产生的过电压就属于操作过电压。这种过电压发生频繁，必须将其限制在晶闸管的额定电压 U_{Tn}以内。

按位置分类：

根据晶闸管装置发生过电压的位置，过电压又可分为交流侧过电压、晶闸管关断过电压及直流侧过电压。

（2）晶闸管关断过电压及其保护

在关断时刻，晶闸管电压波形出现的反向尖峰电压（毛刺）就是关断过电压。如图 4-23 所示，以 VT_1 为例，当 VT_2 导通强迫 VT_1 关断时，VT_1 承受反向阳极电压，又由于管子内部还存在着大量的载流子，这些载流子在反向电压作用下，将产生较大的反向电流，使残存的载流子迅速消失。由于载流子电流消失非常快，此时 di/dt 很大，即使电感很小，也会在变压器漏抗上产生很大的感应电动势，其值可达到工作电压峰值的 5～6 倍，通过导通的 VT_2 加在 VT_1 的两端，可能使 VT_1 反向击穿。

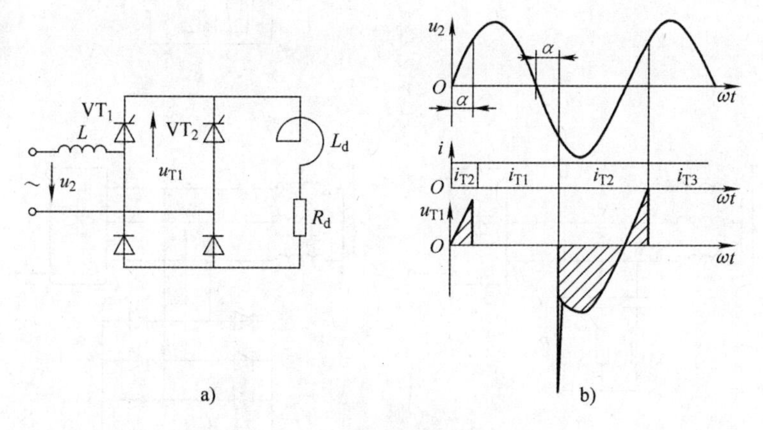

图 4-23　晶闸管关断过电压波形

a）电路　b）波形

保护措施：最常用的方法是在晶闸管两端并接阻容吸收电路，如图 4-24 所示。利用电容电压不能突变的特性吸收尖峰过电压，把它限制在允许的范围内。R、L、C 与交流电源组成串联振荡电路，可限制管子开通时的电流上升率。因 VT 承受正向电压时，C 被充电，当 VT 被触发导通时，C 要通过 VT 放电，如果没有 R 限流，此放电电流会很大，容易损坏元器件。

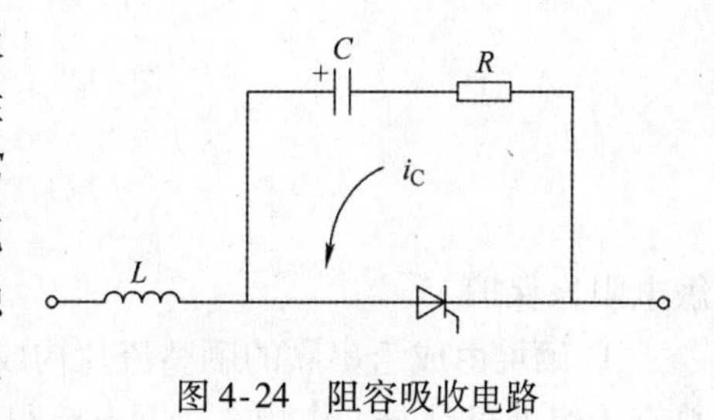

图 4-24　阻容吸收电路

（3）晶闸管交流侧过电压及其保护

交流侧操作过电压：

由于接通和断开交流侧电源时会使电感元件积聚的能量骤然释放引起的过电压称为操作过电压。这种过电压通常发生在以下几种情况。

① 整流变压器一次、二次绕组之间存在分布电容，当在一次侧电压峰值时合闸，将会使二次侧产生瞬间过电压。

保护措施：可在变压器二次侧星形联结的中点与地之间加一电容器，也可在变压器一、二次绕组间加屏蔽层。

② 与整流装置相联的其他负载切断时，由于电流突然断开，会在变压器漏感中产生感应电动势，造成过电压；当变压器空载，电源电压过零时，一次拉闸造成二次绕组中感应出很高的瞬时过电压。

保护措施：这两种情况产生的过电压都是瞬时的尖峰电压，常用阻容吸收电路或整流式阻容加以保护。交流侧阻容吸收电路的几种接法如图 4-25 所示。

交流侧浪涌过电压：

由于雷击或从电网侵入的高电压干扰而造成晶闸管过电压，称为浪涌过电压。阻容吸收保护只适用于峰值不高、过电压能量不大及要求不高的场合，要抑制浪涌过电压可采用硒堆元件或压

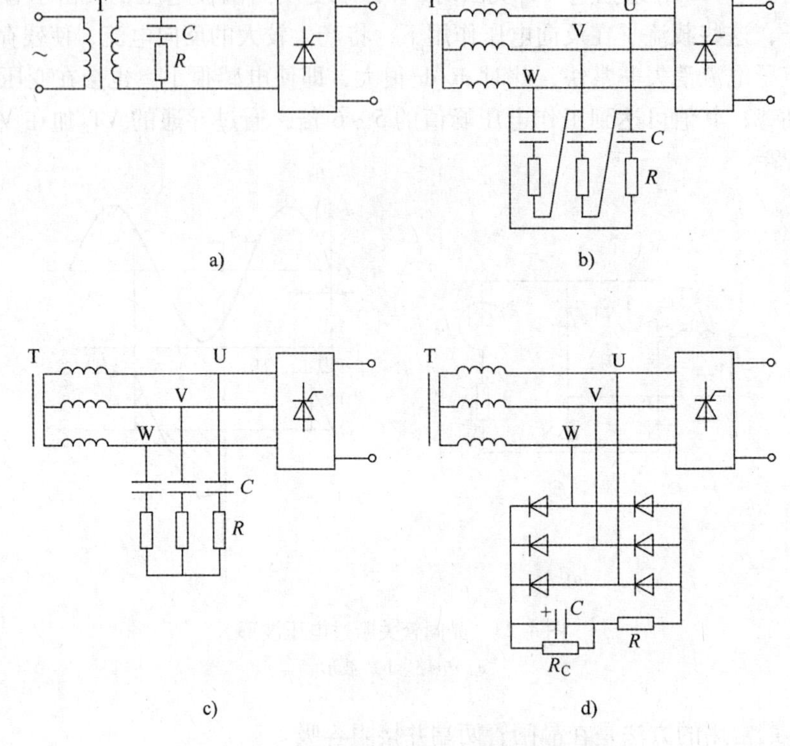

图 4-25　交流侧阻容吸收电路的几种接法

a）单相联结　b）三相Y联结

c）三相△联结　d）三相整流联结

敏电阻来保护。

① 硒堆由成组串联的硒整流片构成，其接线方式如图 4-26 所示，在正常工作电压时，硒堆总有一组处于反向工作状态，漏电流很小，当浪涌电压来到时，硒堆被反向击穿，漏电流猛增以吸收浪涌能量，从而限制了过电压的数值。硒片击穿时，表面会烧出灼点，但浪涌电压过去之后，整个硒片自动恢复，所以可反复使用，继续起保护作用。

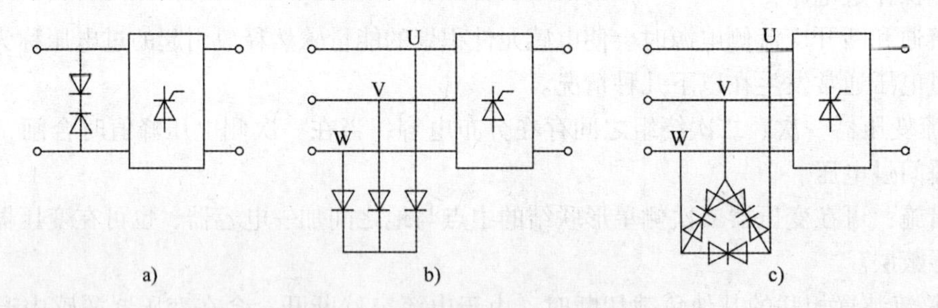

图 4-26　硒堆保护的几种接法

a）单相联结　b）三相Y联结　c）三相△联结

② 金属氧化物压敏电阻是由氧化锌、氧化铋等烧结制成的非线性电阻元件，具有正、反向相同的很陡的伏安特性。正常工作时，漏电流仅是微安级，故损耗小；当浪涌电压来到时，反应快，可通过数千安培的放电电流。因此抑制过电压的能力强。加上它体积小、价格便宜等优点，是一种较理想的保护元件，可以用它取代硒堆，其接线方式如图 4-27 所示。

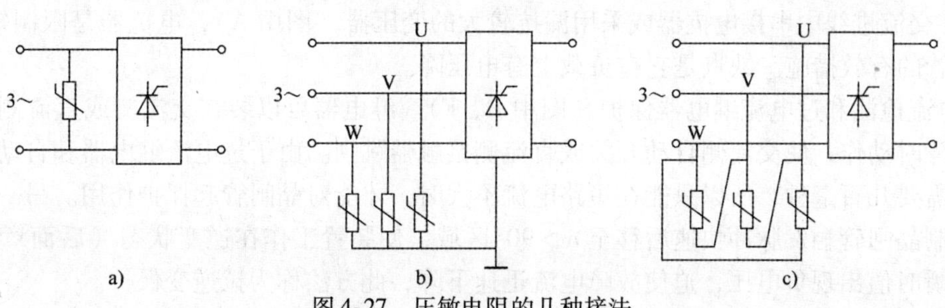

图 4-27　压敏电阻的几种接法

a）单相联结　b）三相Y联结　c）三相△联结

（4）晶闸管直流侧过电压及其保护

当整流器在带负载工作中，如果直流侧突然断路，例如快速熔断器突然熔断、晶闸管烧断或拉断直流开关，都会因大电感释放能量而产生过电压，并通过负载加在关断的晶闸管上，使晶闸管承受过电压。

直流侧保护采用与交流侧保护同样的方法。对于容量较小装置，可采用阻容保护抑制过电压；如果容量较大，选择硒堆或压敏电阻，如图 4-28 所示。

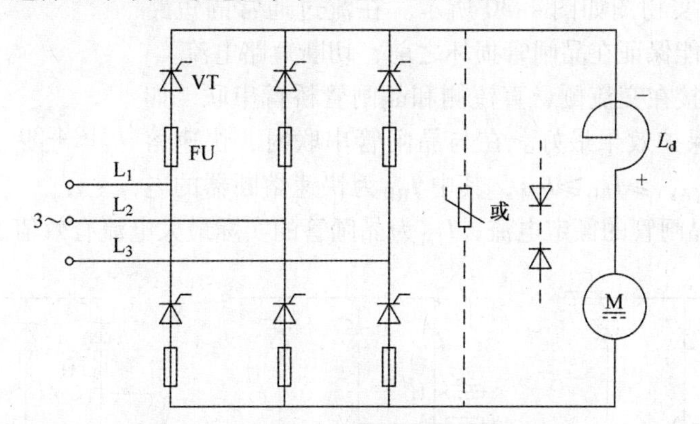

图 4-28　晶闸管直流侧过电压及其保护

2. 过电流保护

凡是超过晶闸管正常工作时承受的最大峰值电流都是过电流。

产生过电流原因很多，但主要有以下几个方面：有变流装置内部管子损坏；触发或控制系统发生故障；可逆传动环流过大或逆变失败；交流电压过高、过低、缺相及负载过载等。

常用的过电流保护方法有下面几种，如图 4-29 所示。

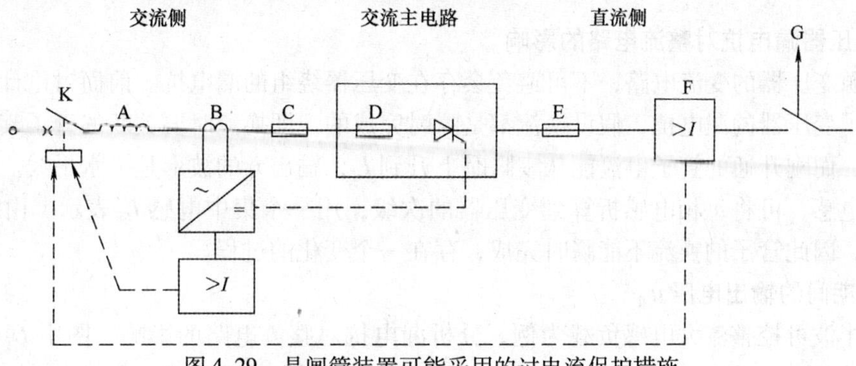

图 4-29　晶闸管装置可能采用的过电流保护措施

A—交流进线电抗器　B—电流检测和过电流继电器

C、D、E—快速熔断器　F—过电流继电器　G—直流快速开

1）在交流进线中串接电抗器或采用漏抗较大的变压器（图中 A），电抗器是限制短路电流，保护晶闸管的有效措施。缺点是它在负载上有电压降。

2）电流检测和过电流继电器保护（图中 B、F）。继电器可以装在交流侧或直流侧，在发生过电流故障时动作，使交流侧自动开关或直流侧接触器跳闸。由于过电流继电器和自动开关或接触器动作需要几百毫秒，所以只能在短路电流不大时，才能对晶闸管起保护作用。另一类是过电流信号控制晶闸管触发脉冲快速后移至 $\alpha>90°$ 区域，使装置工作在逆变状态（后面章节介绍），使输出端瞬时值出现负电压，迫使故障电流迅速下降，此方法称为拉逆变保护。

3）直流快速开关保护（图中 G），对于大容量、要求高、容易短路的场合，可采用动作时间只有 2ms 的直流快速开关，它可以优于快速熔断器熔断而保护晶闸管，但此方法昂贵且复杂，因此使用不多。

4）快速熔断器（图中 C、D、E），是最简单有效的过电流保护元件。与普通熔断器相比，它具有快速熔断特性，在流过 6 倍额定电流时，熔断时间小于 20ms。目前常用的有：RLS 系列、ROS 系列、RS3 系列、RSF 系列可带熔断撞针指示和微动开关动作指示。快速熔断器实物图如图 4-30 所示。在流过通常的短路电流时，快速熔断器能保证在晶闸管损坏之前，切断短路电流。

图 4-30　快速熔断器实物图

快速熔断器可以接在交流侧、直流侧和晶闸管桥臂串联，如图 4-31 所示，后者保护效果最好。在与晶闸管串联时，快速熔断器的选择为 $1.57I_{T(AV)}\geqslant I_{RD}\geqslant I_{TM}$，其中 I_{RD} 为快速熔断器的电流有效值，$I_{T(AV)}$ 为晶闸管的额定电流，I_{TM} 为晶闸管的实际最大电流有效值。

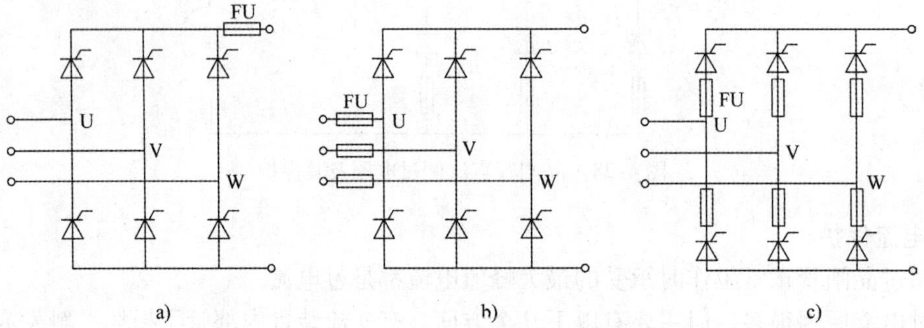

图 4-31　快速熔断器的连接方法

a）直流侧快熔　b）交流侧快熔　c）桥臂快熔

4.3.2.5　变压器漏电抗对整流电路的影响

带有电源变压器的变流电路，不可避免会存在变压器绕组的漏电抗。前面讨论计算整流电压时，都忽略了变压器的漏电抗，假设换流都是瞬时完成的，即换流时要关断的管子其电流能从 I_d 突然降到零，而刚开通的管子电流能从零瞬时上升到 I_d，输出 i_d 的波形是一水平线。但实际上变压器存在漏电感，可将每相电感折算到变压器的次级，用一个集中电感 L_T 表示。由于电感要阻止电流变化，因此管子的换流不能瞬时完成，存在一个变化的过程。

1. 换相期间的输出电压 u_d

以三相半波可控整流大电感负载为例，分析漏电抗对整流电路的影响，图中 L_T 为变压器每相折算到二次侧绕组的漏感参数。其等效电路如图 4-32a 所示。在换相（即换流）时，由于漏电抗阻止电流变化，因此电流不能突变，因而存在一个变化的过程。图 4-32b 是触发延迟角为 α

时电压与电流的波形，在 ωt_1 时刻触发 VT_3 管，使电流从 U 相转换到 V 相，由于变压器漏电抗的存在，流过 VT_3 的 V 相电流只能从零开始上升到 I_d，而 VT_1 的 U 相电流 I_d 也不能瞬时从 I_d 下降到零，电流换相需要一段时间，直到 ωt_2 时刻才完成，如图 4-32b 所示，$\omega t_1 \sim \omega t_2$ 这个时间叫作换相时间。换相时间对应的电角度，叫换相重叠角，用 γ 表示。通常 γ 越大，则相应的换流时间越长，当 α 一定时，γ 的大小与变压器漏电抗及负载电流大小成正比。

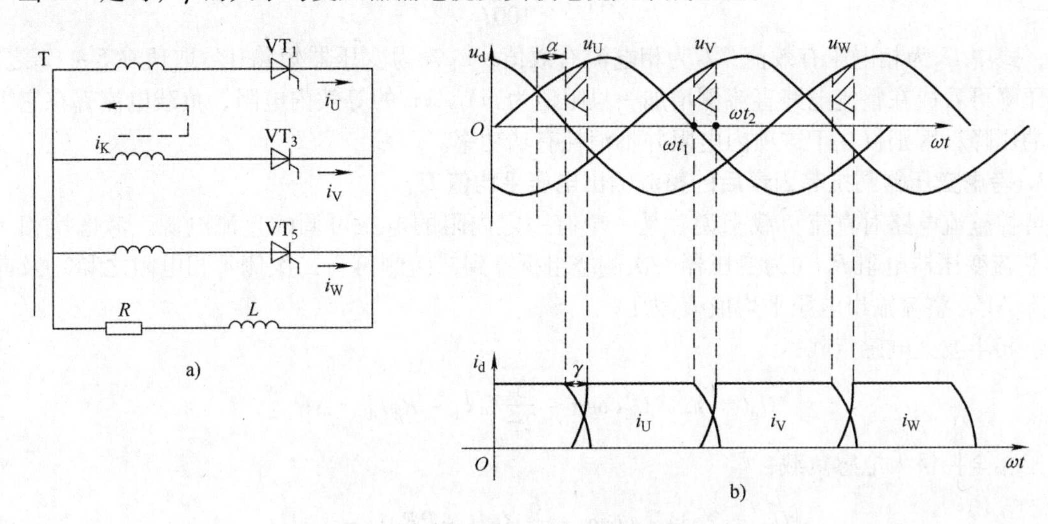

图 4-32　变压器漏抗对可控整流电路的影响

a）等效电路　b）U_d、I_d 波形

在换相重叠角 γ 期间，U、V 两相晶闸管 VT_1、VT_3 同时导通，相当于两相间短路。两相电位之差 $u_V - u_U$ 称为短路电压，在两相漏电抗回路中产生一个短路电流 i_k，如图 4-32a 虚线所示（实际上晶闸管都是单向导电的，相当于在原有电流上叠加一个 i_k），如果忽略变压器内阻压降和晶闸管的管压降，换相期间，短路电压被两相漏电感感应电动势平衡，即

$$u_V - u_U = 2L_T \frac{di_k}{dt}$$

负载上电压为

$$u_d = u_V - L_T \frac{di_k}{dt} = u_V - \frac{1}{2}(u_V - u_U) = \frac{1}{2}(u_U + u_V) \tag{4-17}$$

上式说明，在换相过程中，u_d 波形既不是 u_U 也不是 u_V，而是换流两相电压的平均值。

2. 换相压降 ΔU_γ

如图 4-32b 所示。与不考虑变压器漏电抗，即 $\gamma = 0$ 时相比，整流输出电压波形减少了一块阴影面积，使输出平均电压 U_d 减小了。这块减少的面积是由负载电流 I_d 换相引起的，因此这块面积的平均值也就是 I_d 引起的压降，称为换相压降，其值为图中三块阴影面积在一个周期内的平均值。对于在一个周期中有 m 次换相的其他整流电路来说，其值为 m 块阴影面积在一个周期内的平均值。由式（4-17）可知，在换相期间输出电压 $u_d = u_V - L_T(di_k/dt) = u_V - L_T(di_V/dt)$，而不计漏电抗影响的输出电压为 u_V，故由 L_T 引起的电压降低值为 $u_V - u_d = L_T(di_V/dt)$，所以一块阴影面积为

$$\Delta U_\gamma = \int_{\frac{\pi}{6}+\alpha+\gamma}^{\frac{5\pi}{6}+\alpha+\gamma} (u_V - u_d)d(\omega t) = \int_{\frac{\pi}{6}+\alpha+\gamma}^{\frac{5\pi}{6}+\alpha+\gamma} L_T \frac{di_V}{dt} d(\omega t) = \omega L_T \int_0^{I_d} di_V = X_T I_d$$

因此一个周期内的换相压降为

$$U_\gamma = \frac{m}{2} X_T I_d \qquad (4\text{-}18)$$

式中，m 为一个周期内的换相次数，三相半波电路 $m=3$，三相桥式电路 $m=6$；X_T是漏电感，是L_T的变压器每相折算到次级绕组的漏电抗。变压器的漏电抗 X_T可由公式

$$X_T = \frac{U_2 u_k\%}{100 I_2}$$

求得，式中 U_2为相电压有效值，I_2为相电流有效值，$u_k\%$ 为变压器短路比，取值在 5～12 之间。换相压降可看成在整流电路直流侧增加一只阻值为 $mX_T/2\pi$ 的等效内电阻，负载电流 I_d在它上面产生的压降，区别仅在于这项内电阻并不消耗有功功率。

3. 考虑变压器漏抗等因素后的整流输出电压平均值 U_d

可控整流电路对直流负载来说，是一个有一定内阻的电压可调的直流电源。考虑换相压降 U_γ、整流变压器电阻 R_T（为变压器一次侧绕组折算到二次侧再与二次侧每相电阻之和）及晶闸管压降 ΔU，整流输出电压平均值 U_d为：

三相半波大电感负载：

$$U_d = 1.17 U_2 \cos\alpha - \frac{3}{2\pi} X_T I_d - R_T I_d - \Delta U$$

三相全控桥大电感负载：

$$U_d = 2.34 U_2 \cos\alpha - \frac{6}{2\pi} X_T I_d - 2R_T I_d - 2\Delta U$$

三相全控桥电路的整流变压器电阻 R_T及晶闸管压降 ΔU 均是三相半波电路的 2 倍。

变压器的漏抗与交流进线串联电抗的作用一样，能够限制短路电流且使电流变化比较缓和，对晶闸管上的电流变化率和电压变化率也有限制作用。但是由于漏抗的存在，在换相期间，相当于两相间短路，使电源相电压波形出现缺口，用示波器观察相电压波形时，在换流点上会出现毛刺，严重时将造成电网电压波形畸变，影响本身与其他用电设备的正常运行。

4.3.3 任务实施　安装和调试三相桥式全控可控整流电路

1. 所需仪器设备

1）DJDK－1 型电力电子技术及电机控制实验装置（DJK01 电源控制屏、DJK02－1 三相晶闸管触发电路、DJK02 晶闸管主电路、DJK06 给定及实验器件、DJK42 三相可调电阻）。

2）示波器 1 台。

3）万用表 1 块。

4）导线若干。

2. 测试前准备

1）课前预习相关知识。

2）清点相关材料、仪器和设备。

3）填写任务单中的准备内容。

3. 操作步骤

1）触发电路调试。见 4.1.3.1 内容。

2）电阻性负载的调试。

按图 4-33 接线，按下“启动”按钮，将 DJK01 电源控制屏的电源选择开关打到“直流调速”侧，使输出线电压为200V。打开 DJK02－1 和 DJK06 挂件的电源开关，将“给定”从零开始，慢慢增加移相控制电压，使 α 能从 30°～120°范围内调节，用示波器观察并记录三相电路中

当 $\alpha=30°$、$60°$、$90°$、$120°$ 时整流输出电压 u_d 和晶闸管两端电压 u_{VT} 的波形，并记录相应的电源电压 U_2 及 U_d 的数值于任务单中。

调试结束后，将移相控制电压调到零。

3）电感性负载（无续流二极管）的调试。

① 接线。将 DJK02 上 700mH 的电抗器与负载电阻 R 串联后接入主电路，负载两端并联在续流二极管上（将串联的开关拨到“断”）。

② 调试。按下“启动”按钮，打开相应挂件电源开关，将“给定”从零开始，慢慢增加移相控制电压，观察不同移相角 α 时 u_d 的波形，并记录相应的电源电压 U_2 及 U_d 值于任务单中。

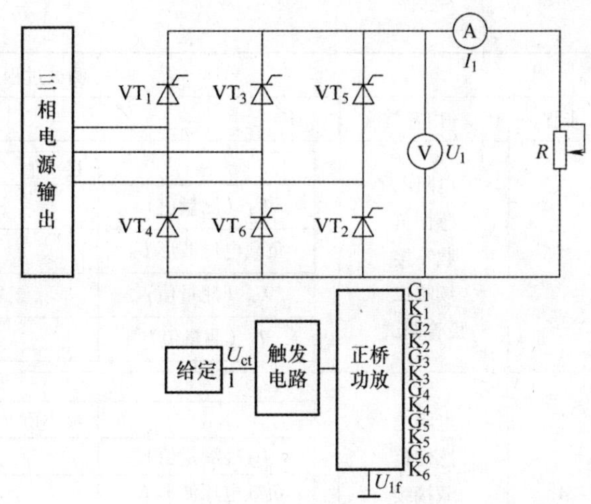

图 4-33　三相全控桥式可控整流电路实验原理图

调试结束后，将移相控制电压调到零。

4）电感性负载（接续流二极管）的调试。

① 接线。将与二极管串联的开关拨到“通”。

② 调试。按下“启动”按钮，打开相应挂件电源开关，将“给定”从零开始，慢慢增加移相控制电压，观察不同移相角 α 时 u_d 的波形，并记录相应的电源电压 U_2 及 U_d 值于任务单中。

调试结束后，将移相控制电压调到零。

5）操作结束后，按照要求清理操作台。

6）将任务单交给老师评价验收。

安装和调试三相桥式全控整流电路任务单

测试前准备		
序号	准备内容	准备情况自查
1	知识准备	三相半波可控整流电路原理是否了解　是□　否□ 接线图是否明白　是□　否□ 示波器使用方法是否掌握　是□　否□
2	准备材料	实验室挂件是否齐全　DJK01□　DJK02□　DJK02－1□　DJK06□　D42□ 导线□　示波器□　示波器探头□　万用表□
测试过程记录		
步骤	内容	数据记录
1	接线	DJK01 上电源选择开关是否打到“直流调速”　是□　否□ DJK02 中“正桥触发脉冲”对应晶闸管的触发脉冲开关位置　断□　通□ 移相控制电压是否调到零　是□　否□ 负载电阻____Ω
2	电阻性负载调试	（见下表） 分析 U_d 测量值和计算值误差产生的原因

α	0°或最小值	30°	60°	90°	120°
U_2（测量值）					
负载电压波形 U_d					
晶闸管两端电压 U_T					
U_d（测量值）					
U_d（计算值）					

（续）

测试过程记录					
步骤	内容	数据记录			
3	电阻电感性负载不接续流二极管调试	α	最小值（α = ____°）	中间值（α = ____°）	最大值（α = ____°）
		U_2（测量值）			
		负载电压波形 U_d			
		U_d（测量值）			
		I_d（测量值）			
4	电阻电感性负载接续流二极管调试	α	最小值（α = ____°）	中间值（α = ____°）	最大值（α = ____°）
		U_2（测量值）			
		负载电压波形 U_d			
		U_d（测量值）			
		I_d（测量值）			
5	收尾	挂件电源开关关闭□　DJK01 电源开关关闭□ 接线全部拆除并整理好□示波器电源开关关闭□ 凳子放回原处□　台面清理干净□　垃圾清理干净□			

验收					
完成时间	提前完成□	按时完成□	延期完成□	未能完成□	
完成质量	优秀□	良好□	中□	及格□	不及格□
	教师签字：		日期：		

4.3.4 思考题与习题

1. 三相全控桥式可控整流电路中 6 个晶闸管的导通顺序是什么？

2. 三相全控桥式可控整流电路通常采用两种触发脉冲，分别是什么？

3. 三相全控桥式可控整流电路中，1）电阻性负载时，触发延迟角 α 的移相范围是多少？2）电感性负载（无续流二极管时），触发延迟角 α 的移相范围是多少？3）电感性负载（有续流二极管时），触发延迟角 α 的移相范围是多少？

4. 三相全控桥式整流电路带大电感负载，负载电阻 $R_d = 4\Omega$，要求 U_d 从 0 ~ 220V 变化。试求：

1）不考虑触发延迟角裕量时，整流变压器二次线电压。

2）计算晶闸管额定电压、额定电流值，如电压、电流取 2 倍裕量，选择晶闸管型号。

5. 在图 4-34 所示电路中，当 $\alpha = 60°$ 时，画出下列故障情况下的 u_d 波形。

1）熔断器 1FU 熔断。

2）熔断器 2FU 熔断。

3）熔断器 2FU、3FU 同时熔断。

6. 指出图 4-35 中，①~⑦各元器件及 VD 与 L_d 的作用。

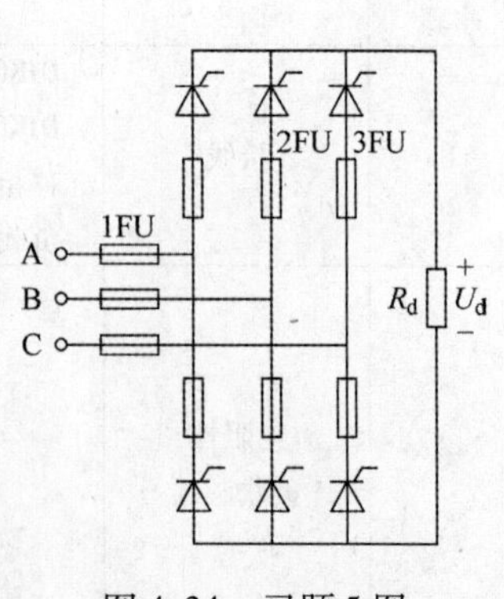

图 4-34　习题 5 图

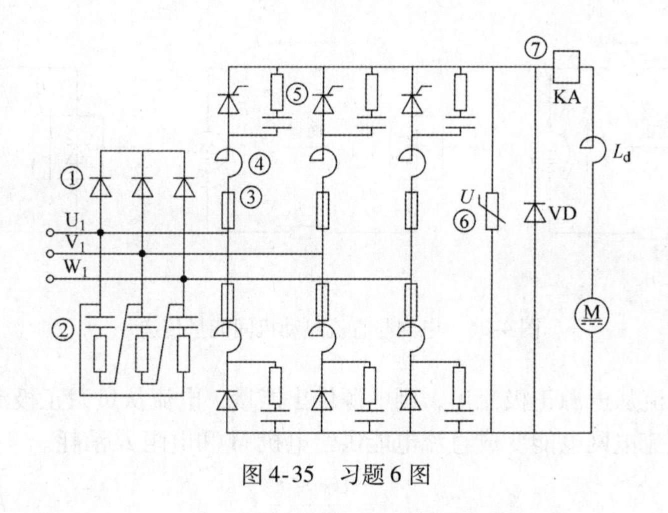

图 4-35　习题 6 图

4.4　任务 4　认识和调试三相桥式全控有源逆变电路

4.4.1　学习目标

1）掌握有源逆变电路的工作原理。
2）掌握有源逆变电路的分析和计算方法。
3）了解有源逆变的实际应用。
4）掌握有源逆变电路的连接和调试方法。

4.4.2　相关知识点

在工业生产中不但需要将固定频率、固定电压的交流电转变为可调电压的直流电，即可控整流，而且还需要将直流电转变为交流电，这一过程称为逆变。逆变与整流互为可逆过程，能够实现可控整流的晶闸管装置称为可控整流器；能够实现逆变的晶闸管装置称为逆变器。如果同一晶闸管装置既可以实现可控整流，又可以实现逆变，这种装置则称为变流器。

逆变电路可分为有源逆变和无源逆变两类。

有源逆变的过程：直流电→逆变器→交流电→交流电网，这种将直流电变成和电网同频率的交流电并将能量回馈给电网的过程称为有源逆变。有源逆变的主要应用有：直流电动机的可逆调速、绕线转子异步电动机的串级调速、高压直流输电等。

无源逆变的过程：直流电→逆变器→交流电→用电器，这种将直流电变成某一频率或频率可调的交流电并供给用电器使用的过程称为无源逆变。无源逆变的主要应用有：交流电动机变频调速、不间断电源 UPS、开关电源和中频加热炉等。

4.4.2.1　有源逆变的工作原理

1. 晶闸管装置与直流电机间的能量传递

图 4-36 是交流电网经变流器接直流电机的系统示意图。图中变流器的状态可逆是指整流与逆变，直流电机的状态可逆是指电动与发电，实现电网和直流电机间的能量转换。

1）晶闸管装置整流状态、直流电机运行状态。

如图 4-36a 所示，变流器工作在整流状态，其输出电压极性为上正下负。直流电机 M 运行在电动状态，其电枢反电势 E 极性为上正下负，$|U_d|>|E|$，回路中电流 I_d 顺时针方向。根据电

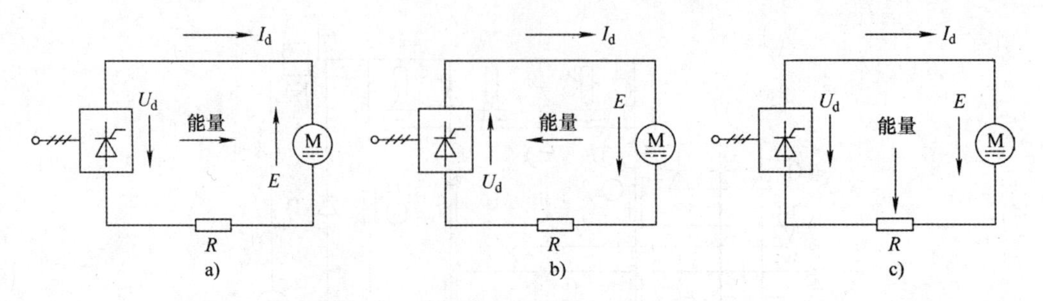

图 4-36　电网与直流电动机间能量传递

工基础知识可知，电流从电源正极流出，则电源供出能量，电流从负载正极流入，则负载吸收能量。因而变流器把交流电网电能变成直流电能供给电机 M 和电阻 R 消耗。

$$I_d = \frac{U_d - E}{R}$$

晶闸管装置逆变状态、直流电机发电运行状态。

如图 4-36b 所示，直流电动机 M 作为发电机处于制动状态时，其产生的电动势 E 的极性为下正上负。当 $|U_d| < |E|$ 时，晶闸管在 E 的作用下，在电源的负半波导通，变流器输出电压为下正上负，由于晶闸管的单向导电性，仍有如图 4-36b 所示方向的电流 I_d，此时，直流电机供出能量，变流器将直流电机供出的直流能量的一部分变换为与电网同频率的交流能量送回电网，电阻 R 消耗一部分能量，直流电动机运行在发电制动状态。

$$I_d = \frac{E - U_d}{R}$$

2）晶闸管装置整流状态、直流电机发电运行状态。

如图 4-36c 所示，当变流器输出电压 U_d 为上正下负，而直流电动机输出的电动势 E 为下正上负，两电源反极性相连。电流 I_d 仍如图 4-36c 所示，回路电流由两电势之和与回路的总电阻决定，这时两个电源都输出功率，消耗在回路电阻上。如回路电阻很小，将有很大电流，相当于短路，这在实际工作中是不允许的。

$$I_d = \frac{U_d + E}{R}$$

2. 有源逆变的工作原理

如图 4-37a 所示，两组单相桥式变流装置，均可通过开关 S 与直流电动机负载相连。

（1）变流器工作于整流状态

如图 4-37a 所示，当开关 S 掷向位置 1，且 I 组晶闸管的触发延迟角 $\alpha_{\mathrm{I}} < 90°$，电动机 M 由静止开始运行，流过电枢的电流为 i_1。第 I 组晶闸管工作在整流状态，输出 $U_{d\mathrm{I}}$ 上正下负，供出能量，波形如图 4-37b 所示。直流电动机工作在电动状态，吸收能量，电动机的反电动势 E 上正下负。通过调节 α_{I} 使 $|U_{d\mathrm{I}}| > |E|$，负载中电流 I_d 值为

$$I_d = \frac{U_{d\mathrm{I}} - E}{R}$$

（2）变流器工作在逆变状态

将开关 S 迅速从位置 1 掷向位置 2，直流电动机的转速短时间保持不变，因而 E 也不变，极性仍为上正下负。若仍按 $\alpha_{\mathrm{II}} < 90°$ 触发 Ⅱ 晶闸管，则输出电压 $U_{d\mathrm{II}}$ 上负下正，与 E 形成两个电源顺极性串联。这种情况与图 4-36c 所示相同，相当于短路事故，不允许出现。因此触发脉冲触

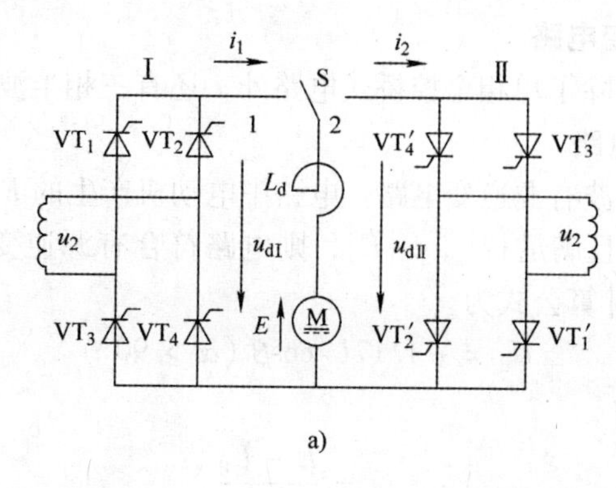

a)

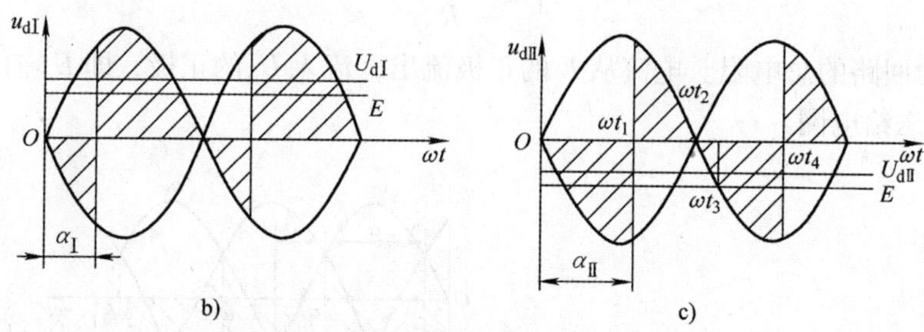

图 4-37　有源逆变原理电路与波形图

a）电路图　b）整流状态下的波形图　c）逆变状态下的波形图

发延迟角要调整为 $\alpha_{\text{II}}>90°$，则Ⅱ晶闸管输出电压 U_{dII} 上正下负，波形如图 4-37c 所示。假设由于惯性原因电动机转速不变，反电动势不变，并且调整 α_{II} 角使 $|U_{\text{dII}}|<|E|$，负载中电流 I_{d} 值为

$$I_{\text{d}} = \frac{E - U_{\text{d}}}{R}$$

电动机输出能量，运行于发电制动状态，Ⅱ晶闸管吸收能量并送回交流电网，这种情况就是有源逆变。

由以上分析及输出电压波形可以看出，逆变时的输出电压波形与整流时相同，计算公式仍为

$$U_{\text{d}} = 0.9U_2\cos\alpha$$

此时，控制角 $\alpha>90°$，使得计算出来的结果小于零，为了方便计算，我们令 $\beta=\pi-\alpha$，称 β 为逆变角，则

$$U_{\text{d}} = 0.9U_2\cos\alpha = 0.9U_2\cos(\pi-\beta) = -0.9U_2\cos\beta$$

3. 有源逆变的条件

综上所述，实现有源逆变必须满足下列条件。

1）变流装置的直流侧必须外接电压极性与晶闸管导通方向一致的直流电源，且其值要大于变流装置直流侧的平均电压。

2）变流装置必须工作在 $\beta<90°$（即 $\alpha>90°$）区间，使输出直流电压极性与整流状态时相反，才能将直流功率逆变为交流功率送至交流电网。

上述两条必须同时具备才能实现有源逆变。为了保持逆变电流连续，逆变电路中要串接大电感。

要注意，半控桥或有续流二极管的电路，因它们不可能输出负电压，所以这些电路不能实现有源逆变。

4.4.2.2 认识三相有源逆变电路

常用的有源逆变电路，除了单相全控桥式电路外，还有三相半波和三相全控桥式电路。

1. 三相半波有源逆变电路

图4-38a所示为三相半波有源逆变电路。电路中电动机产生的E为上负下正，令控制角$\alpha>90°$，以使U_d为上负下正，且满足$|U_d|<|E|$，则电路符合有源逆变的条件，可实现有源逆变。逆变器输出直流电压U_d的计算公式为

$$U_d=-1.17U_2\cos\beta\ (\alpha>90°) \tag{4-19}$$

输出直流电流平均值为

$$I_d=\frac{E-U_d}{R_\Sigma} \tag{4-20}$$

式中，R_Σ为回路的总电阻。电流从E的正极流出，流入U_d的正极，即E输出电能，经过晶闸管装置将电能送给电网。

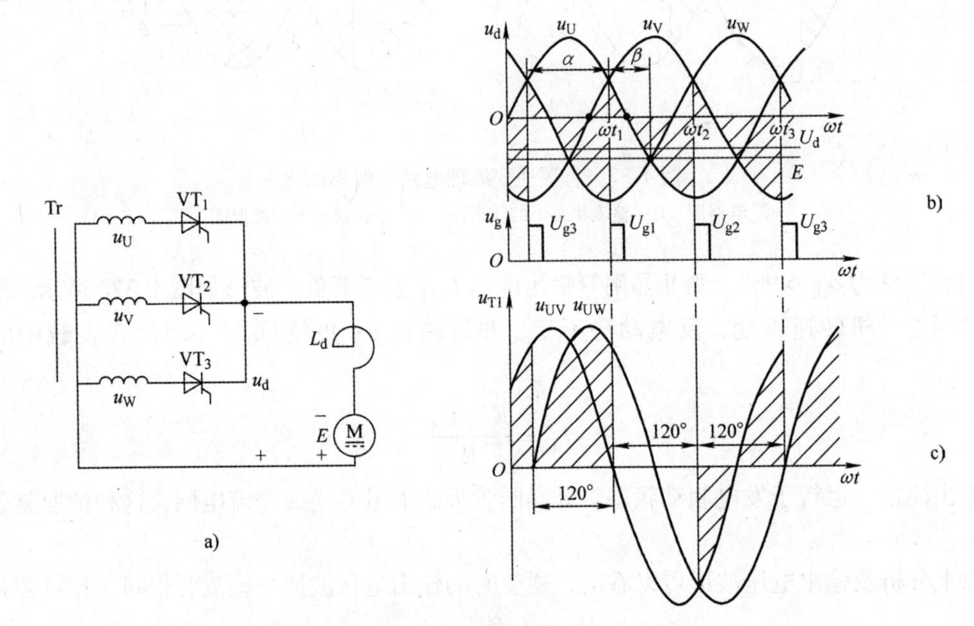

图4-38 三相半波有源逆变电路

a）电路图 b）u_d波形图 c）u_{T1}波形图

下面以$\beta=60°$为例对其工作过程做一分析。在$\beta=60°$时，即ωt_1时刻触发脉冲u_{g1}触发晶闸管VT_1导通。即使u_U相电压为零或负值，但由于电动势E的作用，VT_1仍可能承受正向电压而导通。则电动势E提供能量，有电流I_d流过VT_1，输出电压波形$u_d=u_U$。接着与整流一样，按电源相序每隔120°依次轮流触发相应的晶闸管使之导通，同时关断前面导通的晶闸管，实现依次换相，每个晶闸管导通120°。输出电压u_d波形如图4-38b所示，其直流平均电压U_d为负值，数值小于电动势E。

图4-38c中画出了晶闸管VT_1两端电压u_{T1}的波形。在一个电源周期里，VT_1导通120°，导通期间其两端电压为零，随后的120°内是VT_2导通，VT_1关断，VT_1承受线电压u_{UV}，再后的120°内是VT_3导通，VT_1承受线电压u_{UW}。由u_{T1}波形可知，逆变时晶闸管的端电压波形的正面积总是大于负面积，而整流时则相反，正面积总是小于负面积。只有$\alpha=\beta$时，正负面积才相等。

下面以VT_1换相到VT_2为例，简单说明一下图中晶闸管换相的过程。在VT_1导通时，到ωt_2

时刻触发 VT_2，则 VT_2 导通，同时使 VT_1 承受 U、V 两相间的线电压 u_{UV}。由于 $u_{UV}<0$，VT_1 承受反向电压而被迫关断，完成了 VT_1 向 VT_2 的换相过程。其他管的换相可依此类推。

2. 三相全控桥式有源逆变电路

图 4-39 所示为三相全控桥式电路，带电动机负载，当 $\alpha<90°$ 时，电路工作在整流状态，当 $\alpha>90°$ 时，电路工作在有源逆变状态。两种状态除了 α 角的范围不同外，晶闸管的控制过程是一样的，即都要求每隔 60°依次轮流触发晶闸管使其导通 120°，触发脉冲都必须是双宽脉冲或双窄脉冲。逆变时输出直流电压 U_d 公式为

$$U_d=-2.34U_2\cos\beta\ (\alpha>90°) \tag{4-21}$$

输出直流电流平均值 I_d 公式为也为式（4-20）。

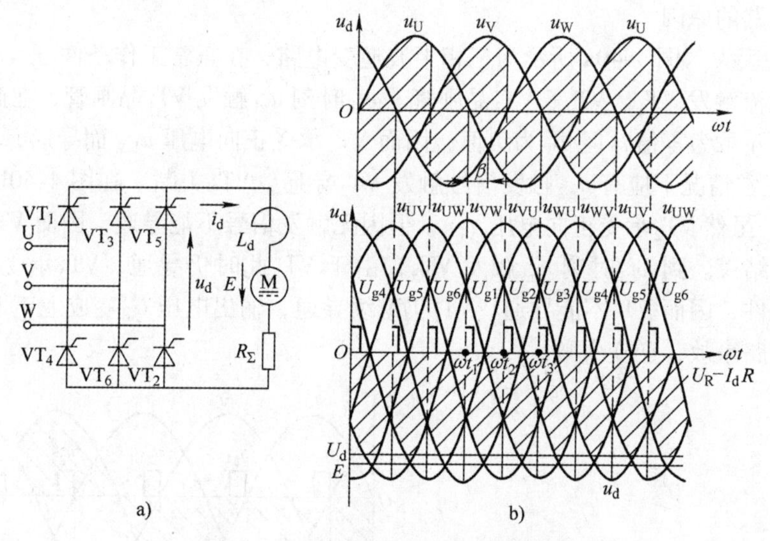

图 4-39　三相全控桥式有源逆变电路

a）电路图　b）$\beta=30°$ 时三相全控桥直流输出电压波形

图 4-39b 所示为 $\beta=30°$ 时三相全控桥直流输出电压 u_d 的波形。其工作过程为在 ωt_1 时刻加上双窄脉冲触发 VT_1 和 VT_6，此时电压 u_U 为负半周，给 VT_1 和 VT_6 以反向电压。但 $|E|>|u_{UV}|$，E 对 VT_1 和 VT_6 为正向电压，加在 VT_1 和 VT_6 上的总电压为正（$|E|-|u_{UV}|$），使 VT_1 和 VT_6 导通，有电流流过回路，变流器输出的电压 $u_d=u_{UV}$。经过 60°后，在 ωt_2 处加上双窄脉冲触发 VT_2 和 VT_1，由于之前 VT_6 是导通的，因此使加在 VT_2 上的电压 u_{VW} 为正向电压，当 VT_2 在 ωt_2 处被触发就立刻导通，而 VT_2 导通后使 VT_6 承受的电压 u_{WV} 为反压而关断，完成了从 VT_6 到 VT_2 的换相。在第二次触发后与第三次触发前（$\omega t_2\sim\omega t_3$），变流器输出电压 $u_d=u_{UW}$。又经 60°后，在 ωt_3 处加双窄脉冲 VT_2 和 VT_3，使 VT_2 继续导通，而 VT_3 导通后使 VT_1 因承受反向电压 u_{UV} 而关断，从而 VT_1 到 VT_3 换相。按照 $VT_1\sim VT_6$ 换相顺序不断循环，晶闸管 $VT_1\sim VT_6$ 轮流依次导通，整个周期保证有两个元件导通。

4.4.2.3　逆变失败及最小逆变角的确定

1. 逆变失败的原因

变流器工作在有源逆变状态时，若出现输出电压平均值 U_d 与直流电源 E 顺极性串联，必然形成很大的短路电流流过晶闸管和负载，造成事故。这种现象称为逆变失败，或称为逆变颠覆。

造成逆变失败的原因通常有电源、晶闸管和触发电路等三方面的原因。

（1）交流电源方面的原因

① 电源缺相或一相熔丝熔断。如果运行当中发生电源缺相，则与该相连接的晶闸管无法导通，使参与换相的晶闸管无法换相而继续工作到相应电压的正半波，从而造成逆变器输出电压 U_d 与电动机电动势 E 正向连接而短路，使换相失败。

② 电源突然断电。此时变压器二次侧输出电压为零，而一般情况下电动机因惯性作用无法立即停车，反电动势在瞬间也不会为零，在 E 的作用下晶闸管继续导通。由于回路电阻一般都较小，电流 $I_d=E/R$ 仍然很大，会造成事故导致逆变失败。

③ 晶闸管快熔烧断，此情况与电源缺相情况相似。

④ 电压不稳，波动很大。

（2）触发电路的原因

① 触发脉冲丢失。图 4-40a 所示为三相半波逆变电路，在正常工作条件下，u_{g1}、u_{g2}、u_{g3} 脉冲间隔 120°，轮流触发 VT_1、VT_2、VT_3 晶闸管。ωt_1 时刻 u_{g1} 触发 VT_1 晶闸管，在此之前 VT_3 已导通，由于此时，u_U 虽为零值，但 u_W 为负值，因而 VT_1 承受正向电压 u_{UW} 而导通，VT_3 关断。到达 ωt_2 时刻时，在正常情况下应有 u_{g2} 触发信号触发 VT_2 导通，VT_1 关断。在图 4-40b 中，假设由于某原因 u_{g2} 丢失，虽然 VT_2 承受正向电压 u_{VU}，但因无触发信号不能导通，因而 VT_1 无法关断，继续导通到正半周结束。到 ωt_3 时刻 u_{g3} 触发 VT_3，由于 VT_1 此时仍导通，VT_3 承受反向电压 u_{UW}，不能满足导通条件，因而 VT_3 不能导通，VT_1 仍继续导通，输出电压 U_d 变成上正下负，和 E 反极性相连，造成短路事故，逆变失败。

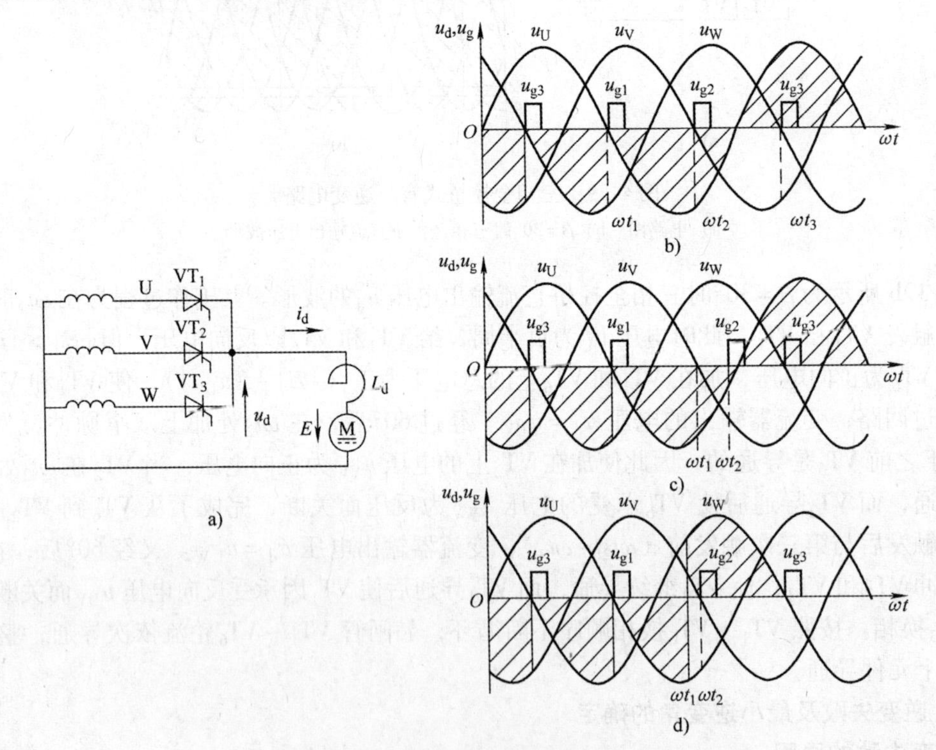

图 4-40　三相半波逆变电路

② 触发脉冲分布不均匀（不同步）。在图 4-40c 中，本应在 ωt_1 时刻触发 VT_2 管，关断 VT_1 管，进行正常换相。但是由于触发脉冲延迟至 ωt_2 时刻才出现（例如，触发电路三相输出脉冲不同步，u_{g1} 和 u_{g2} 间隔大于 120°，使 u_{g2} 出现滞后），此时 VT_2 承受反向电压，因而不满足导通条

件，VT_2不导通，VT_1继续导通，直到导通至正半波，形成短路，造成逆变失败。

③ 逆变角β太小。如果触发电路没有保护措施，在移相控制时，β太小也可能造成逆变失败。由于整流变压器存在漏抗，换相时电流不能突变，换相电流——关断晶闸管的电流从0到I_d和导通晶闸管的电流从I_d到0都不能在瞬间完成，因此存在换相时出现两晶闸管同时导通的现象。同时导通的时间对应一个角度，用换相重叠角γ表示。在正常情况下，ωt_1时刻触发VT_2管，关断VT_1管，进行正常换相。当$\beta<\gamma$时，如图4-41所示，由于β太小，在过ωt_2时刻（对应$\beta=0°$）时，换相尚未结束，即VT_1没关断。过ωt_2时刻U相电压u_U大于V相电压u_V，VT_1管承受正向电压而继续导通。VT_2管导通短时间后又受反向电压而关断，与触发脉冲u_{g2}丢失的情况一样，造成逆变失败。

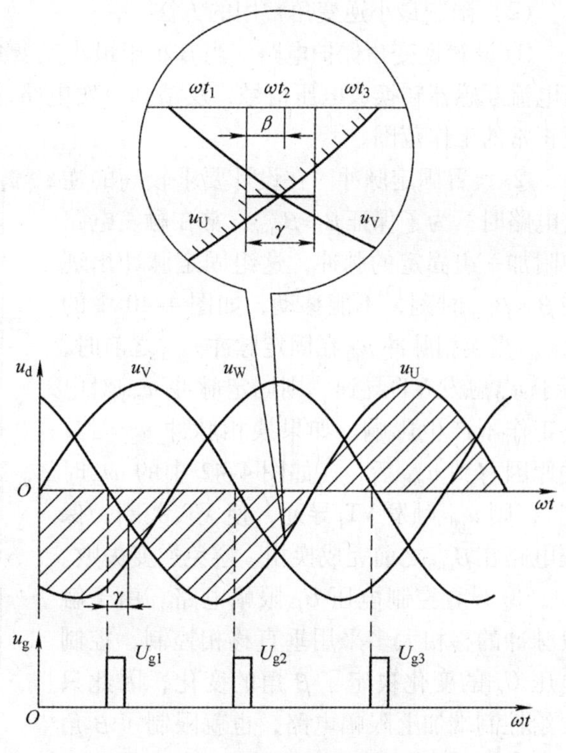

图4-41　有源逆变换流失败波形

（3）晶闸管本身的原因

无论是整流还是逆变，晶闸管都是按一定规律关断、导通，电路处于正常工作状态。倘若晶闸管本身没有按预定的规律工作，就可能造成逆变失败。例如，应该导通的晶闸管导通不了（这和前面讲到的脉冲丢失效果一样），会造成逆变失败。在应该关断的状态下误导通了，也会造成逆变失败。如图4-40d所示，VT_2本应在ωt_2时刻导通，但由于某种原因在ωt_1时刻VT_3导通了。一旦VT_3导通，使VT_1承受反向电压u_{WU}而关断。在ωt_2时刻触发VT_2，由于此时VT_2承受反向电压u_{WU}，所以VT_2不会导通，而VT_3继续导通，造成逆变失败。除了晶闸管本身不导通或误导通之外，晶闸管连线的松脱、保护器件的误动作等原因也可能引起逆变失败。

2. 最小逆变角的确定及限制

（1）最小逆变角的确定

为保证逆变能正常工作，使晶闸管的换相能在电压负半波换相区之内完成换相，触发脉冲必须超前一定的角度，也就是说，对逆变角β必须要有严格的限制。

① 换相重叠角γ。由于整流变压器存在漏抗，使晶闸管在换相时存在换相重叠角γ。如图4-41所示，在此期间，要换相的两只晶闸管都导通，如果$\beta<\gamma$，则在ωt_2时刻（即$\beta=0°$处），换相尚未结束，一直延至ωt_3时刻，此时$u_U>u_V$，VT_2关不断，VT_1不能导通，就会造成逆变失败。γ值虽电路形式、工作电流大小的不同而不同，一般取15°～25°电角度。

② 晶闸管关断时间t_g所对应的电角度δ_0。晶闸管从导通到完全关断需要一定的时间，这个时间t_g一般由管子的参数决定，通常为200～300μs，折合到电角度δ_0约为4°～5.4°。

③ 安全裕量角θ_α。由于触发电路各元件的工作状态会发生变化（如温度等的影响），使触发脉冲的间隔出现不均匀即不对称现象，再加上电源电压的波动，波形畸变等因素，因此必须留有一定的安全裕量角θ_α，一般θ_α取为10°左右。

综合以上因素，最小逆变角$\beta_{min}\geqslant\gamma+\delta_0+\theta_\alpha=30°\sim35°$

最小逆变角 β_{min} 所对应的时间即为电路提供给晶闸管保证可靠关断的时间。

（2）限制最小逆变角常用的方法

① 设置逆变角保护电路。当 β 小于最小逆变角 β_{min} 或 β 大于 90°时，主电路电流急剧增大，由电流互感器转换成电压信号，反馈到触发电路，使触发电路的控制电压 U_c 发生变化，脉冲移至正常的工作范围。

② 设置固定脉冲。在设计要求较高的逆变电路时，为了保证 $\beta \geqslant \beta_{min}$，常在触发电路中附加一组固定的脉冲，这组固定脉冲出现在 $\beta = \beta_{min}$ 时刻，不能移动，如图 4-40 中的 u_{gd1}。当换相脉冲 u_{g1} 在固定脉冲 u_{gd1} 之前时，由于 u_{g1} 触发 VT_1 导通，则固定脉冲 u_{gd1} 对电路工作不产生影响。如果换相脉冲 u_{g1} 因某种原因移到 u_{gd1} 后，（如图 4-42 中的 ωt_3 时刻），则 u_{gd1} 触发 VT_1 导通，使 VT_3 关断，保证电路在 β_{min} 之前完成换相，避免逆变失败。

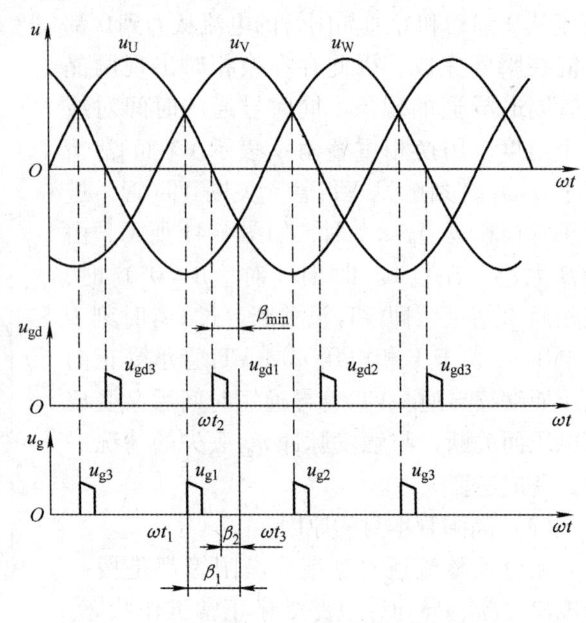

图 4-42 设置固定脉冲

③ 设置控制电压 U_c 限幅电路。由于触发脉冲的移相大多采用垂直移相控制，控制电压 U_c 的变化决定了 β 角的变化，因此只要给控制端加上限幅电路，也就限制了 β 角的变化范围，避免了由于 U_c 的变化引起 β 角超范围变化而引起的逆变失败。

4.4.3 任务实施 安装和调试三相桥式全控有源逆变电路

1. 所需仪器设备

1）DJDK－1 型电力电子技术及电机控制实验装置（DJK01 电源控制屏、DJK02－1 三相晶闸管触发电路、DJK02 晶闸管主电路、DJK06 给定及实验器件、DJK10 变压器、DJK42 三相可调电阻）1 套。

2）示波器 1 台。

3）万用表 1 块。

4）导线若干。

2. 测试前准备

1）课前预习相关知识。

2）清点相关材料、仪器和设备。

3）填写任务单中的准备内容。

3. 操作步骤

1）触发电路调试。

见三相集成触发电路调试步骤。

2）三相桥式全控有源逆变电路调试。

按图 4-43 接线，在三相桥式全控有源逆变电路中，电阻、电感与整流的一致，而三相不控整流及心式变压器均在 DJK10 挂件上，其中心式变压器用作升压变压器，逆变输出的电压接心式变压器的 Am、Bm、Cm 端，返回电网的电压从高电压 A、B、C 输出，变压器接成Y/Y接法。

图中的 R 均使用 D42 三相可调电阻，将两个 900Ω 接成并联形式；电感 L_d 在 DJK02 面板上，选用 700mH，直流电压、电流表由 DJK02 获得。

将 DJK06 上的“给定”输出调到零（逆时针旋到底），将电阻器放在最大阻值处，按下“启动”按钮，调节给定电位器，增加移相电压，使 β 角在 30°~90°范围内调节，同时，根据需要不断调整负载电阻 R，使得电流 I_d 保持在 0.6A 左右（注意 I_d 不得超过 0.65A）。用示波器观察并记录当 β=30°、60°、90°时的电压 U_d 和晶闸管两端电压 U_{VT} 的波形，并记录相应的数值于任务单中。

3）操作结束后，按照要求清理操作台。

4）将任务单交老师评价验收。

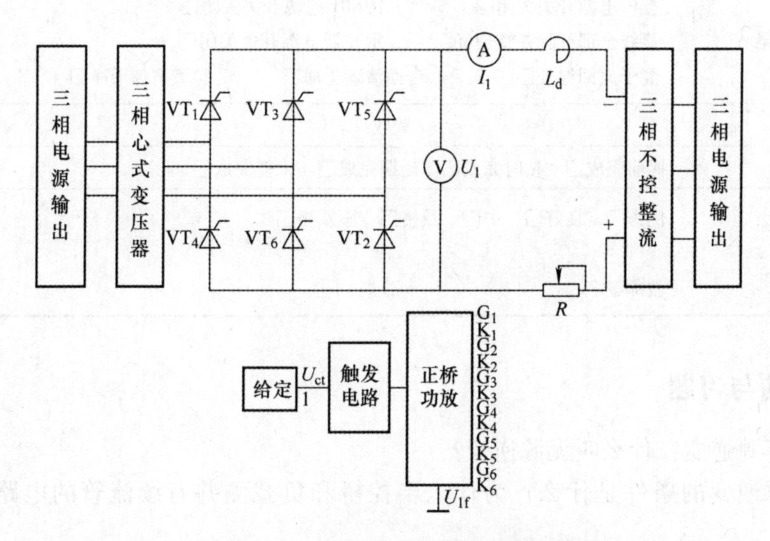

图 4-43　三相桥式全控有源逆变电路

安装和调试三相桥式全控有源逆变电路任务单

测试前准备		
序号	准备内容	准备情况自查
1	知识准备	三相桥式全控有源逆变电路原理是否了解　是□　否□ 接线图是否明白　是□　否□ 操作步骤和需要测试的波形和数据是否清楚　是□　否□
2	材料准备	实验台挂件是否齐全　DJK01□　DJK02□　DJK02－1□ DJK06□　DJK10□　D42□ 导线□　示波器□　示波器探头□　万用表□

测试过程记录		
步骤	内容	数据记录
1	接线	DJK01 上电源选择开关是否打到“直流调速”　是□　否□ DJK02 中“正桥触发脉冲”对应晶闸管的触发脉冲开关位置　是□　否□ 移相控制电压是否调到零　是□　否□ 负载电阻____Ω

（续）

<table>
<tr><th colspan="3">测试过程记录</th></tr>
<tr><th>步骤</th><th>内容</th><th>数据记录</th></tr>
<tr><td>2</td><td>电路调试</td><td>
<table>
<tr><td>α</td><td>30°</td><td>60°</td><td>90°</td></tr>
<tr><td>U_2（测量值）</td><td></td><td></td><td></td></tr>
<tr><td>负载电压波形 u_d</td><td></td><td></td><td></td></tr>
<tr><td>晶闸管两端电压波形 u_T</td><td></td><td></td><td></td></tr>
<tr><td>U_d（测量值）</td><td></td><td></td><td></td></tr>
<tr><td>U_d（计算值）</td><td></td><td></td><td></td></tr>
</table>
</td></tr>
<tr><td>3</td><td>收尾</td><td>挂件电源开关关闭□　　DJK01 电源开关关闭□
接线全部开除并整理好□　　示波器电源开关关闭□
凳子放回原处□　　台面清理干净□　　垃圾清理干净□</td></tr>
<tr><th colspan="3">验收</th></tr>
<tr><td colspan="2">完成时间</td><td>提前完成□　按时完成□　延期完成□　未能完成□</td></tr>
<tr><td colspan="2">完成质量</td><td>优秀□　良好□　中□　及格□　不及格□
教师签字：　　　　　　日期：</td></tr>
</table>

4.4.4 思考题与习题

1. 什么叫有源逆变？什么叫无源逆变？

2. 实现有源逆变的条件是什么？为什么半控桥和负载侧并有续流管的电路不能实现有源逆变？

3. 什么叫逆变失败？导致逆变失败的原因是什么？有源逆变最小逆变角受哪些因素限制？最小逆变角一般取为多少？

4. 设单相全控桥式有源逆变电路的逆变角为 $\beta=60°$，试画出输出电压 u_d 的波形图。

5. 如图 4-44 所示，图 4-44a 工作在整流—电动机状态，图 4-44b 工作在逆变—发电机状态。

1）在图中标出 U_d、E 和 i_d 的方向。

2）说明 E 和 U_d 的大小关系。

3）当 α 与 β 的最小均为 30°时，α 和 β 的范围是多大？

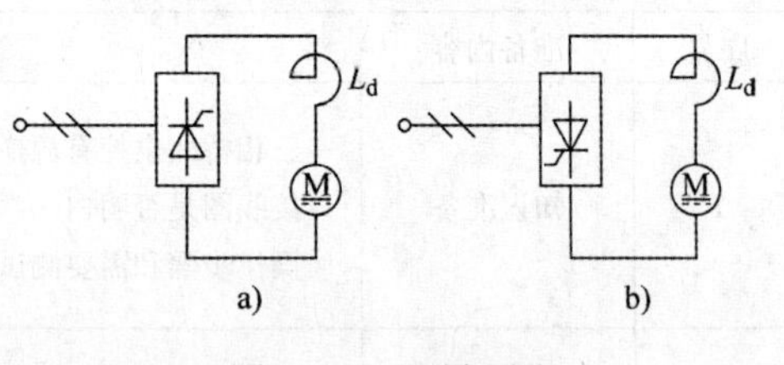

图 4-44　习题 5 图

6. 三相半波共阴接法的有源逆变电路中，试画出 $\beta=60°$ 时输出电压 u_d 的波形图。

项目5　认识和分析开关电源电路

项目引入

开关电源是利用现代电力电子技术，控制开关管开通和关断的时间比率，维持电压稳定输出的一种电源。它是一种高效率、高可靠性、小型化、轻型化的稳压电源，是电子设备的主流电源。随着电力电子的发展和创新，使得开关电源技术也不断地创新，它被广泛应用在几乎所有的电子设备，是当今电子信息产业飞速发展不可缺少的一种电源方式。图5-1所示为常见的PC主机开关电源。

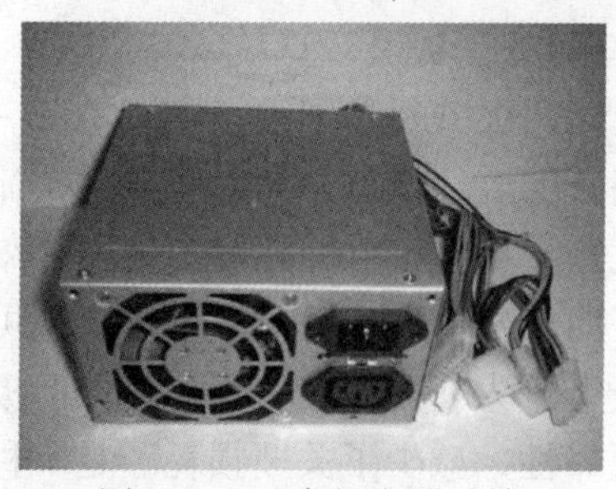

图5-1　PC主机电源开关

开关电源电路的原理框图如图5-2所示，输入电压为AC 220V 50Hz的交流电，经过滤波，再由整流桥整流后变为300V左右的高压直流电，然后通过功率开关管的导通与截止将直流电压变成连续的脉冲，再经变压器隔离降压及输出滤波后变为低压的直流电。开关管的导通与截止由PWM控制电路发出的驱动信号控制。

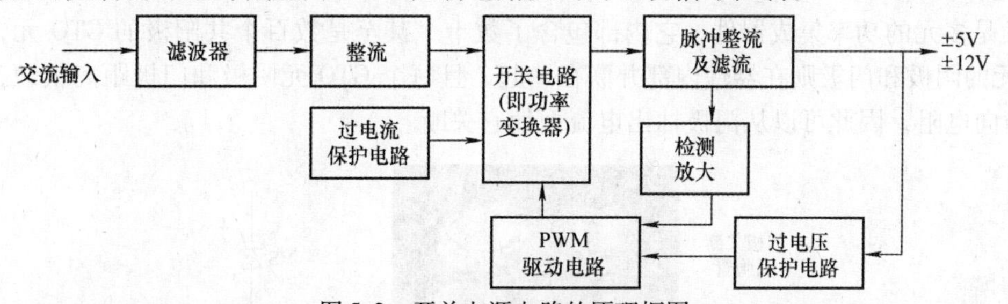

图5-2　开关电源电路的原理框图

开关电源中，开关管通断频率很高，经常使用的是全控型电力电子器件，如可关断晶闸管GTO、电力晶体管GTR、电力场效应晶体管MOSFET和绝缘栅双极型晶体管IGBT。直流斩波电路是开关电源的主电路，是核心技术。本项目共分为认识和测试全控型电力电子器件、认识和调试直流斩波电路两个工作任务。

5.1　任务1　认识和测试全控型电力电子器件

5.1.1　学习目标

1）认识GTR、Power MOSFET、IGBT、GTO的外形结构、端子和型号。

2）通过测试，会判别器件的管脚、判断器件的好坏。

3）通过选择器件，掌握器件的基本参数。

5.1.2　相关知识点

20世纪80年代以来，信息电子技术与电力电子技术在各自发展的基础上相结合——高频化、全控型、采用集成电路制造工艺的电力电子器件，从而将电力电子技术又带入了一个崭新时代。继晶闸管之后出现了 GTO（可关断晶闸管）、GTR（电力晶体管）、Power MOSFET（电力场效应晶体管）和 IGBT（绝缘栅双极晶体管）等电力电子器件。这些器件通过对控制极的控制，既可使其导通，又能使其关断，属于全控型电力电子器件。因为这些器件具有自关断能力，所以通常称为自关断器件。与晶闸管电路相比，采用自关断器件的电路结构简单，控制灵活方便。自关断器件的出现和应用给电力电子技术的发展注入了强大的活力，极大地促进了各种新型电力电子电路及控制方式的发展。

5.1.2.1　认识 GTO

门极关断晶闸管（Gate Turn－Off Thyristor，GTO）也称为可关断晶闸管，GTO 具有普通晶闸管的全部优点，如耐压高、电流大、耐浪涌能力强、使用方便和价格低等。同时它又有自身的优点，如具有自关断能力、工作效率较高、使用方便、无需辅助关断电路等。GTO 既可用门极正向触发信号使其触发导通，又可向门极加负向触发电压使其关断。由于不需用外部电路强迫阳极电流为 0 而使之关断，仅由门极触发信号去关断，这就简化了电力变换主电路，提高了工作的可靠性，减少了关断损耗。是一种应用广泛的大功率全控开关器件。在高电压和大中容量的斩波器及逆变器中获得了广泛应用。

1. GTO 的结构

GTO 的基本结构与普通晶闸管相同，也是属于 PNPN 4 层 3 端器件，其 3 个电极分别为阳极（A）、阴极（K）、门极（控制极，G），图 5-3 所示为门极关断晶闸管（GTO）的外形和图形符号。GTO 是多元的功率集成器件，它内部包含了数十个甚至是数百个共阳极的 GTO 元，这些小的 GTO 元的阴极和门极则在器件内部并联在一起，且每个 GTO 元阴极和门极距离很短，有效地减小了横向电阻，因此可以从门极抽出电流而使它关断。

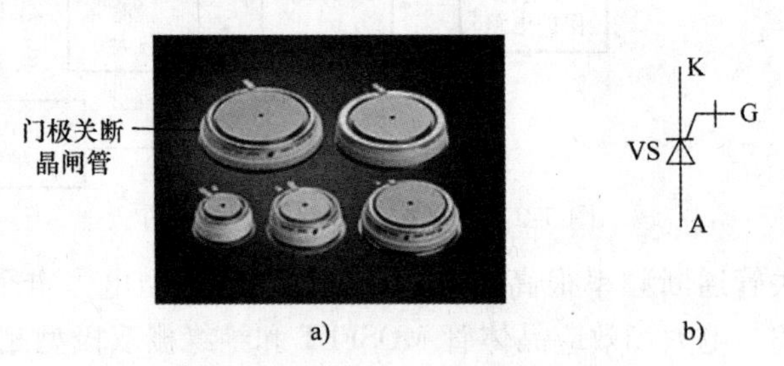

图 5-3　GTO 的外形和电气图形符号

a）GTO 的外形　b）GTO 的图形符号

GTO 的内部结构如图 5-4 所示。

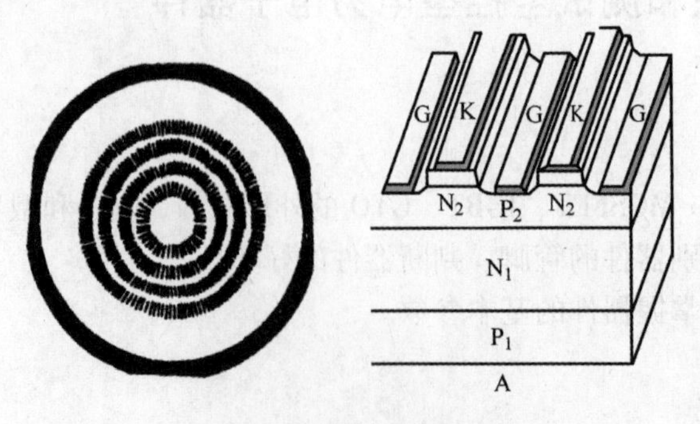

图 5-4　GTO 的内部结构

2. GTO 的工作原理

GTO 的触发导通原理与普通晶闸管相似，阳极加正向电压，门极加正触发信号后，使 GTO 导通。但是它的关断原理、方式与普通晶闸管大不相同。普通晶闸管门极正信号触发导通后就处于深度饱和状态维持导通，除非阳、阴极之间正向电流小于维持电流 I_H 或电源切断之后才会由导通状态变为阻断状态。而 GTO 导通后接近临界饱和状态，可给门极加上足够大的负电压破坏临界状态使其关断。

3. GTO 的特性

GTO 的阳极伏安特性与普通晶闸管相似，如图 5-5 所示。

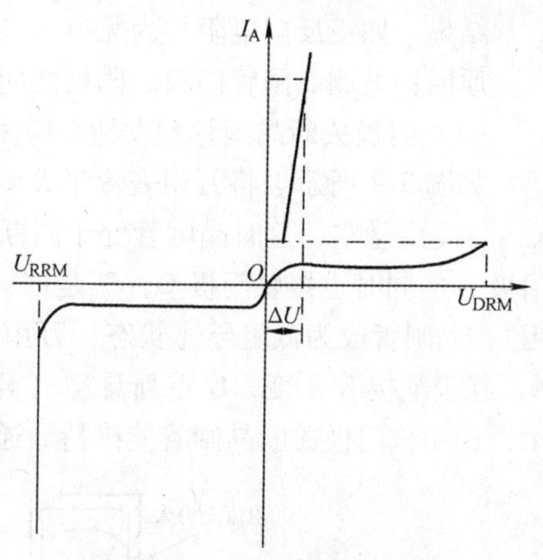

图 5-5 GTO 的阳极伏安特性

当外加电压超过正向转折电压 U_{DRM} 时，GTO 即正向开通，正向开通次数多了就会引起 GTO 的性能变差。但若外加电压超过反向击穿电压 U_{RRM}，则发生雪崩击穿现象，造成器件永久性损坏。

用 90% U_{DRM} 值定义为正向额定电压，用 90% U_{RRM} 值定义为反向额定电压。

4. GTO 的主要参数

GTO 的大多数参数如断态重复峰值电压 U_{DRM} 和反向重复峰值电压 U_{RRM} 以及通态平均电压 U_T 的定义都与普通型晶闸管相同，不过 GTO 承受反向电压的能力较小，一般 U_{RRM} 明显小于 U_{DRM}，擎住电流 I_L 和维持电流 I_H 的定义也与普通型晶闸管相同，但对于同样电流容量的器件，GTO 的 I_H 要比普通型晶闸管大得多。GTO 还有一些特殊参数，这里只讨论这些意义不同的参数。

① 最大可关断阳极电流 I_{ATO}。最大可关断阳极电流 I_{ATO} 是可以通过门极进行关断的最大阳极电流，当阳极电流超过 I_{ATO} 时，门极负电流脉冲不可能将 GTO 关断。通常将最大可关断阳极电流 I_{ATO} 作为 GTO 的额定电流。应用中，最大可关断阳极电流 I_{ATO} 还与工作频率、门极负电流的波形、工作温度以及电路参数等因素有关，它不是一个固定不变的数值。

② 门极最大负脉冲电流 I_{GRM}。门极最大负脉冲电流 I_{GRM} 为关断 GTO 门极施加的最大反向电流。

③ 电流关断增益 β_{OFF}。电流关断增益 β_{OFF} 为 I_{ATO} 与 I_{GRM} 的比值，即 $\beta_{OFF}=I_{ATO}/I_{GRM}$。$\beta_{OFF}$ 反映门极电流对阳极电流控制能力的强弱，β_{OFF} 值越大控制能力越强。这一比值比较小，一般为 5 左右，这就是说，要关断 GTO 门极的负电流的幅度也是很大的。如 $\beta_{OFF}=5$，GTO 的阳极电流为 1000A，那么要想关断它必须在门极加 200A 的反向电流。可以看出，尽管 GTO 可以通过门极反向电流进行可控关断，但其技术实现并不容易。

5. GTO 的测试

（1）电极判别

将万用表置于 $R\times10$ 档或 $R\times100$ 档，轮换测量门极关断晶闸管的 3 个引脚之间的电阻，如图 5-6 所示。

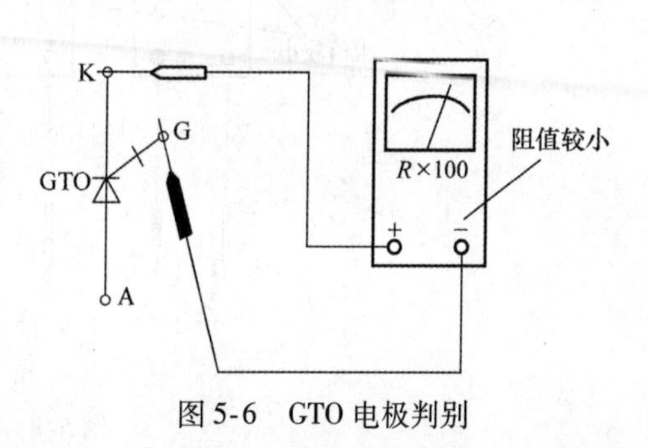

图 5-6 GTO 电极判别

结果：电阻比较小的一对引脚是门极 G 和阴极 K。测量 G、K 之间正、反向电阻，电阻指示值较小时红表笔所接的引脚为 K，黑表笔所接的引脚为 G，而剩下的引脚是A。

（2）门极关断晶闸管好坏判别

① 用万用表$R\times10$档或$R\times100$档测量晶闸管阳极A与阴极K之间的电阻，或测量阳极A与门极G之间的电阻。

结果：如果读数小于1kΩ，器件已击穿损坏。

原因：该晶闸管严重漏电。

② 用万用表$R\times10$档或$R\times100$档测量门极G与阴极K之间的电阻。

结果：如正反向电阻均为无穷大（∞），该管也已损坏。

原因：被测晶闸管门极、阴极之间断路。

（3）门极关断晶闸管触发特性检测的简易测试方法

如图5-7所示。将万用表置于$R\times1$档，黑表笔接门极关断晶闸管的阳极A，红表笔接阴极K，门极G悬空，这时晶闸管处于阻断状态，电阻应为无穷大，如图5-7a所示。在黑表笔接触阳极A的同时也接触门极G，于是门极G受正向电压触发（同样也是万用表内1.5V电源的作用），晶闸管成为低阻导通状态，万用表指针应大幅度向右偏，如图5-7b所示。保持黑表笔接A，红表笔接K不变，G重新悬空（开路），则万用表指针应保持低阻指示不变，如图5-7c所示，说明该门极关断晶闸管能维持导通状态，触发特性正常。

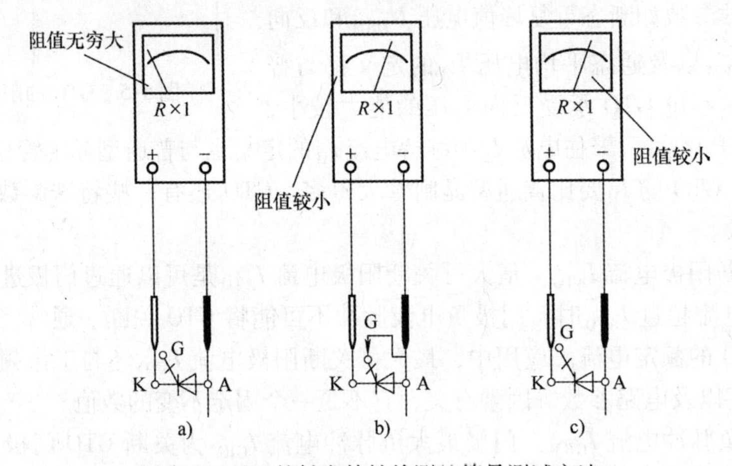

图5-7　GTO的触发特性检测的简易测试方法

（4）门极关断晶闸管关断能力的初步检测

测试方法如图5-8所示。采用1.5V干电池一节，普通万用表一只。

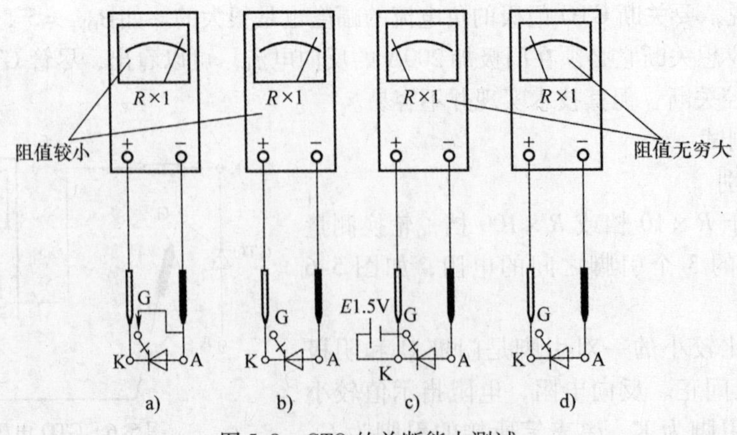

图5-8　GTO的关断能力测试

将万用表置于 $R\times1$ 档，黑表笔接晶闸管阳极 A，红表笔接阴极 K，这时万用表指示的电阻应为无穷大，然后用导线将门极 G 与阳极 A 接通，于是门极 G 受正电压触发，使晶闸管导通，万用表指示应为低电阻，即指针向右偏转，如图 5-8a 所示。将门极 G 开路后万用表指针偏转应保持不变，即晶闸管仍应维持导通状态，如图 5-8b 所示。然后将 1.5V 电池的正极接阴极 K、电池负极接门极 G，则晶闸管立即由导通状态变为阻断状态，万用表的电阻为无穷大，说明被测晶闸管关断能力正常。

如果有两只万用表，那么可将其中的 1 只仪表（置于 $R\times10$ 档）作为负向触发信号使用（相当于 1.5V，黑表笔接 K，红表笔触碰 G），参照图 5-8 所示的方法，同样可以检测门极关断晶闸管是否具有正常关断能力。

（5）测量可关断晶闸管的 β_{OFF} 值

① 第一种测量方法。测量晶闸管 β_{OFF} 的一种方法如图 5-9 所示。

在门极关断晶闸管（GTO）的阳极回路串联阻值为 20Ω 的电阻 R（功率为 3W），则根据欧姆定律，测出 R 两端的电压就可算出流过 R 的电流，即为 GTO 阳极电流（万用表置于直流电压 DC 2.5V 档）。而使 GTO 关断时的反向触发电流可根据万用表 $R\times10$ 档指示值及该档的内阻算出。具体操作方法如下。

第一，按图 5-9 所示连接电路，万用表置于直流电压 2.5V 档，红表笔接晶闸管 GTO 的阳极 A，黑表笔接电源正极，测得 GTO 导通时 R 两端的电压为 U_{R}。

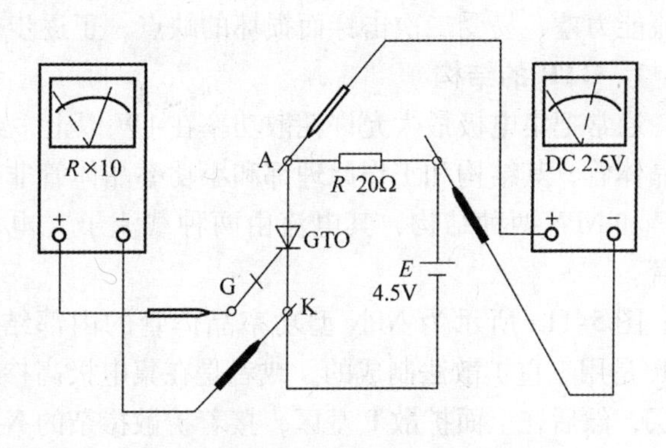

图 5-9 测量 β_{OFF} 的方法之一

第二，将另一只万用表置于 $R\times10$ 档，黑表笔接晶闸管的阴极 K，当红表笔接门极 G 时，晶闸管立即由导通变为阻断，这时连接在阳极回路的电阻 R 两端电压降为零。从左边万用表读出 G－K 两极之间电阻 R_{GK}，并从电阻测量刻度尺读出 $R\times10$ 档的欧姆中心值 R（欧姆表内阻与指针偏转无关，例如，500 型万用表 $R\times10$ 档欧姆中心值为 100Ω）。

第三，计算

$$\beta_{\mathrm{OFF}}=\frac{U_{\mathrm{R}}(R_{\mathrm{GK}}+R_{\mathrm{O}})}{U_1R}$$

式中 U_{R}——晶闸管导通时 R 两端电压，单位为 V；

R_{GK}——晶闸管由导通变为关断（阻断）时测得 G、K 间的电阻，单位为 Ω；

R_{O}——万用表 $R\times10$ 档欧姆中心值，单位为 Ω；

U_1——万用表 $R\times1$ 档内置电池电压，通常 $U_1=1.5\mathrm{V}$；

R——晶闸管阳极回路外接电阻，单位为 Ω。

② 第二种测量方法。如果备有两只万用表的型号规格相同，那么对于小功率门极关断晶闸管，无需附加电源，就可以估测，测量方法更加简单，如图 5-10 所示。

第一，测量晶闸管导通时 A、K 极间电阻 R_{A}。

第二，测量由导通变为关断时 G、K 极间的电阻 R_{GK}。

第三，按下式计算 β_{OFF}。

$$\beta_{OFF} = \frac{R_{GK} + R_{O2}}{R_A + R_{O1}}$$

式中 R_{GK}——晶闸管由导通变为关断时 G、K 间电阻测量值，单位为 Ω；

R_{O2}——万用表 $R\times10$ 档欧姆中心值，单位为 Ω；

R_A——晶闸管导通时 G、K 间电阻测量值，单位为 Ω；

R_{O1}——万用表 $R\times1$ 档欧姆中心值，单位为 Ω。

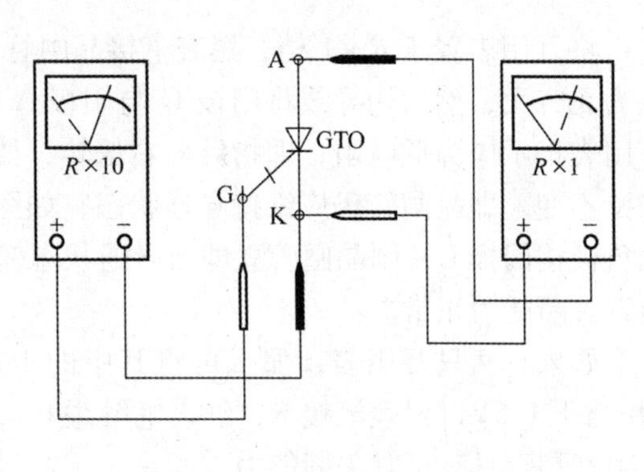

图 5-10 测量 β_{OFF} 的方法之二

第二种方法对大功率晶闸管不适用。

5.1.2.2 认识 GTR

电力晶体管（Giant Transistor，GTR）是一种耐高电压、能承受大电流的双极型晶体管。它具有耐压高、电流大、开关特性好、饱和压降低、开关时间短和开关损耗小等特点，在电源、电机控制、通用逆变器等中等容量、中等频率的电路中应用广泛。但由于其驱动电流较大、耐浪涌电流能力差、易受二次击穿而损坏的缺点，正逐步被功率 MOSFET 和 IGBT 所代替。

1. GTR 的结构

通常把集电极最大允许耗散功率在 1W 以上，或最大集电极电流在 1A 以上的晶体管称为电力晶体管，其结构和工作原理都和小功率晶体管非常相似。由 3 层半导体、2 个 PN 结组成，有 PNP 和 NPN 两种结构，其电流由两种载流子（电子和空穴）的运动形成，所以称为双极型晶体管。

图 5-11a 所示为 NPN 型功率晶体管的内部结构，电气图形符号如图 5-11b 所示。大多数 GTR 是用三重扩散法制成的，或者是在集电极高掺杂的 N^+ 硅衬底上用外延生长法生长一层 N 漂移层，然后在上面扩散 P 基区，接着扩散掺杂的 N^+ 发射区。

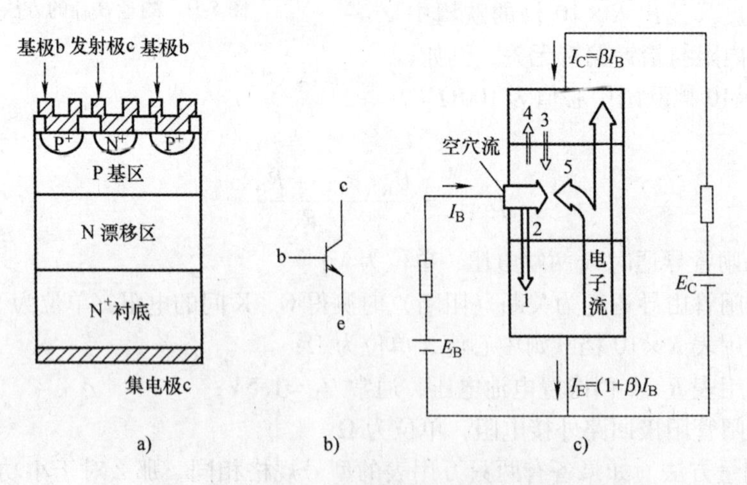

图 5-11 GTR 的结构、电气图形符号和内部载流子流动
a）GTR 的结构 b）电气图形符号 c）内部载流子的流动

大功率晶体管通常采用共发射极接法，图 5-11c 所示为共发射极接法时的功率晶体管内部主要载流子流动示意图。图中，1 为从基极注入的越过正向偏置发射结的空穴，2 为与电子复合的空穴，3 为因热骚动产生的载流子构成的集电结漏电流，4 为越过集电极电流的电子，5 为发射

极电子流在基极中因复合而失去的电子。

一些常见大功率晶体管的外形如图 5-12 所示。从图可见，大功率晶体管的外形除体积比较大外，其外壳上都有安装孔或安装螺钉，便于将晶体管安装在外加的散热器上。因为对大功率晶体管来讲，单靠外壳散热是远远不够的。例如，50W 的硅低频大功率晶体管，如果不加散热器工作，其最大允许耗散功率仅为 2 ~ 3W。

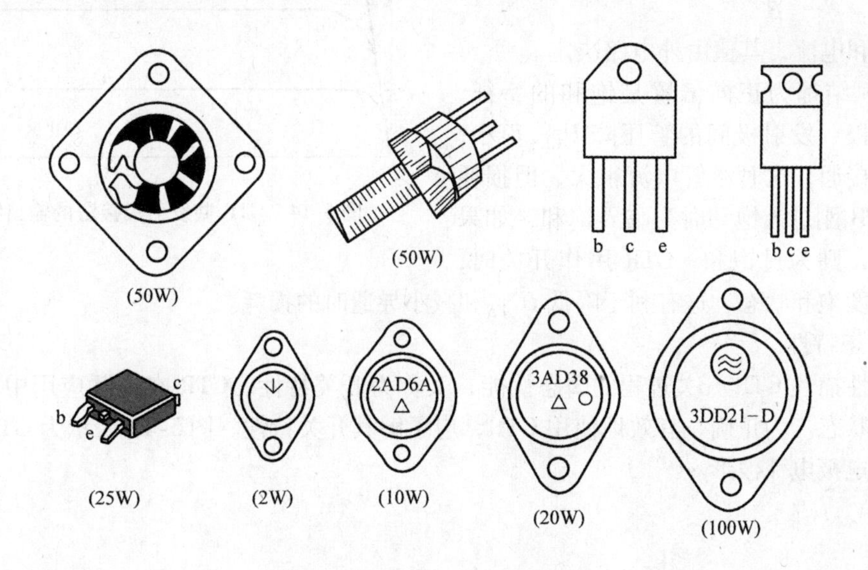

图 5-12　大功率晶体管的外形

对于大功率晶体管，外形一般分为 F 型、G 型两种。如图 5-13a 所示，F 型管从外形上只能看到两个电极，将引脚底面朝上，两个电极引脚置于左侧，上面为 e 极，下为 b 极，底座为 c 极。G 型管的 3 个电极的分布如图 5-13b 所示。

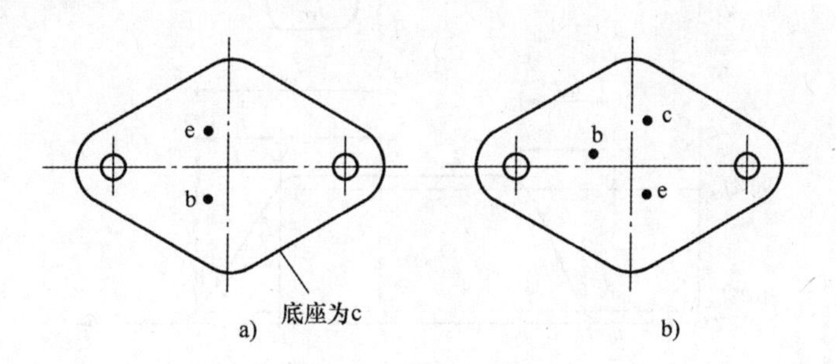

图 5-13　GTR 的电极分布

a）F 型大功率晶体管　b）G 型大功率晶体管

2. GTR 的工作原理

在电力电子技术中，GTR 主要工作在开关状态。晶体管通常连接成共发射极电路，NPN 型 GTR 通常工作在正偏（$I_B > 0$）时大电流导通；反偏（$I_B < 0$）时处于截止高电压状态。因此，给 GTR 的基极施加幅度足够大的脉冲驱动信号，它将工作于导通和截止的开关工作状态。

3. GTR 的特性

（1）静态特性

共发射极接法时，GTR 的典型输出特性如图 5-14 所示，可分为 3 个工作区。

截止区。在截止区内，$I_B \leqslant 0$，$U_{BE} \leqslant 0$，$U_{BC} < 0$，集电极只有漏电流流过。

放大区。$I_B > 0$，$U_{BE} > 0$，$U_{BC} < 0$，$I_C = \beta I_B$。

饱和区。$I_B > \frac{I_{CS}}{\beta}$，$U_{BE} > 0$，$U_{BC} > 0$。$I_{CS}$是集电极饱和电流，其值由外电路决定。

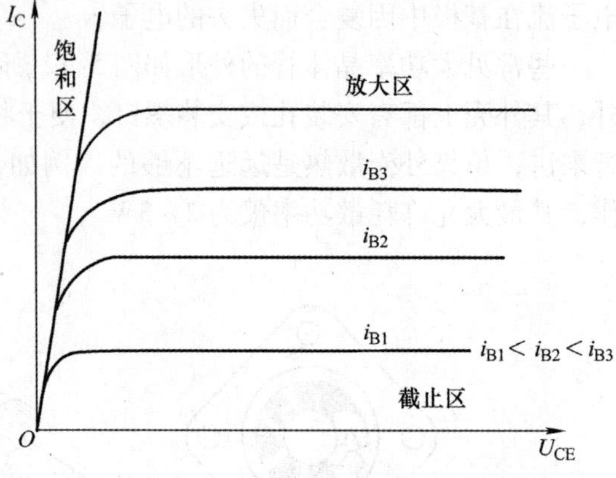

图 5-14　GTR 共发射极接法的输出特性

两个 PN 结都为正向偏置是饱和的特征。饱和时集电极、发射极间的管压降 U_{CES}很小，相当于开关接通，这时尽管电流很大，但损耗并不大。GTR 刚进入饱和时为临界饱和，如果 I_B继续增加，则为过饱和。GTR 用作开关时，应工作在深度饱和状态，这有利于降低 U_{CES}和减小导通时的损耗。

（2）动态特性

动态特性描述 GTR 开关过程的瞬态性能，又称为开关特性。GTR 在实际应用中，通常工作在频繁开关状态。为正确、有效地使用 GTR，应了解其开关特性。图 5-15 所示为 GTR 开关特性的基极、集电极电流波形。

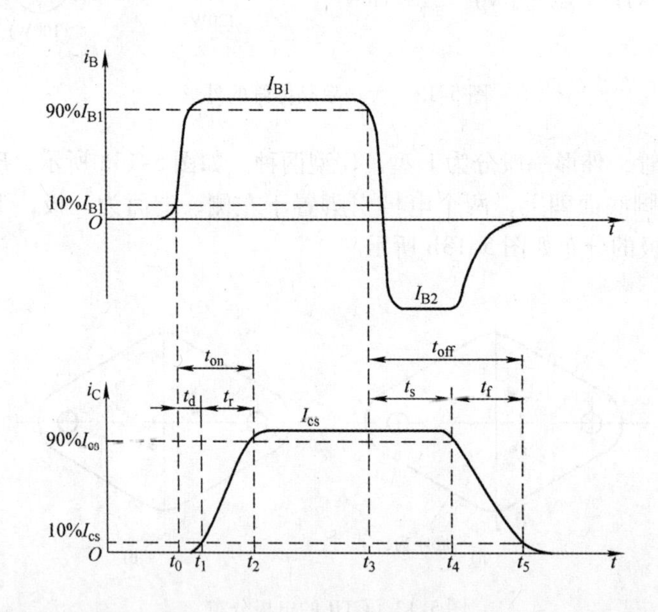

图 5-15　GTR 的动态特性曲线

整个工作过程分为开通过程、导通状态、关断过程、阻断状态 4 个不同的阶段。图 5-15 中开通时间 t_{on}对应着 GTR 由截止到饱和的开通过程，关断时间 t_{off}对应着 GTR 饱和到截止的关断过程。

GTR 的开通过程是从 t_0时刻起注入基极驱动电流，这时并不能立刻产生集电极电流，过一小段时间后，集电极电流开始上升，逐渐增至饱和电流值 I_{CS}。把 i_C达到 $10\% I_{CS}$的时刻定为 t_1，达到 $90\% I_{CS}$的时刻定为 t_2，则把 $t_0 \sim t_1$这段时间称为延迟时间，以 t_d表示，把 t_1到 t_2这段时间称为上升时间，以 t_r表示。

要关断 GTR，通常给基极加一个负的电流脉冲。但集电极电流并不能立即减小，而要经过一段时间才能开始减小，再逐渐降为零。把 i_B 降为稳态值 I_{B1} 的 90% 的时刻定为 t_3，i_C 下降到 90% I_{CS} 的时刻定为 t_4，下降到 10% I_{CS} 的时刻定为 t_5，则把 $t_3 \sim t_4$ 这段时间称为储存时间，以 t_s 表示，把 $t_4 \sim t_5$ 这段时间称为下降时间，以 t_f 表示。

延迟时间 t_d 和上升时间 t_r 之和是 GTR 从关断到导通所需要的时间，称为开通时间，以 t_{on} 表示，则 $t_{on} = t_d + t_r$。

储存时间 t_s 和下降时间 t_f 之和是 GTR 从导通到关断所需要的时间，称为关断时间，以 t_{off} 表示，则 $t_{off} = t_s + t_f$。

GTR 在关断时漏电流很小，导通时饱和压降很小。因此，GTR 在导通和关断状态下损耗都很小，但在关断和导通的转换过程中，电流和电压都较大，所以开关过程中损耗也较大。当开关频率较高时，开关损耗是总损耗的主要部分。因此，缩短开通和关断时间对降低损耗，提高效率和运行可靠性很有意义。

4. GTR 的主要参数

GTR 的主要参数有最高工作电压、最大工作电流、最大耗散功率和最高工作结温等。

1）最高工作电压。GTR 上所施加的电压超过规定值时，就会发生击穿。击穿电压不仅和晶体管本身特性有关，还与外电路接法有关。

$U_{(BR)CBO}$：发射极开路时，集电极和基极间的反向击穿电压。

$U_{(BR)CEO}$：基极开路时，集电极和发射极之间的击穿电压。

$U_{(BR)CER}$：实际电路中，GTR 的发射极和基极之间常接有电阻 R，这时用 $U_{(BR)CER}$ 表示集电极和发射极之间的击穿电压。

$U_{(BR)CES}$：当 R 为 0，即发射极和基极短路，用 $U_{(BR)CES}$ 表示其击穿电压。

$U_{(BR)CEX}$：发射结反向偏置时，集电极和发射极之间的击穿电压。

其中 $U_{(BR)CBO} > U_{(BR)CEX} > U_{(BR)CES} > U_{(BR)CER} > U_{(BR)CEO}$，实际使用时，为确保安全，最高工作电压要比 $U_{(BR)CEO}$ 低得多。

2）集电极最大允许电流 I_{CM}。GTR 流过的电流过大，会使 GTR 参数劣化，性能将变得不稳定，尤其是发射极的集边效应可能导致 GTR 损坏。因此，必须规定集电极最大允许电流值。通常规定共发射极电流放大系数下降到规定值的 1/3 ~ 1/2 时，所对应的电流 I_C 为集电极最大允许电流，用 I_{CM} 表示。实际使用时还要留有较大的安全余量，一般只能用到 I_{CM} 值的一半或稍多些。

3）集电极最大耗散功率 P_{CM}。集电极最大耗散功率是在最高工作温度下允许的耗散功率，用 P_{CM} 表示。它是 GTR 容量的重要标志。晶体管功耗的大小主要由集电极工作电压和工作电流的乘积来决定，它将转化为热能使晶体管升温，晶体管会因温度过高而损坏。实际使用时，集电极允许耗散功率和散热条件与工作环境温度有关。所以在使用中应特别注意 I_C 不能过大，散热条件要好。

4）最高工作结温 T_{JM}。GTR 正常工作允许的最高结温，用 T_{JM} 表示。GTR 结温过高时，会导致热击穿而烧坏。

5. GTR 的测试

（1）用万用表判别大功率晶体管的电极和类型

假若不知道管子的引脚排列，则可用万用表通过测量电阻的方法作出判别。

① 判定基极。大功率晶体管的漏电流一般都比较大，所以用万用表来测量其极间电阻时，应采用满度电流比较大的低电阻档为宜。测量时将万用表置于 $R \times 1$ 档或 $R \times 10$ 档，一表笔固定接在管子的任一电极，用另一表笔分别接触其他两个电极，如果万用表读数均为小阻值或均为大

阻值，则固定接触的那个电极即为基极。如果按上述方法做一次测试判定不了基极，则可换一个电极再试，最多3次即可作出判定。

② 判别类型。确定基极之后，假设接基极的是黑表笔，而用红表笔分别接触另外两个电极时如果电阻读数均较小，则可认为该管为NPN型。如果接基极的是红表笔，用黑表笔分别接触其余两个电极时测出的阻值均较小，则该晶体管为PNP型。

③ 判定集电极和发射极。在确定基极之后，再通过测量基极对另外两个电极之间的阻值大小比较，可以区别发射极和集电极。对于PNP型晶体管，红表笔固定接基极，黑表笔分别接触另外两个电极时测出两个大小不等的阻值，以阻值较小的接法为准，黑表笔所接的是发射极。而对于NPN型晶体管，黑表笔固定接基极，用红表笔分别接触另外两个电极进行测量，以阻值较小的这次测量为准，红表笔所接的是发射极。

（2）通过测量极间电阻判断GTR的好坏

将万用表置于$R\times1$档或$R\times10$档，测量管子3个极间的正反向电阻便可以判断管子性能好坏。实测几种大功率晶体管极间电阻见表5-1。

表5-1　实测几种电力晶体管极间电阻

晶体管型号	接法	R_{EB}/Ω	R_{CB}/Ω	R_{DC}/Ω	万用表型号	档位
3AD6B	正	24	22	∞	108-1T	$R\times10$
	反	∞	∞	∞		
3AD	正	26	26	1400	500	$R\times10$
	反	∞	∞	∞		
3AD	正	19	18	30k	108-1T	$R\times10$
	反	∞	∞	∞		
3DD12B	正	130	120	∞	500	$R\times10$
	反	64k	∞	72k		$R\times10k$

（3）检测大功率晶体管放大能力的简单方法

测试电路如图5-16所示。将万用表置于$R\times1$档，并准备好一只500Ω～1kΩ之间的小功率电阻器R_b。测试时先不接入R_b，即在基极为开路的情况下测量集电极和发射极之间的电阻，此时万用表的指示值应为无穷大或接近无穷大位置（锗管的阻值稍小一些）。如果此时阻值很小甚至接近于零，说明被测大功率晶体管穿透电流太大或已击穿损坏，应将其剔除。然后将电阻R_b接在被测管的基极和集电极之间，此时万用表指针将向右偏转，偏转角度越大，说明被测管的放大能力越强。

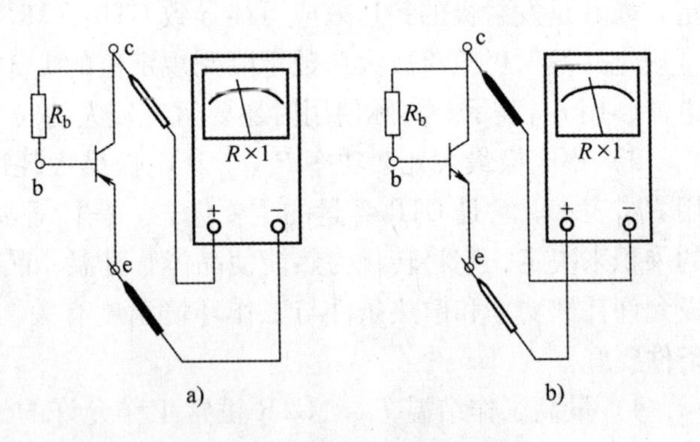

图5-16　检测GTR的放大能力
a）测PNP型管　b）测NPN型管

如果接入R_b与不接入R_b时比较，万用表指针偏转大小差不多，则说明被测管的放大能力很小，甚至无放大能力，这样的晶体管不能使用。

（4）检测大功率晶体管的穿透电流I_{CEO}

大功率晶体管的穿透电流 I_{CEO} 测量电路如图 5-17 所示。图中 12V 直流电源可采用干电池组或直流稳压电源，其输出电压事先用万用表 DC 50V 档测定。进行 I_{CEO} 测量时，将万用表置于 DC 10mA档，电路接通后，万用表指示的电流即为 I_{CEO}。

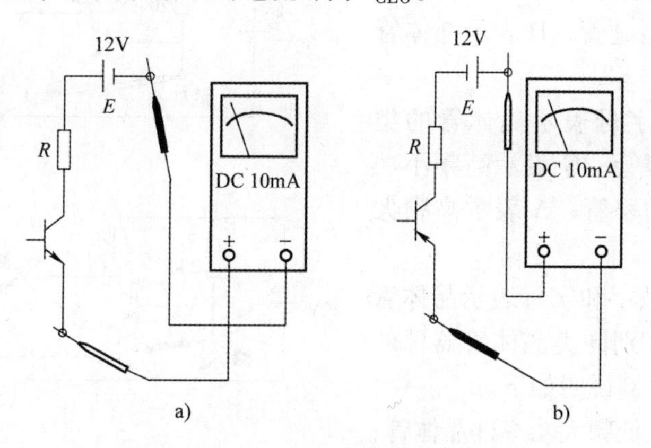

图 5-17　GTR 的 I_{CEO} 测量电路

a）测 NPN 型管　b）测 PNP 型管

（5）测量共发射极直流电流放大系数 h_{FE}

GTR 的 h_{FE} 测量电路如图 5-18 所示。这里要求 12V 的直流稳压电源额定输出电流大于 600mA；限流电阻 R 为 20Ω（±5%），功率≥5W；二极管 VD 选用 2CP 或 2CK 型硅二极管。基极电流用万用表的 DC 100mA 档测量。此测量电路能基本上满足的测试条件为 $U_{CE} \approx 1.5 \sim 2V$；$I_C \approx 500mA$。

操作方法。先不接万用表，按图 5-18 所示电路连接好后合上开关 S。然后用万用表的红、黑表笔去接触 A、B 端，即可读出基极电流 I_B。于是 h_{FE} 可按下式算出

$$h_{FE} = \frac{I_C}{I_B}$$

式中，I_B 单位为 mA，I_C 为 500mA（测试条件）。例如，测得 $I_B = 20mA$，可算出 $h_{FE} = 500/20 = 25$。

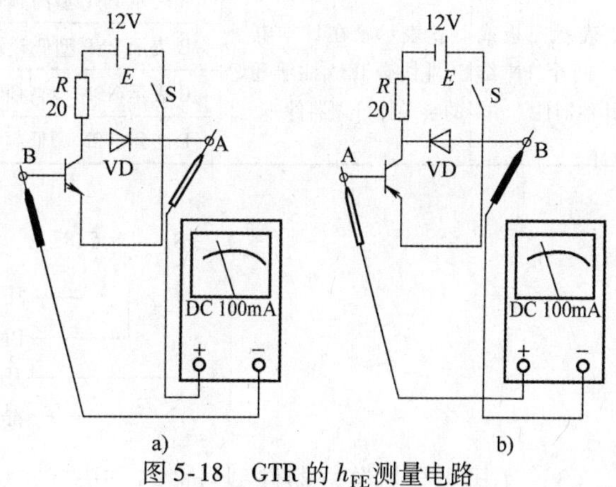

图 5-18　GTR 的 h_{FE} 测量电路

a）测 NPN 型管　b）测 PNP 型管

（6）测量饱和压降 U_{CES} 和 U_{BES}

大功率晶体管的饱和压降 U_{CES} 及 U_{BES} 测量电路如图 5-19 所示。图中 12V 直流稳压源额定输出电流最好不小于 1A，至少应大于或等于 0.6A；限流电阻 R_1、R_2 的标称值分别为 20Ω/5W、200Ω/0.25W。于是电路所建立的测试条件为 $I_C \approx 600mA$，$I_B \approx 60mA$。

操作方法。将万用表置于 DC 10V 档，测出集电极 c 和发射极 e 之间的电压即为 U_{CES}，测出基极 b 和发射极 e 之间的电压即为 U_{BES}。

6. GTR 的命名和型号含义

（1）国产晶体管的型号及命名

国产晶体管的型号及命名通常由以下 4 部分组成。

① 第一部分，用 3 表示晶体管的电极数目。

② 第二部分，用A、B、C、D字母表示晶体管的材料和极性。其中A表示晶体管为PNP型锗管，B表示晶体管为NPN型锗管，C表示晶体管为PNP型硅管，D表示晶体管为NPN型硅管。

③ 第三部分，用字母表示晶体管的类型。X表示低频小功率管，G表示高频小功率管，D表示低频大功率管，A表示高频大功率管。

④ 第四部分，用数字和字母表示晶体管的序号和档级，用于区别同类晶体管器件的某项参数的不同。现举例说明如下。

3DD102B——NPN低频大功率硅晶体管；

3AD30C——PNP低频大功率锗晶体管；

3AA1——PNP高频大功率锗晶体管。

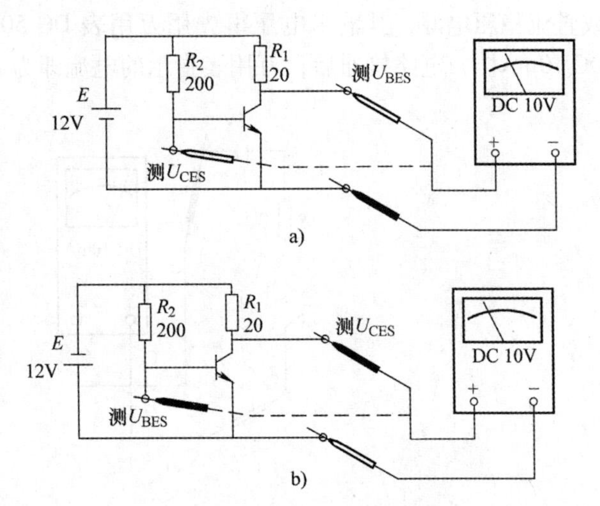

图5-19 GTR的U_{CES}和U_{BES}测量电路

a）测NPN型管 b）测PNP型管

（2）日本半导体分立器件型号命名方法

日本生产的半导体分立器件，由5~7部分组成。通常只用到前5部分，其各部分的符号意义如表5-2所示。

表5-2 日本生产的半导体分立器件型号命名方法

第一部分	第二部分	第三部分	第四部分	第五部分
2表示三极或具有两个PN结的其他器件	S表示已在日本电子工业协会JEIA注册登记的半导体分立器件	A表示PNP型高频管	用数字表示在日本电子工业协会JEIA登记的顺序号	A、B、C、D、E、F表示这一器件是原型号产品的改进产品
		B表示PNP型低频管		
		C表示NPN型高频管		
		D表示NPN型低频管		

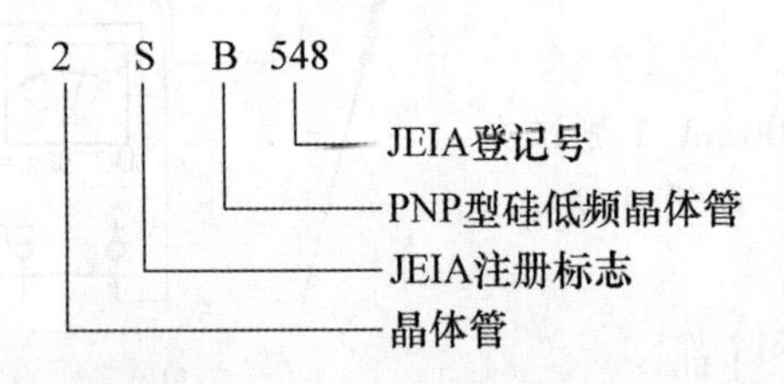

（3）美国半导体分立器件型号命名方法

美国晶体管或其他半导体器件的命名法较混乱。美国电子工业协会半导体分立器件命名方法如表5-3所示。

表5-3 美国半导体分立器件型号命名方法

第一部分	第二部分	第三部分	第四部分	第五部分
用符号表示器件用途的类型。JAN表示军级、JANTX表示特军级、JANTXV表示超特军级、JANS表示宇航级、（无）表示非军用品	2表示晶体管	N表示该器件已在美国电子工业协会（EIA）注册登记	美国电子工业协会登记顺序号	用字母表示器件分档

如 2N6058——已在美国电子工业协会（EIA）注册登记的晶体管。

（4）国际电子联合会半导体器件型号命名方法

德国、法国、意大利、荷兰、比利时、匈牙利、罗马尼亚、南斯拉夫、波兰等国家大都采用国际电子联合会半导体分立器件型号命名方法。这种命名方法由 4 个基本部分组成，各部分的符号及意义见表 5-4。

表 5-4 国际电子联合会半导体器件型号命名方法

第一部分	第二部分	第三部分	第四部分
A 表示锗材料 B 表示硅材料	C 表示低频小功率晶体管 D 表示低频大功率晶体管 F 表示高频小功率晶体管 L 表示高频大功率晶体管 S 表示小功率开关管 U 表示大功率开关管	用数字或字母加数字表示登记号	A、B、C、D、E 表示同一型号的器件按某一参数进行分档的标志

如，BDX51 - 表示 NPN 硅低频大功率晶体管。

5.1.2.3 认识 Power MOSFET

电力场效应晶体管（Power MOSFET）是一种单极型的电压控制器件，不但有自关断能力，而且有驱动功率小、开关速度快、安全工作区宽等特点。由于其易于驱动和开关频率可高达 500kHz，它的工作频率在所有电力电子器件中是最高的，特别适于高频化电力电子装置，如应用于 DC/DC 变换、开关电源、便携式电子设备、航空航天以及汽车等电子电器设备中。但因为其电流、热容量小，耐压低，一般只适用于小功率电力电子装置。

1. Power MOSFET 的结构

电力场效应晶体管是压控型器件，其门极控制信号是电压。它的 3 个极分别是：栅极（G）、源极（S）、漏极（D）。功率场效应晶体管有 N 沟道和 P 沟道两种。N 沟道中载流子是电子，P 沟道中载流子是空穴，都是多数载流子。其中每一类又可分为增强型和耗尽型两种。耗尽型就是当栅源两极间电压 $U_{GS}=0$ 时存在导电沟道，漏极电流 $I_D \neq 0$；增强型就是当 $U_{GS}=0$ 时没有导电沟道，$I_D=0$，只有当 $U_{GS}>0$（N 沟道）或 $U_{GS}<0$（P 沟道）时才开始有 I_D。电力 MOSFET 绝大多数是 N 沟道增强型，这是因为电子作用比空穴大得多。N 沟道和 P 沟道 MOSFET 的电气图形符号如图 5-20 所示。

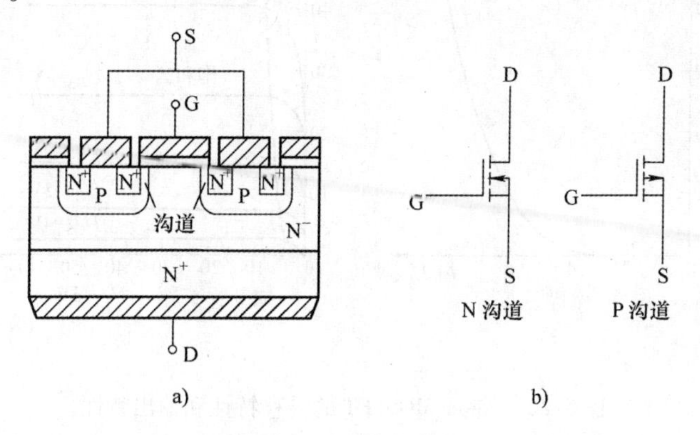

图 5-20 Power MOSFET 的结构和电气图形符号

a）功率 MOSFET 的结构 b）电气图形符号

电力场效应晶体管与小功率场效应晶体管原理基本相同，但是为了提高电流容量和耐压能力，在芯片结构上却有很大不同，功率场效应晶体管采用小单元集成结构来提高电流容量和耐压能力，并且采用垂直导电排列来提高耐压能力。几种电力场效应晶体管的外形如图 5-21 所示。大多数功率场效应晶体管的引脚位置排列顺序是相同的，即从场效应晶体管的底部（管体的背面）看，按逆时针方向依次为漏极 D、源极 S、栅极 G_1 和栅极 G_2。因此，只要用万用表测出漏极 D 和源极 S，即可找出两个栅极。

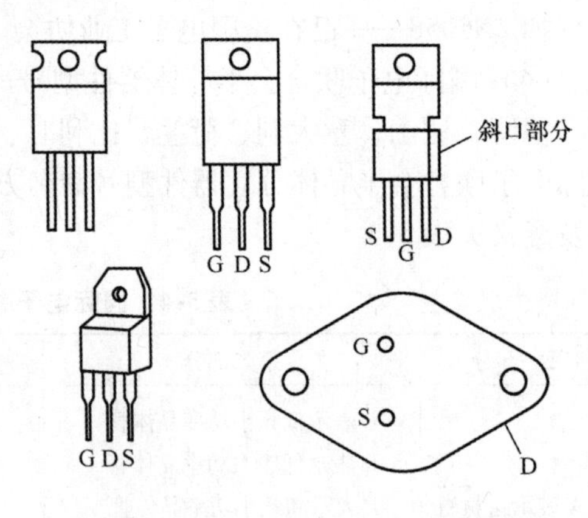

图 5-21　几种 Power MOSFET 的外形

2. Power MOSFET 的工作原理

当 D、S 加正电压（漏极为正，源极为负），$U_{GS}=0$ 时，P 体区和 N 漏区的 PN 结反偏，D、S 之间无电流通过。如果在 G、S 之间加一正电压 U_{GS}，由于栅极是绝缘的，所以不会有电流流过，但栅极的正电压会将其下面 P 区中的空穴推开，而将 P 区中的少数载流子电子吸引到栅极下面的 P 区表面。当 U_{GS} 大于某一电压 U_T 时，栅极下 P 区表面的电子浓度将超过空穴浓度，从而使 P 型半导体反形成 N 型半导体而成为反型层，该反型层形成 N 沟道而使 PN 结 J_1 消失，漏极和源极导电。电压 U_T 称开启电压或阈值电压，U_{GS} 超过 U_T 越多，导电能力越强，漏极电流越大。

3. Power MOSFET 的特性

（1）转移特性

I_D 和 U_{GS} 的关系曲线反映了输入电压和输出电流的关系，称为 MOSFET 的转移特性。如图 5-22a 所示。从图中可知，I_D 较大时，I_D 与 U_{GS} 的关系近似线性，曲线的斜率被定义为功率 MOSFET 的跨导，即：

$$F_{FS}=\frac{dI_D}{dU_{GS}}$$

MOSFET 是电压控制型器件，其输入阻抗极高，输入电流非常小。

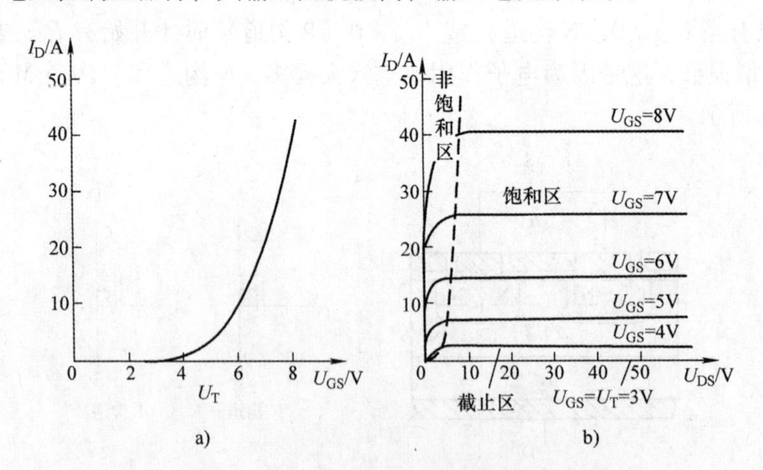

图 5-22　Power MOSFET 的转移特性和输出特性

a）转移特性　b）输出特性

（2）输出特性

图 5-22b 所示为 MOSFET 的漏极伏安特性，即输出特性。从图 5-22 中可以看出，MOSFET 有 3 个工作区。

截止区。$U_{GS} \leqslant U_T$，$I_D = 0$，这和大功率晶体管的截止区相对应。

饱和区。$U_{GS} > U_T$，$U_{DS} \geqslant U_{GS} - U_T$，当 U_{GS}不变时，I_D几乎不随 U_{DS}的增加而增加，近似为一常数，故称饱和区。这里的饱和区并不与大功率晶体管的饱和区对应，而对应于后者的放大区。当用作线性放大时，功率 MOSFET 工作在该区。

非饱和区。$U_{GS} > U_T$，$U_{DS} < U_{GS} - U_T$，漏源电压 U_{DS}和漏极电流 I_D之比近似为常数。该区对应于功率 MOSFET 的饱和区。当功率 MOSFET 作开关应用而导通时，即工作在该区。

在制造功率 MOSFET 时，为提高跨导并减少导通电阻，在保证所需耐压的条件下，应尽量减小沟道长度。因此，每个功率 MOSFET 都要做得很小，每个元能通过的电流也很小。为了能使器件通过较大的电流，每个器件由许多个功率 MOSFET 元组成。

（3）开关特性

图 5-23a 是用来测试 MOSFET 开关特性的电路。图中 u_P为矩形脉冲电压信号源，波形如图 5-23b 所示，R_S为信号源内阻，R_G为栅极电阻，R_L为漏极负载电阻，R_F用于检测漏极电流。因为功率 MOSFET 存在输入电容 C_{in}，所以当脉冲电压 u_P的前沿到来时，C_{in}有充电过程，栅极电压 U_{GS}呈指数曲线上升，如图 5-23b 所示。当 U_{GS}上升到开启电压 U_T时开始出现漏极电流 i_D。从 u_P的前沿时刻到 $u_{GS} = U_T$的时刻，这段时间称为开通延迟时间 $t_{d(on)}$。此后，i_D随 U_{GS}的上升而上升。u_{GS}从开启电压上升到电力 MOSFET 进入非饱和区的栅压 U_{GSP}这段时间称为上升时间 t_r，这时相当于大功率晶体管的临界饱和，漏极电流 i_D也达到稳态值。i_D的稳态值由漏极电压和漏极负载电阻所决定，U_{GSP}的大小和 i_D的稳态值有关。u_{GS}的值达 U_{GSP}后，在脉冲信号源 u_P的作用下继续升高直至到达稳态值，但 i_D已不再变化，相当于电力晶体管处于饱和。电力 MOSFET 的开通时间 t_{on}为开通延迟时间 $t_{d(on)}$与上升时间 t_r之和，即 $t_{on} = t_{d(on)} + t_r$。

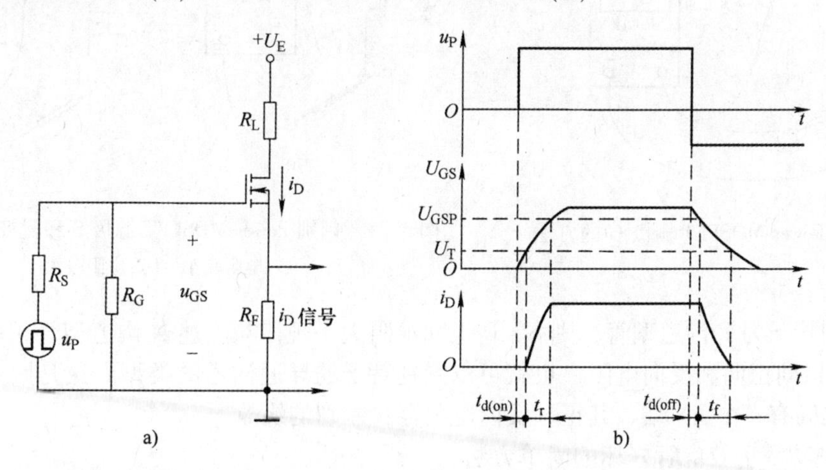

图 5-23 Power MOSFET 的开关过程

a）功率 MOSFET 开关特性的测试电路 b）波形

当脉冲电压 u_P下降到零时，栅极输入电容 C_{in}通过信号源内阻 R_s和栅极电阻 R_G（$\geqslant R_S$）开始放电，栅极电压 u_{GS}按指数曲线下降，当下降到 U_{GSP}时，漏极电流 i_D才开始减小，这段时间称为关断延迟时间 $t_{d(off)}$。此后，C_{in}继续放电，u_{GS}从 U_{GSP}继续下降，i_D减小，到 u_{GS}小于 U_T时沟道消失，i_D下降到零。这段时间称为下降时间 t_f。关断延迟时间 $t_{d(off)}$和下降时间 t_f之和为关断时

间 t_{off}，即 $t_{off}=t_{d(off)}+t_f$。

从上面的分析可以看出，电力 MOSFET 的开关速度和其输入电容的充放电有很大关系。使用者虽然无法降低其 C_{in} 值，但可以降低栅极驱动回路信号源内阻 R_S 的值，从而减小栅极回路的充放电时间常数，加快开关速度。电力 MOSFET 的工作频率可达 100kHz 以上。

电力 MOSFET 是场控型器件，在静态时几乎不需要输入电流。但是在开关过程中需要对输入电容充放电，仍需要一定的驱动功率。开关频率越高，所需要的驱动功率越大。

4. Power MOSFET 的主要参数

1）漏极电压 U_{DS}。它就是 MOSFET 的额定电压，选用时必须留有较大安全余量。

2）漏极最大允许电流 I_{DM}。它就是 MOSFET 的额定电流，其大小主要受管子的温升限制。

3）栅源电压 U_{GS}。栅极与源极之间的绝缘层很薄，承受电压很低，一般不得超过 20V，否则绝缘层可能被击穿而损坏，使用中应加以注意。

总之，为了安全可靠，在选用 MOSFET 时，对电压、电流的额定等级都应留有较大余量。

5. Power MOSFET 的测试

（1）电力 MOSFET 电极判别

对于内部无保护二极管的电力场效应晶体管，可通过测量极间电阻的方法首先确定栅极 G。将万用表置于 $R\times1$k 档，分别测量 3 个引脚之间的电阻，如果测得某个引脚与其余两个引脚间的正、反向电阻均为无穷大，则说明该引脚就是 G，如图 5-24 所示。

然后确定源极 S 和漏极 D。将万用表置于 $R\times1$k 档，先将被测管 3 个引脚短接一下，接着以交换表笔的方法测两次电阻，在正常情况下，两次所测电阻必定一大一小，其中阻值较小的一次测量中，黑表笔所接的一端为源极 S，红表笔所接的一端为漏极 D，如图 5-25 所示。

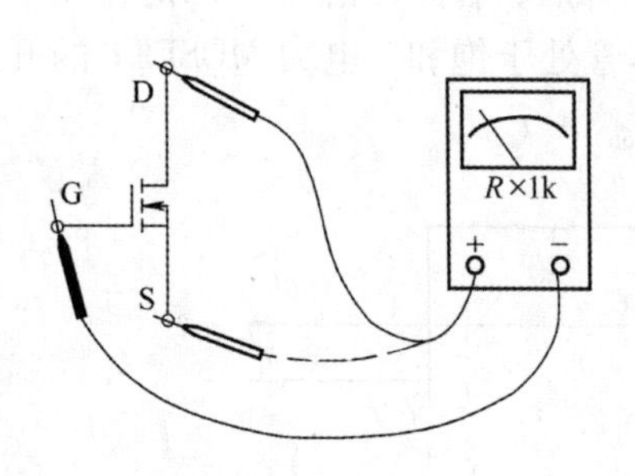

图 5-24 判别 Power MOSFET 栅极 G 的方法

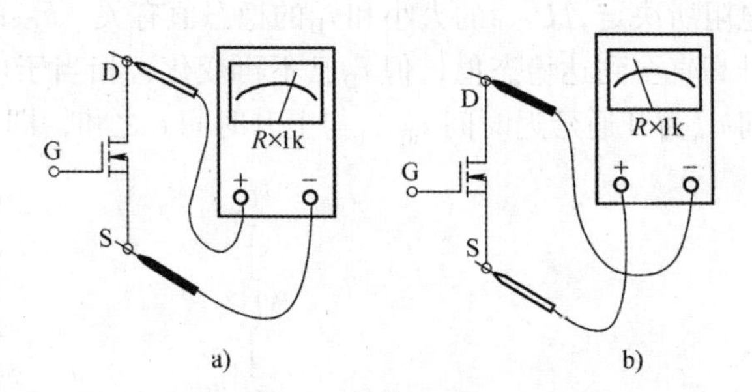

图 5-25 判别 Power MOSFET 源极 S 和漏极 D 的方法
a）电阻较小 b）电阻较大

如果被测管子为 P 沟道型管，则 S、D 极间电阻大小规律与上述 N 沟道型管相反。因此，通过测量 S、D 极间正向和反向电阻，也就可以判别管子的导通沟道的类型。这是因为场效应管的 S 极与 D 极之间有一个 PN 结，其正、反向电阻存在差别的缘故。

（2）判别功率场效应管好坏的简单方法

对于内部无保护二极管的功率场效应晶体管，可由万用表的 $R\times10$k 档，测量栅极 G 与漏极 D 间、栅极 G 与源极 S 间的电阻均应为无穷大。否则，说明被测管性能不合格，甚至已经损坏。

下述检测方法则不论内部有无保护二极管的管子均适用，具体操作如下（以 N 沟道场效应管为例）。

① 将万用表置于 $R\times1$k 档，再将被测管 G 与 S 短接一下，然后红表笔接被测管的 D 极，黑表笔接 S 极，此时所测电阻应为数千欧，如图 5-26 所示。如果阻值为 0 或∞，说明管子已坏。

② 将万用表置于 $R\times10$k 档，再将被测管 G 极与 S 极用导线短接好，然后红表笔接被测管的

S 极，黑表笔接 D 极，此时万用表指示应接近无穷大，如图 5-27 所示，否则说明被测 VMOS 管内部 PN 结的反向特性比较差。如果阻值为 0，说明被测管已经损坏。

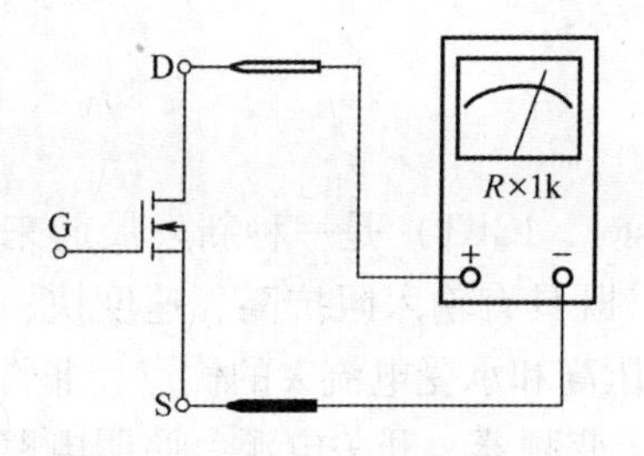

图 5-26　检测 Power MOSFET 源极 S、漏极 D 间正向电阻

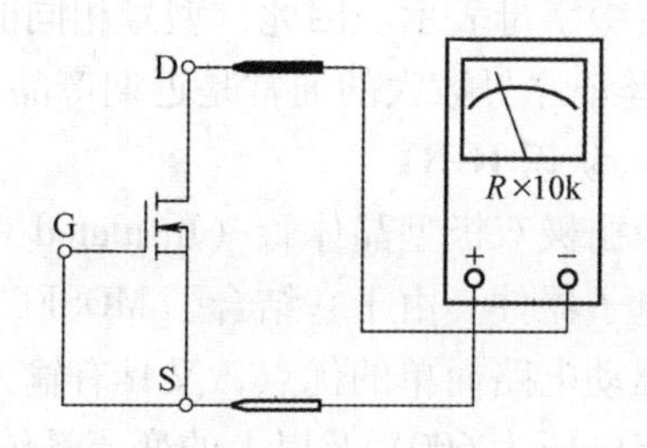

图 5-27　检测 Power MOSFET 源极 S、漏极 D 间反向电阻

③ 简单测试放大能力。紧接上述测量后将 G、S 间短路线拿掉，表笔位置保持原来不动，然后将 D 极与 G 极短接一下再脱开，相当于给栅极 G 充电，此时万用表指示的阻值应大幅度减小并稳定在某一阻值，如图 5-28 所示。此阻值越小说明管子的放大能力越强。如果万用表指针向右摆动幅度很小，说明被测管放大能力较差。对于性能正常的管子在紧接上述操作后，保持表笔原来位置不动，指针将维持在某一数值，然后将 G 与 S 短接一下，即给栅极放电，于是万用表指示值立即向左偏转至无穷大位置，如图 5-29 所示（若被测管为 P 沟道管，则上述测量中应将表笔位置对换）。

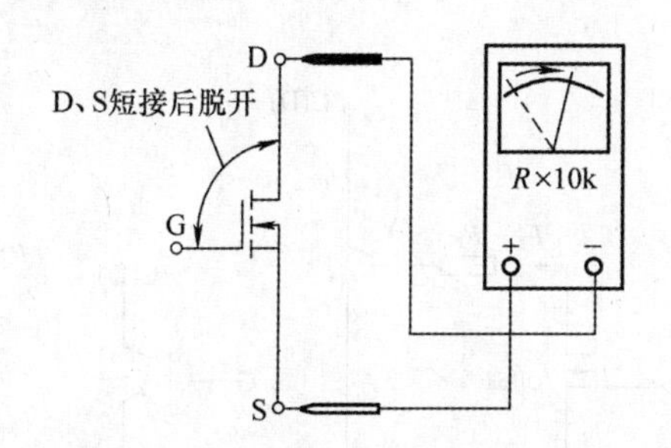

图 5-28　检测 Power MOSFET 的放大能力

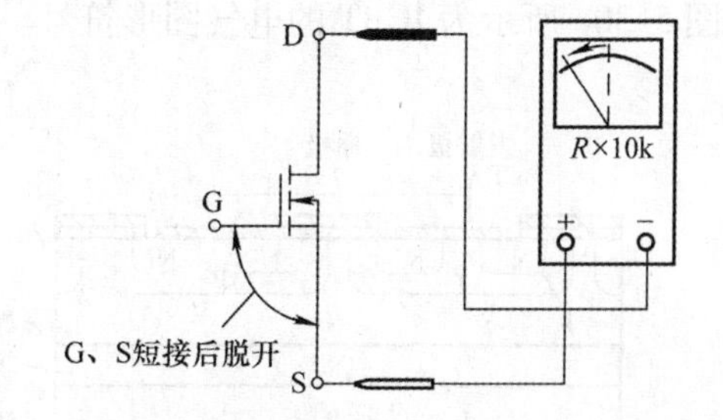

图 5-29　G、S 极短路时 S、D 间电阻返回至无穷大

6. Power MOSFET 的命名及型号含义

（1）国产场效应晶体管的型号及命名

国产场效应晶体管的第一种命名方法与晶体管相同，第一位数字表示电极数目，第二位字母代表材料（D 表示 P 型硅，反型层是 N 沟道，C 表示 N 型硅 P 沟道，第三位字母 J 代表结型场效应管，O 代表绝缘栅场效应管。例如 3DJ6D 是结型 N 沟道场效应晶体管，3DO6C 是绝缘栅型 N 沟道场效应晶体管。第二种命名方法是 CS××#，CS 代表场效应管，××以数字代表型号的序号，#用字母代表同一型号中的不同规格。例如 CS14A、CS45G 等。

（2）美国晶体管型号命名法

美国晶体管型号命名法规定较早，又没有做过改进，型号内容很不完备。对于材料、极性、主要特性和类型，在型号中不能反映出来。例如，2N 开头的既可能是一般晶体管，也可能是场效应晶体管。因此，仍有一些厂家按自己规定的型号命名法命名。

① 组成型号的第一部分是前缀，第五部分是后缀，中间的三部分为型号的基本部分。

② 除去前缀以外，凡型号以 1N、2N 或 3NLL 开头的晶体管分立器件，大都是美国制造的，或按美国专利在其他国家制造的产品。

③ 第四部分数字只表示登记序号，而不含其他意义。因此，序号相邻的两器件可能特性相

差很大。例如，2N3464 为硅 NPN，高频大功率管，而 2N3465 为 N 沟道场效应晶体管。

④ 不同厂家生产的性能基本一致的器件，都使用同一个登记号。同一型号中某些参数的差异常用后缀字母表示。因此，型号相同的器件可以通用。

⑤ 登记序号数大的通常是近期产品。

5.1.2.4 认识 IGBT

绝缘栅极双极型晶体管（Insulated Gate Bipolar Transistor，IGBT）是一种新发展起来的复合型电力电子器件。由于它结合了 MOSFET 和 GTR 的特点，既具有输入阻抗高、速度快、热稳定性好和驱动电路简单的优点，又具有输入通态电压低、耐压高和承受电流大的优点，非常适合应用于直流电压为 600V 及以上的变流系统，如交流电动机、变频器、开关电源、照明电路、牵引传动等领域。自 1986 年投入市场后，取代了 GTR 和一部分 MOSFET 的市场，中小功率电力电子设备的主导器件，继续提高电压和电流容量，以期再取代 GTO 的地位。

1. IGBT 的结构

IGBT 也是三端器件，它的 3 个极为漏极（D）、栅极（G）和源极（S），有时也将 IGBT 的漏极称为集电极（C），源极称为发射极（E）。图 5-30a 所示为一种由 N 沟道功率 MOSFET 与晶体管复合而成的 IGBT 的基本结构。IGBT 比功率 MOSFET 多一层 P^+ 注入区，因而形成了一个大面积的 P^+N^+ 结 J_1，这样使得 IGBT 导通时由 P^+ 注入区向 N 基区发射少数载流子，从而对漂移区电导率进行调制，使得 IGBT 具有很强的通流能力。其简化等值电路如图 5-30b 所示。可见，IGBT 是以 GTR 为主导器件，MOSFET 为驱动器件的复合管，图中 R_N 为晶体管基区内的调制电阻。图 5-30c 所示为 IGBT 的电气图形符号。

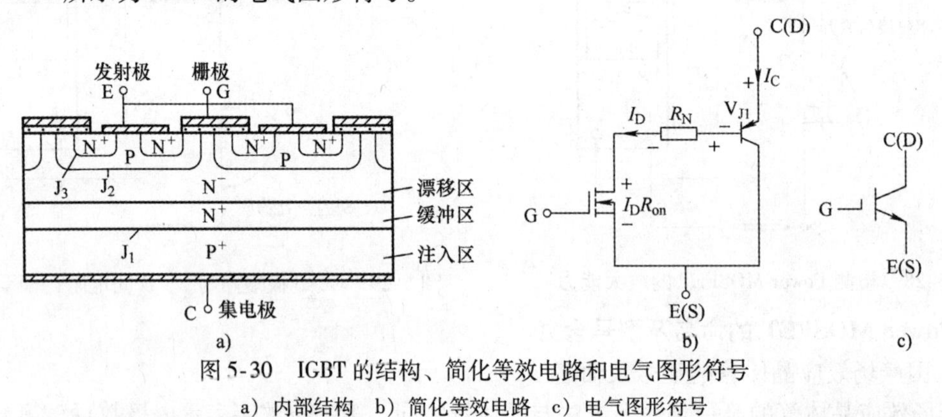

图 5-30 IGBT 的结构、简化等效电路和电气图形符号

a）内部结构 b）简化等效电路 c）电气图形符号

IGBT 外形如图 5-31 所示。对于 TO 封装的 IGBT 管的引脚排列是将引脚朝下，标有型号面朝自己，从左到右数，1 脚为栅极或称门极 G，2 脚为集电极 C，3 脚为发射极 E，如图 5-31a 所示。对于 IGBT 模块，器件上一般标有引脚，如图 5-31b 所示。

图 5-31 IGBT 的外形

a）TO 封装的 IGBT 管 b）IGBT 模块

2. IGBT 的工作原理

IGBT 的驱动原理与功率 MOSFET 基本相同，它是一种压控型器件。其导通和关断是由栅极和发射极间的电压 U_{GE} 决定的，当 U_{GE} 为正且大于开启电压 $U_{GE(th)}$ 时，MOSFET 内形成沟道，并为晶体管提供基极电流使其导通。当栅极与发射极之间加反向电压或不加电压时，MOSFET 内的沟道消失，晶体管无基极电流，IGBT 关断。

上面介绍的 PNP 晶体管与 N 沟道 MOSFET 组合而成的 IGBT 称为 N 沟道 IGBT，记为 N-IG-

BT。对应的还有 P 沟道 IGBT，记为 P－IGBT。N－IGBT 和 P－IGBT 统称为 IGBT。由于实际应用中以 N 沟道 IGBT 为多，因此下面仍以 N 沟道 IGBT 为例进行介绍。

3. IGBT 的特性

（1）静态特性

与功率 MOSFET 相似，IGBT 的转移特性和输出特性分别描述器件的控制能力和工作状态。图 5-32a 所示为 IGBT 的转移特性，它描述的是集电极电流 I_C 与栅射电压 U_{GE} 之间的关系，与功率 MOSFET 的转移特性相似。开启电压 $U_{GE(th)}$ 是 IGBT 能实现电导调制而导通的最低栅射电压。$U_{GE(th)}$ 随温度升高而略有下降，温度升高 1℃，其值下降 5mV 左右。在 +25℃时，$U_{GE(th)}$ 的值一般为 2～6V。

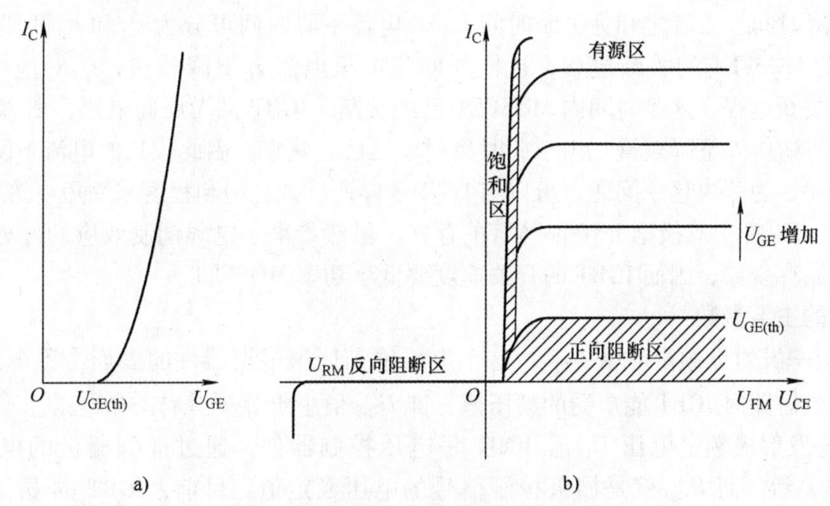

图 5-32　IGBT 的转移特性和输出特性

a）转移特性　b）输出特性

图 5-32b 所示为 IGBT 的输出特性，也称为伏安特性，它描述的是以栅射电压为参考变量时，集电极电流 I_C 与集射极间电压 U_{CE} 之间的关系。此特性与 GTR 的输出特性相似，不同的是参考变量，IGBT 为栅射电压 U_{GE}，GTR 为基极电流 I_B。IGBT 的输出特性也分为 3 个区域：正向阻断区、有源区和饱和区。这分别与 GTR 的截止区、放大区和饱和区相对应。此外，当 $u_{CE}<0$，IGBT 为反向阻断工作状态。在电力电子电路中，IGBT 工作在开关状态，因而是在正向阻断区和饱和区之间来回转换。

（2）动态特性

图 5-33 所示为 IGBT 开关过程的波形图。IGBT 的开通过程与功率 MOSFET 的开通过程很相似，这是因为 IGBT 在开通过程中大部分时间是作为 MOSFET 来运行的。从驱动电压 u_{GE} 的前沿上升至其幅度的 10% 的

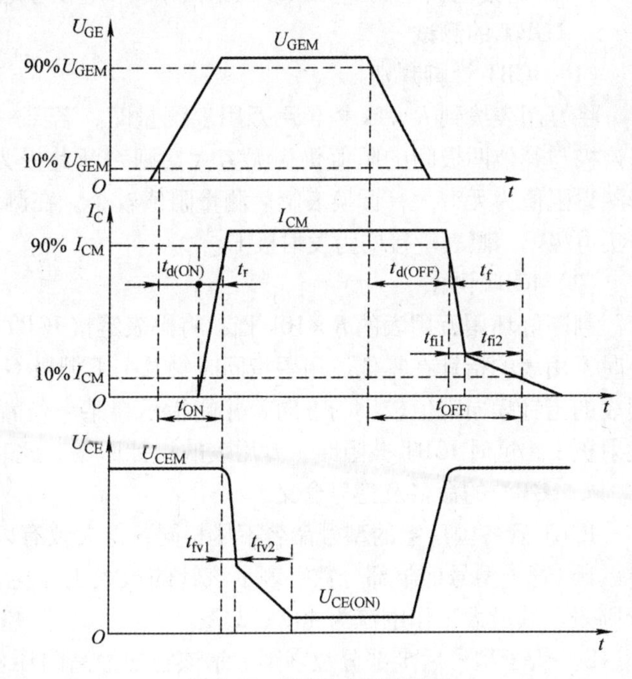

图 5-33　IGBT 的开关过程

时刻起，到集电极电流 I_C上升至其幅度的10%的时刻止，这段时间开通延迟时间 $t_{d(ON)}$。而 I_C从10% I_{CM}上升至90% I_{CM}所需要的时间为电流上升时间 t_R。同样，开通时间 t_{ON}为开通延迟时间 $t_{d(ON)}$与上升时间 t_r之和。开通时，集射电压 u_{CE}的下降过程分为 t_{fv1}和 t_{fv2}两段。前者为IGBT中MOSFET单独工作的电压下降过程，后者为MOSFET和PNP晶体管同时工作的电压下降过程。由于 u_{CE}下降时IGBT中MOSFET的栅漏电容增加，而且IGBT中的PNP晶体管由放大状态转入饱和状态也需要一个过程，因此 t_{fv2}段电压下降过程变缓。只有在 t_{fv2}段结束时，IGBT才完全进入饱和状态。

IGBT关断时，从驱动电压 u_{GE}的脉冲后沿下降到其幅值的90%的时刻起，到集电极电流下降至90% I_{CM}止，这段时间称为关断延迟时间 $t_{d(OFF)}$。集电极电流从90% I_{CM}下降至10% I_{CM}的这段时间为电流下降时间。二者之和为关断时间 t_{OFF}。电流下降时间可分为 t_{fi1}和 t_{fi2}两段。其中 t_{fi1}对应IGBT内部的MOSFET的关断过程，这段时间集电极电流 I_C下降较快；t_{fi2}对应IGBT内部的PNP晶体管的关断过程，这段时间内MOSFET已经关断，IGBT又无反向电压，所以N基区内的少子复合缓慢，造成 I_C下降较慢。由于此时集射电压已经建立，因此较长的电流下降时间会产生较大的关断损耗。为解决这一问题，可以与GTR一样通过减轻饱和程度来缩短电流下降时间。

可以看出，IGBT中双极型PNP晶体管的存在，虽然带来了电导调制效应的好处，但也引入了少数载流子储存现象，因而IGBT的开关速度要低于功率MOSFET。

4. IGBT的主要参数

1）集电极—发射极额定电压 U_{CES}。这个电压值是厂家根据器件的雪崩击穿电压而规定的，是栅极—发射极短路时IGBT能承受的耐压值，即 U_{CES}值小于等于雪崩击穿电压。

2）栅极—发射极额定电压 U_{GES}。IGBT是电压控制器件，通过加到栅极的电压信号控制IGBT的导通和关断，而 U_{GES}就是栅极控制信号的电压额定值。目前，IGBT的 U_{GES}值大部分为+20V，使用中不能超过该值。

3）额定集电极电流 I_C。该参数给出了IGBT在导通时能流过管子的持续最大电流。

5. IGBT的测试

（1）IGBT管脚判别

将万用表拨到 $R\times1k$ 档，用万用表测量时，若某一极与其他两极阻值为无穷大，调换表笔后该极与其他两极间的阻值仍为无穷大，则判断此极为栅极（C）。其余两极再用万用表测量，若测得阻值为无穷大，调换表笔后测量阻值较小。在测量阻值较小的一次中，则判断红表笔接的为集电极C，黑表笔接的为发射极E。

（2）IGBT测试

判断好坏用万用表的 $R\times10k$ 档，将黑表笔接IGBT的集电极C，红表笔接IGBT的发射极E，此时万用表的指针在零位。用手指同时触及一下栅极G和集电极C，这时IGBT被触发导通，万用表的指针摆向阻值较小的方向，并能指示在某一位置。然后再用手指同时触及一下栅极G和发射极E，这时IGBT被阻断，万用表的指针回零。此时即可判断IGBT是好的。

6. IGBT的命名及型号含义

IGBT管各国厂家的型号命名不尽相同，但大致有以下规律。

1）管子型号前半部分数字表示该管的最大工作电流值，如G40××××、20N×××就分别表示其最大工作电流为40A、20A。

2）管子型号后半部分数字则表示该管的最高耐压值，如G×××150××、××N120x××就分别表示最高耐压值为1.5kV、1.2kV。

3）管子型号后缀字母含“D”则表示该管内含阻尼二极管。但未标“D”并不一定是无阻尼二极管，因此在检修时一定要用万用表检测验证，避免出现不应有的损失。

5.1.2.5 认识全控型电力电子器件的驱动

全控型电力电子器件要正常工作，必须在其门极加驱动信号，又称为触发信号。驱动电路是电力电子器件主电路和控制电路之间的接口，它要按照控制目标的要求施加开通或关断信号。对半控型器件只需要提供开通控制信号，对全控型器件则既要提供开通控制信号，又要提供关断控制信号。驱动电路还要提供控制电路与主电路之间的电气隔离环节。

1. 驱动电路与器件的连接方式

（1）直接连接

主电路和驱动电路采用导线直接连接，如图5-34a所示，由于主电路电压较高，采用直接连接易造成操作不安全，主电路干扰驱动电路。这种连接常在一些简单设备中。

（2）光耦合器连接

光耦合是一种将电信号转变成光信号，又将光信号转变成电信号的半导体器件。它将发光和受光的元器件密封在同一管壳里，以光为媒介传递信号。光耦合器的发光源通常选砷化镓发光二极管，而受光部分采用硅光二极管及光电晶体管。光耦合器具有可实现输入和输出间电隔离，且绝缘性能好，抗干扰能力强的优点。在用微机控制的驱动电路中经常使用，如图5-34b所示。

（3）脉冲变压器耦合连接

脉冲变压器能够很好地把一次侧的脉冲信号传输到二次绕组，二次绕组与器件相连，主电路与控制电路有良好的电气绝缘。图5-34c是采用脉冲变压器隔离的电路，VD1、VD2用来消除负半周波形，为晶闸管提供正向触发脉冲，起到抗干扰作用。发光二极管用来指示脉冲是否正常。

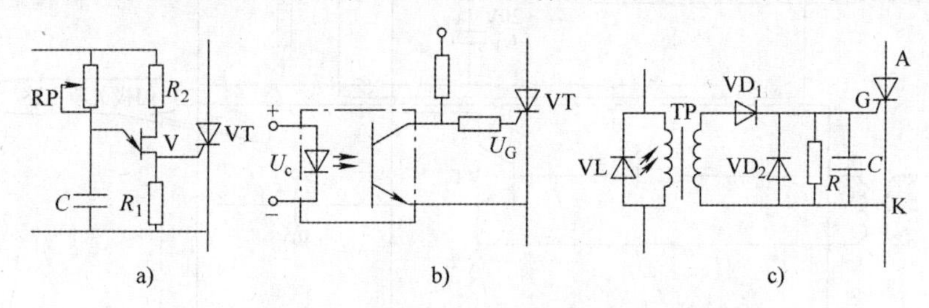

图5-34 驱动电路与器件的连接方式

a）直接连接 b）光耦合连接 c）脉冲变压器耦合连接

2. 电流型全控电力电子器件的门极驱动

GTO和GTR都是电流驱动型器件。

（1）GTO的门极驱动

1）GTO的门极驱动信号。

GTO的门极电流、电压控制波形对GTO的特性有很大影响。GTO门极电流、电压控制波形分开通和关断两部分，推荐的波形形状如图5-35所示。图中实线为门极电流波形，虚线为门极电压波形。i_{GF}为正向直流触发电流，i_{GRM}为最大反向门极电流。

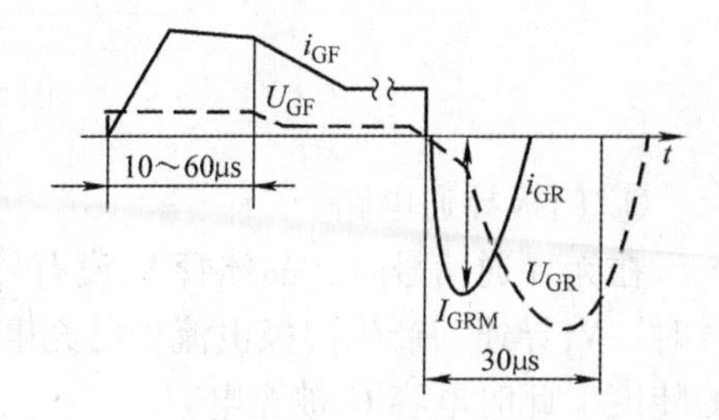

图5-35 GTO门极控制信号推荐波形

① 对开通信号的要求：脉冲前沿陡、幅度高、宽度大、后沿缓。

脉冲前沿陡，则对结电容充电快，正向门极电流建立迅速，有利于GTO的快速导通；门极正脉冲幅度高可以实现强触发，一般该值比额定直流触发电流大3～10倍。强触发有利于缩短开通时间，减小开通损耗；强触发电流脉冲宽度大，用来保证阳极电流的可靠建立；后沿应缓一些，后沿过陡会产生振荡。

② 对关断信号的要求：前沿较陡、宽度足够、幅度较高、后沿平缓。

脉冲前沿陡可缩短关断时间，减少关断损耗，但前沿过陡会使关断增益降低；门极关断负电压脉冲必须具有足够的宽度，既要保证在下降时间内能持续抽出载流子，又要保证剩余载流子的复合有足够时间；关断电流脉冲的幅度 I_{GRM} 一般取（1/3 ~ 1/5）I_{ATO} 值。在 I_{ATO} 一定的条件下，IGRM 越大，关断时间越短，关断损耗越小；门极关断控制电压脉冲的后沿要尽量平缓一些。如果坡度太陡，由于结电容效应，尽管门极电压是负的，也会产生一个门极电流。这个正向门极电流有使 GTO 开通的可能，影响 GTO 的正常工作。

2）GTO 的驱动电路。

GTO 的驱动电路包括开通电路、关断电路和门极反偏电路，门极控制的关键是关断控制。图 5-36 为一双电源供电的门极驱动电路。该电路由门极导通电路、门极关断电路和门极反偏电路组成。该电路可用于三相 GTO 逆变电路。

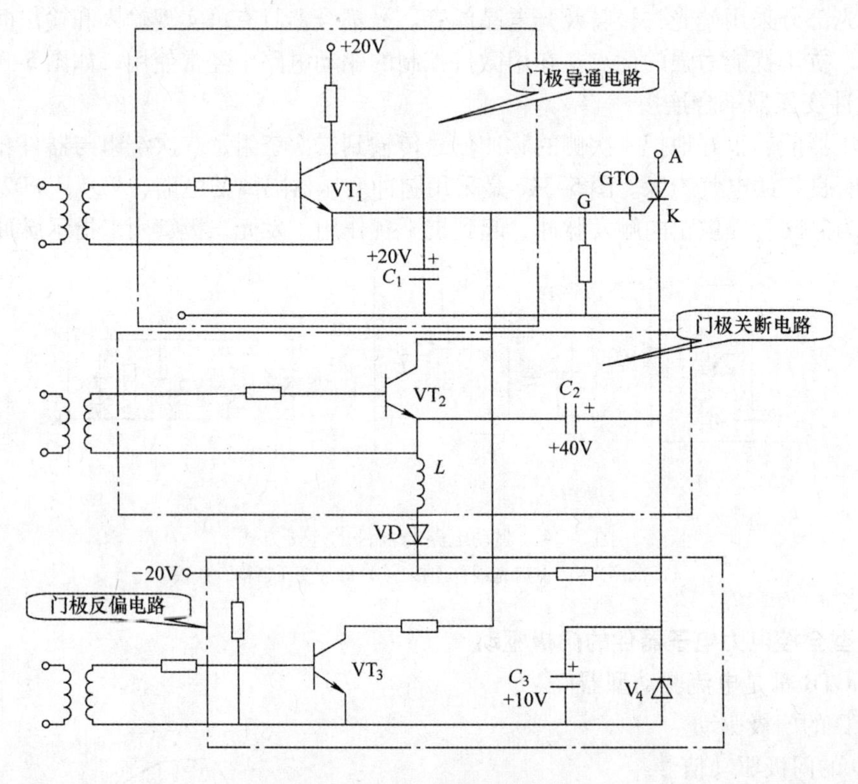

图 5-36　GTO 门极驱动电路

① 门极导通电路。

在无导通信号时，晶体管 V_1 没有导通，电容 C_1 被充电到电源电压，约为 20V。当有导通信号时，V_1 导通，产生门极电流。已充电的电容 C_1 可加快 V_1 的导通，从而增加门极导通电流前沿的陡度。此时电容 C_2 被充电。

② 门极关断电路。

当有关断信号时，晶体管 V_2 导通，C_2 经 GTO 的阴极、门极、V_2 放电，形成峰值 90V、前沿陡度大、宽度大的门极关断电流。

③ 门极反偏电路。

电容 C_3由 -20V 电源充电、稳压管 V_4钳位，其两端得到上正下负、数值为10V 的电压。当晶体管 V_3导通时，此电压作为反偏电压加在 GTO 的门极上。

（2）GTR 的基极驱动

1）GTR 的基极驱动信号。

GTR 的基极驱动信号 GTR 的正常工作起着重要的作用。为了减少开关损耗，提高开关速度，GTR 要求比较理想的基极电流波形如图 5-37 所示。

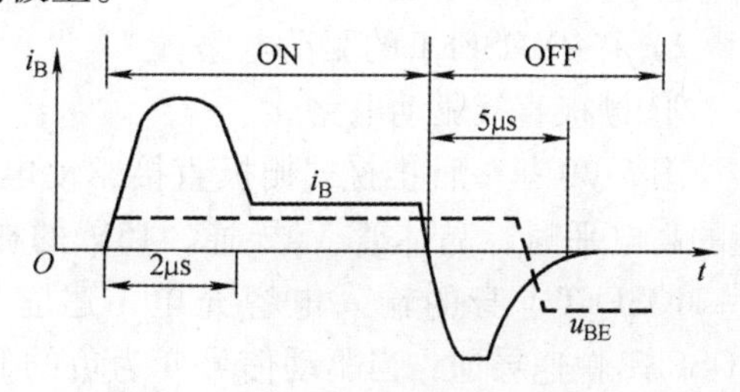

图 5-37　比较理想的基极电流波形

使 GTR 开通的基极驱动电流信号应使 GTR 工作在准饱和状态，避免其进入放大区和深饱和区。关断 GTR 时，施加一定的负基极驱动电流有利于减小开关时间和开关损耗，关断后同样应在基射极之间施加一定幅值（6V 左右）的负偏压。用于 GTR 开通和关断的正、负驱动电流的前沿上升时间应小于1μs，以保证它能快速导通和关断。

2）GTR 的驱动电路。

图 5-38 给出了一种 GTR 的驱动电路。它包括电气隔离和晶体管放大两个部分。其中二极管 VD_2和电位补偿二极管 VD_3构成钳位电路，也就是一种抗饱和电路，可使 GTR 在 V_7 导通时处于临界饱和状态。当负载较轻时，如果 V_5的发射极电流全部注入 V_7，会使 V_7 过饱和，关断时退饱和时间加长。有了钳位电路后，当 V_7 过饱和使得集电极电位低于基极电位时，VD_2就会自动导通，使多余的驱动电流流入集电极，维持 $U_{bc} \approx 0$。这样，就使得 V_7 导通时始终处于临界饱和状态。图中 C_2是加速 GTR 开通过程的电容。开通时，R_5被 C_5短路。这样可以实现驱动电流的快速上升，增加前沿陡度，加快开通。

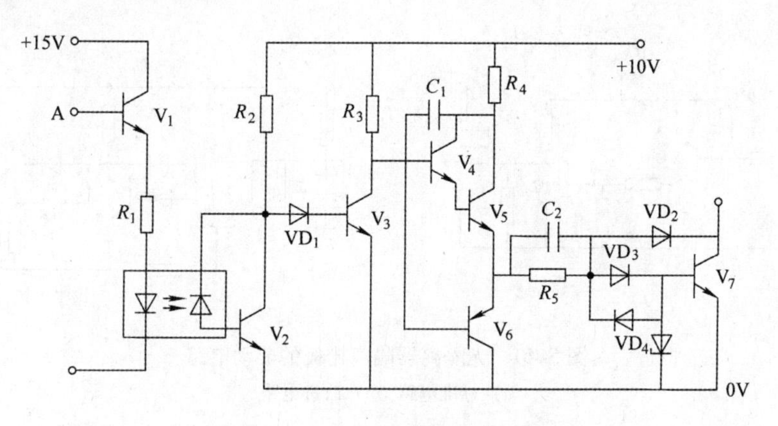

图 5-38　一种 GTR 的驱动电路

3. 电压型全控电力电子器件的门极驱动

P-MOSFET 和 IGBT 都是电压驱动型器件。

（1）P-MOSFET 的栅极驱动

1）P- MOSFET 的栅极驱动信号。

对驱动信号的要求有：

① 触发脉冲有足够快的上升和下降速度，即脉冲沿要陡。

② 为使 P-MOSFET 可靠触发导通，触发电压应高于开启电压，但不得超过最大触发额定电压。触发电压也不能过低，否则会使通态电阻增大，降低抗干扰能力。

③ 驱动电路的输出电阻应低，开通时以低电阻对栅极电容充电，关断时为栅极电荷提供低

电阻放电回路，以提高 P－MOSFET 的开关速度。

④ 为防止误导通，在 P－MOSFET 截止时应提供负的栅源电压。

2）P－MOSFET 的驱动电路。

① 栅极直接驱动电路。

图 5-39 是一种推挽式栅极直接驱动电路，当驱动信号为正的高电平时，晶体管 V_1 导通，15V 的栅控电源经过 V_1 给 P－MOSFET本身的输入电容充电，建立栅控电场，使 P－MOSFET 快速导通；当驱动信号变为负的低电平时，V_2 导通，P－MOSFET 的输入电容通过 V_2 快速放电，P－MOSFET 管快速关断，并提供负偏压。两个晶体管 V_1 和 V_2 都使信号放大，提高了电路的工作速度，同时它们是作为射极输出器工作的，所以不会出现饱和状态。因此信号的传输无延迟。

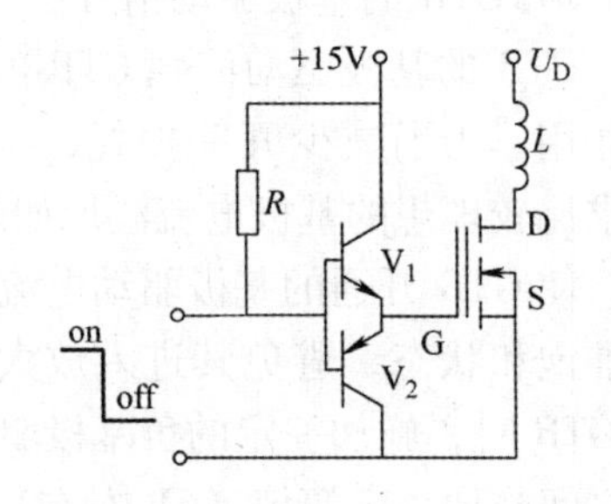

图 5-39　推挽式栅极直接驱动电路

② 隔离式栅极驱动电路。

隔离式栅极驱动电路有电磁隔离和光隔离两种。利用光隔离器隔离栅极的驱动电路如图 5-40所示，图 5-40a 为标准的光耦合电路，通过光耦合器将控制信号回路与驱动回路隔离，使得输出级设计电阻值减小，从而解决了栅极驱动源低阻抗的问题，但由于光耦合器响应速度慢，因此使开关延迟时间加长，限制了使用频率。图 5-40b 为改进的光耦合电路，此电路使阻抗进一步降低，因而使栅极驱动的关断延迟时间进一步缩短，延迟时间的数量级仍为微秒级。实际上，现在已经有很多可以直接驱动 MOSFET 的集成芯片，如 TOSHUBA 公司的 TLP250、安捷伦公司的 HLPL4506 等，都可以用来直接驱动 MOSFET，简单方便。

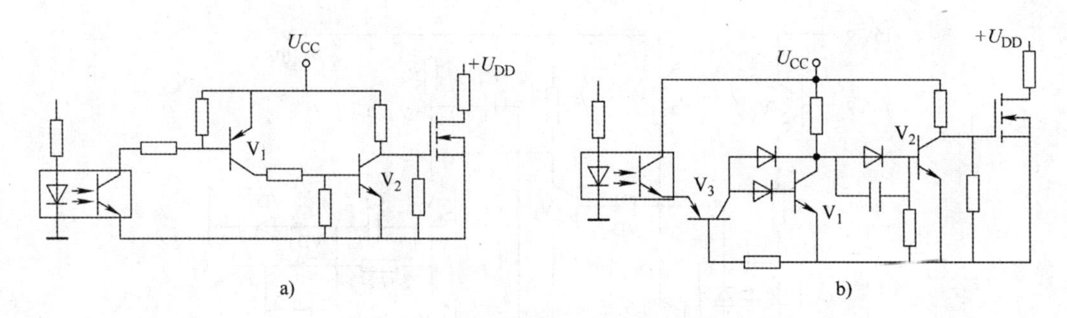

图 5-40　光隔离器隔离栅极的驱动电路

a）标准电路　b）改进电路

（2）IGBT 的栅极驱动

1）IGBT 的栅极驱动信号。

IGBT 具有与 P－MOSFET 相似的输入特性和高输入阻抗，驱动电路相对比较简单，驱动功率也比较小。

IGBT 对驱动信号及电路有以下基本要求。

① 驱动脉冲的上升和下降沿要陡：开通电压前沿陡可使 IGBT 快速开通，减小开通损耗；关断电压后沿足够陡，并在 G－E 极间加适当的反偏压，有助于 IGBT 快速关断。用内阻小的驱动源对 G 极电容充放电，可保证有足够陡的前、后沿。

② 驱动功率足够大：IGBT 开通后，栅极驱动源应能提供足够的功率及电压、电流幅值，使 IGBT 总处于饱和状态，不因退出饱和而损坏。

③ 合适的正向驱动电压。

④ 合适的负偏压：为缩短关断时间，需施加负偏压，并提高抗干扰能力。反偏压一般取 -10 ~ -2V。

⑤ 合理的栅极电阻：在开关损耗不太大的情况下，应选用较大的栅极电阻。电阻范围为1 ~ 400Ω。

⑥ IGBT 多用于高压场合，故驱动电路与控制电路应严格隔离。

符合上述要求的 IGBT 典型驱动电压波形如图 5-41 所示。

2）IGBT 的驱动电路。

因为 IGBT 的输入特性和 MOSFET 几乎相同，所以用于 MOSFET 的驱动电路同样可用于 IGBT。

① 脉冲变压器直接驱动 IGBT 的驱动电路。

图 5-42 为采用脉冲变压器直接驱动 IGBT 的驱动电路。电路中“控制脉冲形成”单元产生脉冲信号，经晶体管 V_1 功率放大后，加到脉冲变压器 Tr，由 Tr 隔离耦合，经稳压管 VD_{Z1}、VD_{Z2} 限幅后驱动 IGBT。

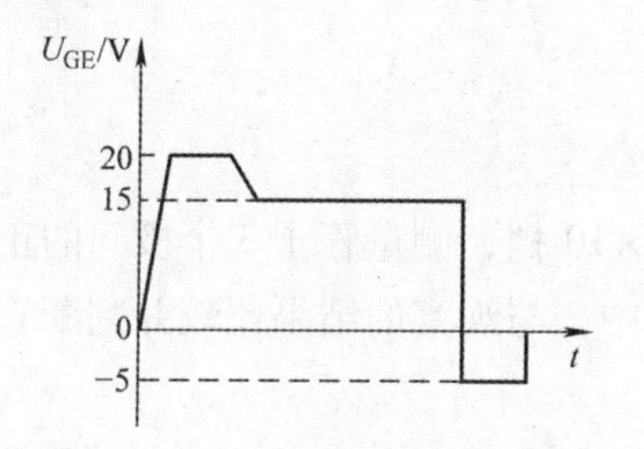

图 5-41　IGBT 典型驱动电压波形

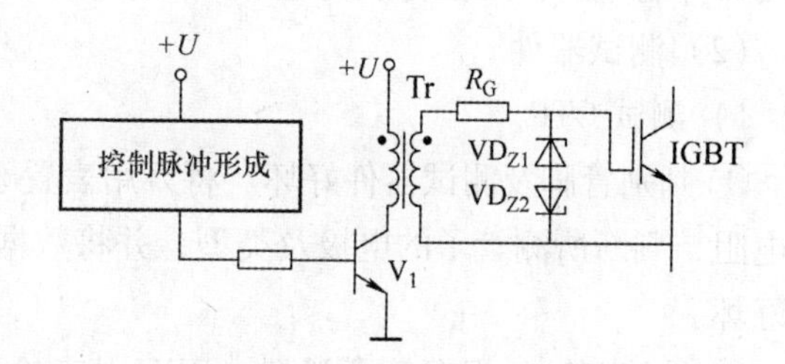

图 5-42　脉冲变压器直接驱动 IGBT 的驱动电路

② IGBT 专用驱动模块。

大多数 IGBT 生产厂家为了解决 IGBT 的可靠性问题，都生产与其相配套的混合集成驱动电路，如日本富士的 EXB 系列、东芝的 TK 系列、M579XX 系列，美国摩托罗拉的 MPD 系列等。这些专用驱动电路抗干扰能力强、集成化程度高，速度快，保护功能完善，可实现 IGBT 的最优控制。

东芝公司的 M57962L 型 IGBT 专用驱动模块是 N 沟道大功率 IGBT 的驱动电路，能驱动 600V/400A 和 1200V/400A 的 IGBT，其原理框图和 IGBT 驱动电路图如图 5-43 所示。

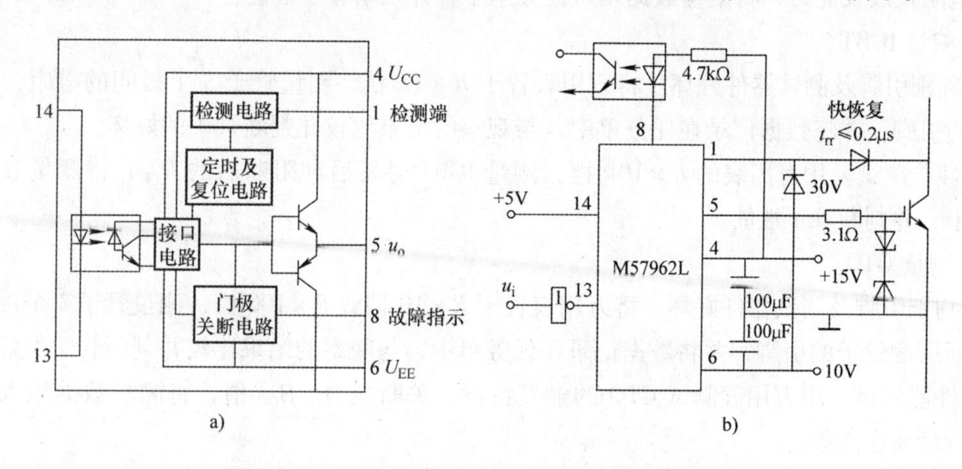

图 5-43　M57962L 型 IGBT 驱动器的原理和接线图

a）M57962L 型的原理方框图　b）　IGBT 驱动电路图

5.1.3 任务实施 认识和测试全控型电力电子器件

1. 所需仪器设备

1）电力 GTR、Power MOSFET、IGBT、GTO 各一个。

2）万用表一块。

2. 测试前准备

1）课前预习相关知识。

2）清点相关材料、仪器和设备。

3）填写任务单中的准备内容。

3. 操作步骤

（1）观察器件外形

观察电力 GTR、Power MOSFET、IGBT、GTO 外形，从外观上判断 3 个引脚，记录器件型号，说明器件型号的含义，将数据记录在任务单中。

（2）测试器件

1）测试 GTR。

① 判别管脚及测试器件好坏。将万用表置于 $R\times1$ 档或 $R\times10$ 档，测量管子 3 个极间的正反向电阻，判断所测管子的电极及类型，并将数据记录在任务单中，与观察的结果比较并判断管子的好坏。

② 性能测试。根据管子类型，用万用表检测管子的放大能力、测量穿透电流 I_{CEO}、共发射极直流电流放大系数 h_{FE}、饱和压降的测量 U_{CES} 和 U_{BES}，将测量数据填入任务单中，并判断管子性能。

2）测试 MOSFET。

① 判别引脚及测试器件好坏。将万用表置于 $R\times10k$ 档，测量管子 3 个极间的电阻，判断所测管子的引脚，并将数据记录在任务单中，与观察的结果比较并判断管子的好坏。

② 性能测试。用万用表检测 G、S 短接后 S 和 D 两极间正向电阻，G、S 短接时 S 和 D 两极间反向电阻及放大能力，将测量数据填入任务单中，并判断管子性能。

3）测量 IGBT。

① 判别引脚及测试器件好坏。将万用表置于 $R\times1k$ 档，测量管子 3 个极间的电阻，判断所测管子的引脚，并将数据记录在任务单中，与观察的结果比较并判断管子的好坏。

② 性能测试。用万用表的 $R\times10k$ 档，测量 IGBT 触发后和阻断后的 R_{CE}，将测量数据填入任务单中，并判断管子性能。

4）测量 GTO。

① 判别引脚及测试器件好坏。将万用表置于 $R\times10$ 档或 $R\times100$ 档，测量管子 3 个极间的电阻，判断所测管子的引脚，并将数据记录在任务单中，与观察的结果比较并判断管子的好坏。

② 性能测试。用万用表测试 GTO 的触发特性、关断能力、β_{OFF} 值，将测量数据填入任务单中，并判断管子性能。

（3）操作结束后，按照要求清理操作台

（4）将任务单交老师评价验收

测试 GTR、MOSFET、IGBT、GTO 任务单

<table>
<tr><th colspan="3">测试前准备</th></tr>
<tr><th>序号</th><th>准备内容</th><th>准备情况自查</th></tr>
<tr><td>1</td><td>知识准备</td><td>GTR、MOSFET、IGBT、GTO 外形是否熟悉□
GTR、MOSFET、IGBT、GTO 内部结构是否了解□
万用表 GTR、MOSFET、IGBT、GTO 测试方法是否掌握□</td></tr>
<tr><td>2</td><td>材料准备</td><td>GTR□　　MOSFET□　　IGBT□　　GTO□
万用表是否完好□</td></tr>
<tr><th colspan="3">测试过程记录</th></tr>
<tr><th>步骤</th><th>内容</th><th>数据记录</th></tr>
<tr><td>1</td><td>观察外形</td><td>GTR 型号是________，型号含义________
外端判断引脚说明：
MOSFET 型号是________，型号含义________
外端判断引脚说明：
IGBT 型号是________，型号含义________
外端判断引脚说明：
GTO 型号是________，型号含义________
外端判断引脚说明：</td></tr>
<tr><td>2</td><td>器件引脚及好坏测试</td><td>
<table>
<tr><td>被测器件</td><td>R_{be}</td><td>R_{eb}</td><td>R_{be}</td><td>R_{eb}</td><td>R_{ce}</td><td>R_{ec}</td><td>结论</td></tr>
<tr><td>GTR</td><td></td><td></td><td></td><td></td><td></td><td></td><td></td></tr>
<tr><td colspan="8">测试的引脚与外观判断的引脚是否相符是□　否□</td></tr>
</table>
<table>
<tr><td>被测器件</td><td>R_{DG}</td><td>R_{DG}</td><td>R_{GS}</td><td>R_{SG}</td><td>结论</td></tr>
<tr><td>MOSFET</td><td></td><td></td><td></td><td></td><td></td></tr>
<tr><td colspan="6">测试的引脚与外观判断的引脚是否相符是□　否□</td></tr>
</table>
<table>
<tr><td>被测器件</td><td>R_{Ge}</td><td>R_{eG}</td><td>R_{Ge}</td><td>R_{cG}</td><td>R_{ce}</td><td>R_{ec}</td><td>结论</td></tr>
<tr><td>IGBT</td><td></td><td></td><td></td><td></td><td></td><td></td><td></td></tr>
<tr><td colspan="8">测试的引脚与外观判断的引脚是否相符是□　否□</td></tr>
</table>
<table>
<tr><td>被测器件</td><td>R_{AK}</td><td>R_{KA}</td><td>R_{GK}</td><td>R_{KG}</td><td>R_{AG}</td><td>R_{GA}</td><td>结论</td></tr>
<tr><td>GTO</td><td></td><td></td><td></td><td></td><td></td><td></td><td></td></tr>
<tr><td colspan="8">测试的引脚与外观判断的引脚是否相符是□　否□</td></tr>
</table>
<table>
<tr><td>被测器件</td><td>I_{ceo}</td><td>U_{ces}</td><td>U_{bes}</td><td>I_c</td><td>I_b</td><td>$h_{EF}=I_c/I_b$</td><td>放大能力</td></tr>
<tr><td>GTR</td><td></td><td></td><td></td><td></td><td></td><td></td><td></td></tr>
<tr><td colspan="8">结论：</td></tr>
</table>
<table>
<tr><td>被测器件</td><td>GS 短接后 R_{SD}</td><td>GS 短接时 R_{DS}</td><td>G 充电后 R_{DS}</td><td>G 放电后 R_{GS}</td></tr>
<tr><td>MOSFET</td><td></td><td></td><td></td><td></td></tr>
<tr><td colspan="5"></td></tr>
</table>
</td></tr>
</table>

（续）

<table>
<tr><td colspan="3">测试过程记录</td></tr>
<tr><td>步骤</td><td>内容</td><td>数据记录</td></tr>
<tr><td>3</td><td>器件性能测试</td><td>
<table>
<tr><td>被测器件</td><td>R_{CE}</td><td>IGBT 触发后 R_{CE}</td><td>IGBT 阻断后 R_{CE}</td></tr>
<tr><td>IGBT</td><td></td><td></td><td></td></tr>
<tr><td colspan="4">结论：</td></tr>
</table>
<table>
<tr><td>被测器件</td><td>触发特性</td><td>关断能力</td><td>β_{OFF}值</td></tr>
<tr><td>GTO</td><td></td><td></td><td></td></tr>
<tr><td colspan="4">结论：</td></tr>
</table>
</td></tr>
<tr><td>4</td><td>收尾</td><td>4 个器件全部放回原处□　万用表档位回位□　垃圾清理干净□
凳子放回原处□　台面清理干净□</td></tr>
<tr><td colspan="3">验收</td></tr>
<tr><td colspan="2">完成时间</td><td>提前完成□　按时完成□　延期完成□　未能完成□</td></tr>
<tr><td colspan="2">完成质量</td><td>优秀□　良好□　中□　及格□　不及格□
教师签字：　日期：</td></tr>
</table>

5.1.4　思考题与习题

1. 试说明 GTR、MOSFET、IGBT 和 GTO 各自的优点和缺点。
2. 全控型电力电子器件 GTR、MOSFET、IGBT、GTO。

1）写出上述器件的图形符号。

2）属于电流型驱动的是哪个？属于电压型驱动的是哪个？

3）工作频率最高的是哪个？电压电流容量与普通晶闸管最接近的是哪个？

5.2　任务 2　认识和调试直流斩波电路

5.2.1　学习目标

1）掌握直流斩波电路的基本概念。

2）能分析直流斩波电路。

3）了解开关状态控制方式及 PWM 控制电路的基本构成和原理。

5.2.2　相关知识点

直流斩波电路（DC/DC 电路）是将一种幅值的直流电压变换成另一幅值固定或大小可调的直流电压的电路，俗称为斩波器（Chopper）。它的基本原理是通过对电力电子器件的通断控制，将直流电压断续地加到负载上，通过改变占空比 D 来改变输出电压的平均值。

按输入、输出有无变压器可分有隔离型、非隔离型两类，这里主要介绍非隔离型电路。非隔离型电路根据电路形式的不同可以分为降压型电路、升压型电路、升降压电路、库克式斩波电路和全桥式斩波电路。其中降压式和升压式斩波电路是基本形式，升降压式和库克式是它们的组合，而全桥式则属于降压式类型。下面重点介绍基本斩波器的工作原理和升压、降压斩波电路。

5.2.2.1 认识直流斩波电路的基本结构和工作原理

最基本的直流斩波电路如图 5-44 所示，T 为斩波开关，它可用普通型晶闸管、门极关断晶闸管 GTO 或者其他自关断器件来实现。但是普通型晶闸管本身无自关断能力，须设置换流回路，用强迫换流的方法使它关断，因而增加了损耗。全控型电力电子器件的出现，为斩波频率的提高创造了条件，提高斩波频率可以减少低频谐波分量，降低对滤波元器件的要求，减小变换装置体积和重量。采用自关断器件，省去了换流回路，利于提高斩波器的频率，是发展的方向。

当开关 S 合上时，直流电压就加到 R 上，并持续 t_{on} 时间。当开关切断时，负载上的电压为零，并持续 t_{off} 时间，那么 $T = t_{on} + t_{off}$ 为斩波器的工作周期，斩波器的输出波形如图 5-45 所示。可以定义上述电路中开关的占空比

$$k = \frac{t_{on}}{T_s}$$

式中，T 为开关 S 的工作周期；t_{on} 为开关 S 的导通时间。

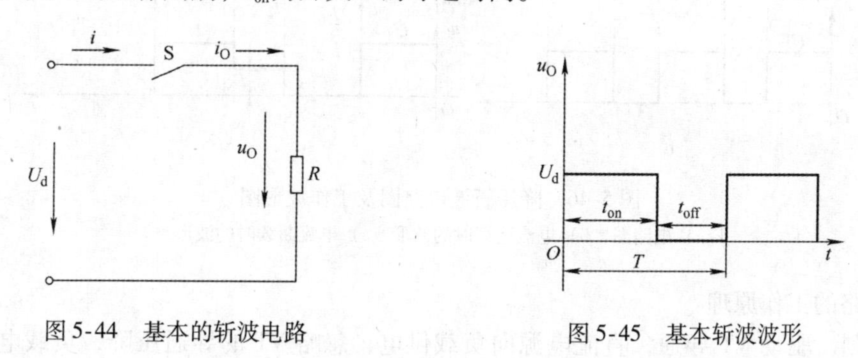

图 5-44 基本的斩波电路　　　　图 5-45 基本斩波波形

由波形图可得到输出电压平均值为

$$U_O = \frac{1}{T}\int_0^{t_{on}} U_d d_t = \frac{t_{on}}{T} U_d = kU_d$$

式中，U_d 为输入电压。因为 k 是 0 ~ 1 之间变化的系数，因此在 k 变化范围内输出电压 U_O 总是小于输入电压 U_d，改变 k 值就可以改变输出电压平均值的大小。而占空比的改变可以通过改变 t_{on} 或 T 来实现。通常直流斩波电路的工作方式有三种。

1）脉冲频率调制工作方式：即维持 t_{on} 不变，改变 T。在这种调试方式中，由于输出电压波形的周期是变化的，因此输出谐波的频率也是变化的，这使得滤波器的设计比较困难，输出波形谐波干扰严重，一般很少采用。

2）脉冲宽度调制工作方式：即维持 T 不变，改变 t_{on}。在这种调制方式中，输出电压波形的周期是不变的，因此输出谐波的频率也是不变的，这使得滤波器的设计变得较为容易。

3）调频调宽混合控制：这种控制方式不但改变 t_{on}，也改变 T。这种控制方式的特点是：可以大幅度地变化输出，但也存在着由于频率变化所引起的设计滤波器较难的问题。

5.2.2.2 认识直流斩波电路的基本类型

1. 降压斩波电路

（1）电路的结构

降压斩波电路是一种输出电压的平均值低于输入直流电压的电路。它主要用于直流稳压电源和直流电动机的调速。降压斩波电路的结构图和工作波形图如图 5-46 所示。图中，U 为固定电压的直流电源，VT 为晶体管开关（可以是大功率晶体管，也可以是功率场效应晶体管）。L、R、

电动机为负载，为在晶体管 VT 关断时给负载中的电感电流提供通道，还设置了续流二极管 VD。

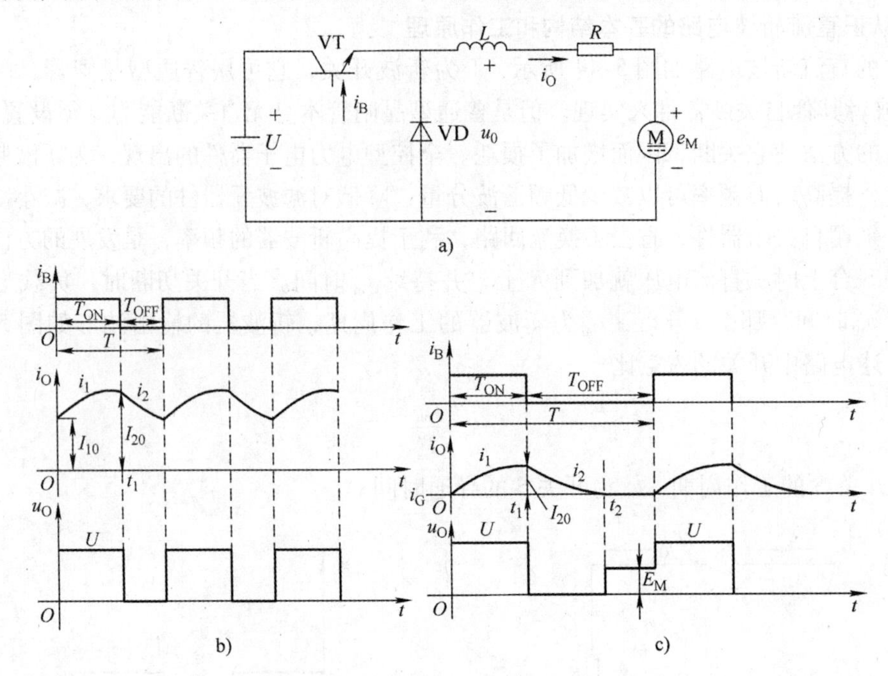

图 5-46 降压斩波电路图及工作波形图

a）电路图 b）电流连续时的波形 c）电流断续时的波形

（2）电路的工作原理

$t=0$ 时刻，驱动 VT 导通，直流电源向负载供电，忽略 VT 的导通压降，负载电压 $U_0=U$，负载电流按指数规律上升。

$t=t_1$时刻，撤去 VT 的驱动使其关断，因感性负载电流不能突变，负载电流通过续流二极管 VD 续流，忽略 VD 导通压降，负载电压 $U_0=0$，负载电流按指数规律下降。为使负载电流连续且脉动小，一般需串联较大的电感 L，L 也称为平波电感。

$t=t_2$时刻，再次驱动 VT 导通，重复上述工作过程。

由前面的分析知，这个电路的输出电压平均值为

$$U_0=\frac{T_{ON}}{T_{ON}+T_{OFF}}U=\frac{T_{ON}}{T}U=kU$$

由于 $k<1$，所以 $U_0<U$，即斩波器输出电压平均值小于输入电压，故称为降压斩波电路。而负载平均电流为

$$I_0=\frac{U_0-U}{R}$$

当平波电感 L 较小时，在 VT 关断后，未到 t_2时刻，负载电流已下降到零，负载电流发生断续。负载电流断续时，其波形如图 5-46 所示。由图可见，负载电流断续期间，负载电压 $u_0=e_M$。因此，负载电流断续时，负载平均电压 U_0升高，带直流电动机负载时，特性变软，是不希望的。所以在选择平波电感 L 时，要确保电流断续点不在电动机的正常工作区域。

2. 升压斩波电路

（1）电路的结构

升压斩波电路的输出电压总是高于输入电压。升压式斩波电路与降压式斩波电路最大的不同点是，斩波控制开关 VT 与负载呈并联形式连接，储能电感与负载呈串联形式连接，升压斩波电

路的结构图和工作波形图如图 5-47 所示。

（2）电路的工作原理

当 VT 导通时（T_{ON}），能量储存在 L 中。由于 VD 截止，所以 T_{ON}期间负载电流由 C 供给。在 T_{OFF}期间，VT 截止，储存在 L 中的能量通过 VD 传送到负载和 C，其电压的极性与 U 相同，且与 U 相串联，产生升压作用。如果忽略损耗和开关器件上的电压降，则有

$$U_O = \frac{T_{ON} + T_{OFF}}{T_{OFF}}U = \frac{T}{T_{OFF}}U = \frac{1}{1-k}U$$

上式中的 T/T_{OFF}表示升压比，调节其大小，即可改变输出电压 U_O的大小。式中 $T/T_{OFF} \geqslant 1$，输出电压高于电源电压，故称该电路为升压斩波电路。

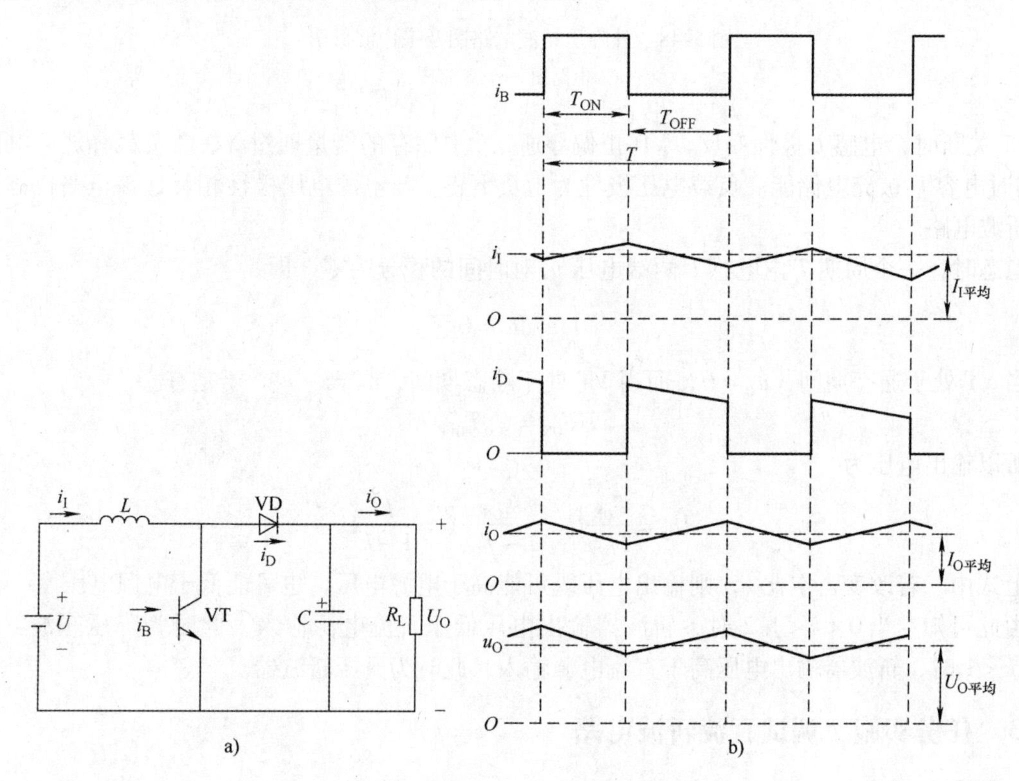

图 5-47　升压斩波电路图及工作波形图

a）电路图　b）波形图

3. 升降压斩波电路

（1）电路的结构

升降压斩波电路可以得到高于或低于输入电压的输出电压。电路结构图和工作波形图如图 5-48 所示，该电路的结构特征是储能电感与负载并联，续流二极管 VD 反向串联接在储能电感与负载之间。电路分析前可先假设电路中电感 L 很大，使电感电流 i_L和电容电压及负载电压 u_0基本稳定。

（2）电路的工作原理

电路的基本工作原理是，VT 导通时，电源 U 经 VT 向 L 供电使其储能，此时二极管 VD 反偏，流过 VT 的电流为 i_1。由于 VD 反偏截止，电容 C 向负载 R 提供能量并维持输出电压基本稳定，负载 R 及电容 C 上的电压极性为上负下正，与电源极性相反。

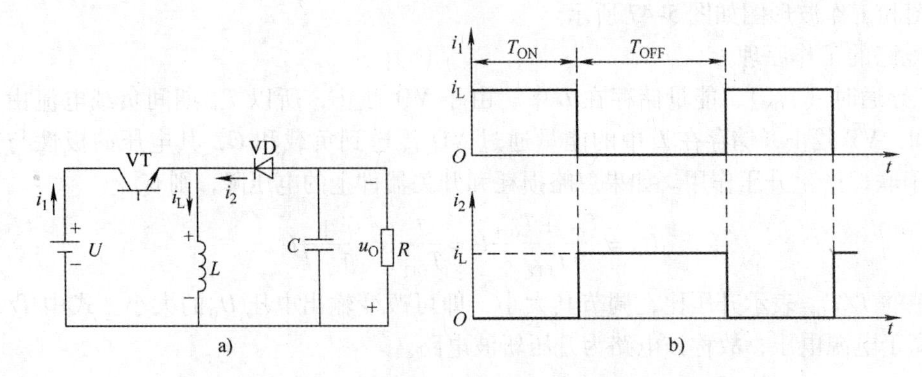

图 5-48　升降压斩波电路图及工作波形图

a）电路图　b）波形图

VT 关断时，电感 L 极性变反，VD 正偏导通，L 中储存的能量通过 VD 向负载释放，电流为 i_2，同时电容 C 被充电储能。负载电压极性为上负下正，与电源电压极性相反，该电路也称作反极性斩波电路。

稳态时，一个周期 T 内电感 L 两端电压 u_L 对时间的积分为零，即

$$\int_0^T u_L \mathrm{d}t = 0$$

当 VT 处于通态期间，$u_L = U$；而当 VT 处于断态期间，$u_L = -u_O$。于是有

$$UT_{ON} = U_O T_{OFF}$$

所以输出电压为

$$U_O = \frac{T_{ON}}{T_{OFF}}U = \frac{T_{ON}}{T - T_{ON}}U = \frac{k}{1-k}U$$

上式中，若改变占空比 k，则输出电压既可能高于电源电压，也可能低于电源电压。

由此可知，当 $0 < k < 1/2$ 时，斩波器输出电压低于直流电源输入，此时为降压斩波器。当 $1/2 < k < 1$ 时，斩波器输出电压高于直流电源输入，此时为升压斩波器。

5.2.3　任务实施　调试直流斩波电路

1. 所需仪器设备

1）DJDK－1 型电力电子技术实验装置 1 套（含 DJK01 电源控制屏、DJK09 单向调压与可调负载、DJK20 直流斩波电路、D42 三相可调电阻）。

2）万用表一块。

3）示波器一台。

4）螺钉旋具一把。

5）导线若干。

2. 测试前准备

1）课前预习相关知识。

2）清点相关材料、仪器和设备。

3）填写任务单中的准备内容。

3. 操作步骤

1）控制与驱动电路的测试。

① 起动实验装置电源、开启 DJK20 控制电路电源开关。

② 调节 PWM 脉宽调节电位器改变 U_r，用示波器分别观测 SG3525 的第 11 引脚与第 14 引脚的波形，观测输出 PWM 信号的变化情况并填入任务单相应的表中。

③ 用示波器分别观测 A、B 和 PWM 信号的波形，并将波形、频率和幅值记录在任务单相应的表中。

④ 用示波器的两个探头同时观测 11 引脚和 14 引脚的输出波形，调节 PWM 脉宽调节电位器，观测两路输出的 PWM 信号，测出两路信号的相位差，并测出两路 PWM 信号之间最小的“死区”时间，并将数据记录在任务单相应的表中。

2）直流斩波电路输入直流电源测试。

① 接线。输入电源接线如图 5-49 所示。斩波电路的输入直流电压 U_i 由三相调压器输出的单相交流电经 DJK20 挂箱上的单相桥式整流及电容滤波后得到。DJK20 的交流电源接 DJK09 的单相自耦调压器输出，DJK09 的单相自耦调压器输入接交流电源。

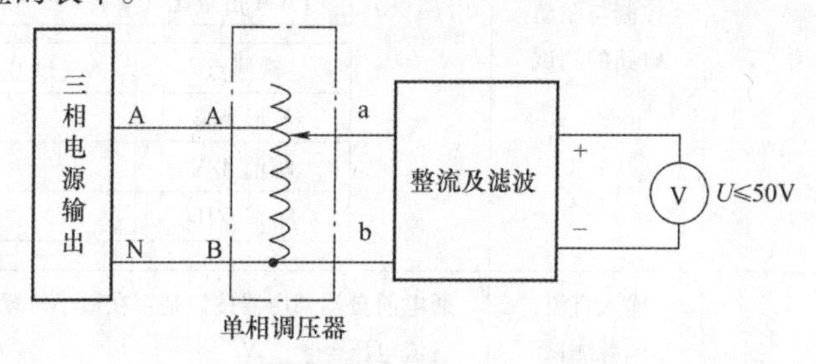

图 5-49 输入直流电源接线图

② 调试。先将自耦调压器逆时针旋转到最小，然后慢慢增大自耦调压器的输出电压，观察电压表的读数，使输出直流电压 $U \leqslant 50\text{V}$，并将数据记录在任务单相应的表中。

3）直流斩波电路的测试（使用一个探头观测波形）。

按照下列实验步骤依次对 3 种基本的直流斩波电路进行测试。

① 切断电源，根据 DJK20 上的主电路图，利用面板上的元器件连接好相应的斩波电路实验线路，并接上电阻负载，负载电流最大值限制在 200mA 以内。将控制与驱动电路的输出“V－G”“V－E”分别接至 G 和 E 端。

② 检查接线，尤其是电解电容的极性是否接反后，接通主电路和控制电路的电源。

③ 用示波器观测 PWM 信号的波形、U_{GE} 的电压波形、U_{CE} 的电压波形及输出电压 U_O 和二极管两端电压 U_D 的波形，注意各波形间的相位关系。

④ 调节 PWM 脉宽调节电位器改变 U_r，观测在不同占空比 α 时，U_i、U_O 和 α 的数值记录在任务单相应的表格中，并画出 $U_O = f(\alpha)$ 的关系曲线。

4）操作结束后，按照要求清理操作台。

5）将任务单交老师评价验收。

直流斩波电路调试任务单

步骤	内容	数据记录
测试前准备		
序号	准备内容	准备情况自查
1	知识准备	直流斩波电路工作原理和各点理论波形是否清楚　是□　否□ 本次测试目的是否清楚　是□　否□ 本次测试接线是否明白　是□　否□
2	材料准备	挂件是否具备　DJK01□　DJK09□　DJK20□　D42□ 三相电源是否完好　是□　否□ DJK09 面板上与本次实训相关内容是否找到（单相自耦调压器□ 整流与滤波电路□）导线□　示波器□　示波器探头□

（续）

测试过程记录

步骤	内容	数据记录
1	控制与驱动电路的测试	见下表

U_r/V	1.4	1.6	1.8	2.0	2.2	2.4	2.5
11（A）占空比（%）							
14（B）占空比（%）							
PWM 占空比（%）							

观测点	A（11 引脚）	B（14 引脚）	PWM
波形类型			
幅值 A/V			
频率 f/Hz			

步骤	内容	数据记录
2	输入直流电源测试	通电前自耦调压器按钮是否在最小位置□ 直流电压 = ____ V
3	三种典型的直流斩波电路测试	见下

① 降压斩波电路（Buck Chopper）调试记录

直流斩波电路输入直流电压 U_i = ____ V；计算 U_o最大值 U_{omax} = ____ V；当负载电流最大值限制在 200mA 以内时，负载电阻 R 最小值 R_{min} = ____ Ω，电路中实际接的负载电阻 = ____ Ω。

U_r/V	1.4	1.6	1.8	2.0	2.2	2.4	2.5
占空比 α（%）							
U_i/V							
U_o/V							

② 升压斩波电路（Buck Chopper）调试记录

直流斩波电路输入直流电压 U_i = ____ V；计算 U_o 最大值 U_{omax} = ____ V；当负载电流最大值限制在 200mA 以内时，负载电阻 R 最小值 R_{min} = ____ Ω，电路中实际接的负载电阻 = ____ Ω。

U_r/V	1.4	1.6	1.8	2.0	2.2	2.4	2.5
占空比 α（%）							
U_i/V							
U_o/V							

③ 升降压斩波电路（Buck Chopper）调试记录

直流斩波电路输入直流电压 U_i = ____ V；计算 U_o 最大值 U_{omax} = ____ V；当负载电流最大值限制在 200mA 以内时，负载电阻 R 最小值 R_{min} = ____ Ω，电路中实际接的负载电阻 = ____ Ω。

U_r/V	1.4	1.6	1.8	2.0	2.2	2.4	2.5
占空比 α(%)							
U_i/V							
U_o/V							

步骤	内容	数据记录
4	收尾	挂件电源开关关闭□ DJK01 电源开关关闭□ 接线全部拆除并整理好□ 示波器电源开关关闭□ 凳子放回原处□ 台面清理干净□ 垃圾清理干净□

验收

完成时间	提前完成□ 按时完成□ 延期完成□ 未能完成□
完成质量	优秀□ 良好□ 中□ 及格□ 不及格□ 教师签字： 日期：

5.2.4 思考题与习题

1. 什么是直流斩波电路？

2. 结合图5-46a，简述降压斩波电路的工作原理。

3. 图5-46a所示的斩波电路中，$U=220V$，$R=10\Omega$，L、C足够大，当要求$U_0=400V$时，占空比$k=$？

4. 结合图5-47a，简述升压斩波电路的工作原理。

5. 在图5-47a所示升压斩波电路中，已知$U=50V$，$R=20\Omega$，L、C足够大，采用脉宽控制方式，当$T=40\mu s$，$t_{on}=20\mu s$时，计算输出电压平均值U_0和输出电流平均值I_0。

项目6　认识和调试变频器逆变电路

项目引入

20世纪变压器的出现使改变电压变得容易，从而造就了一个庞大的电力行业。长期以来，交流电的频率一直是固定的，由于变频技术的出现，使频率变为可以充分利用的资源。变频技术是一门能够将电信号的频率，按照具体电路的要求，而进行变换的应用型技术。变频器是一种将电网电源50Hz频率交流电变成频率可调的交流电的装置。自20世纪80年代被引进我国以来，其应用已逐步成为当代电动机调速的主流，目前在国内外使用广泛。使用变频器可以节能、提高产品质量和劳动生产率等。图6-1为工业用的西门子变频器。

图6-1　西门子MICROMASTER 420通用变频器

变频器主要由整流、滤波和逆变等部分组成，靠内部开关器件，一般是IGBT的通断来调整输出电源的电压和频率，本项目分解成认识变频器、认识和调试脉宽调制（PWM）逆变电路两个工作任务。

6.1　任务1　认识变频器

6.1.1　学习目标

1）了解变频器的基本概念。

2）熟悉变频器的应用。

3）掌握变频器的基本结构。

6.1.2　相关知识点

变频器主要用于交流电动机（异步电动机或同步电动机）转速的调节，由于变频器体积小、重量轻、精度高、功能丰富、保护齐全、可靠性高、操作方便和通用性强等优点。变频调速是公认的交流电动机最理想、最有前途的调速方案，除了具有卓越的调速性能之外，变频调速还有显著的节能作用，是企业技术改造和产品更新换代的理想调速方式。变频器作为节能应用与速度工艺控制中越来越重要的自动化设备，得到了快速发展和广泛应用。

6.1.2.1　变频器的用途

1. 变频调速的节能

变频器产生的最初用途是速度控制，但目前在国内应用较多的是节能。中国是能耗大国，能源利用率很低，而且能源储备不足。因此国家大力提倡节能措施，并着重推荐了变频调速技术。应用变频调速可以大大提高电动机转速的控制精度，使电动机在最节能的转速下运行。

风机、泵类负载的节能效果最明显，节能率可达到20%～60%，这是因为风机、泵类的耗用功率与转速的3次方成正比，当需要的平均流量较小时，转速降低其功率按转速的3次方下降。因此，精确调速的节能效果非常可观。目前应用较成功的有恒压供水、中央空调、各类风机、水泵的变频调速。

2. 以提高工艺水平和产品质量为目的的应用

变频调速还可以广泛应用于传送、卷绕、起重、挤压、机床等各种机械设备控制领域。它可以提高企业的生产成品率，延长设备的使用寿命，使操作和控制系统得以简化，提高整个设备控制水平。

3. 变频调速在电动机运行方面的优势

变频调速很容易实现电动机的正、反转。只需要改变变频器内部逆变管得开关顺序，即可实现输出换相，也不存在因换相不当而烧毁电动机的问题。

变频调速系统起动大都是从低速开始，频率较低，加、减速时间可以任意设定，所以加、减速之间比较平缓，起动电流较小，可以进行较高频率的起停。

变频调速系统制动时，变频器可以利用自己的制动回路，将机械负载的能量消耗在制动电阻上，也可以回馈给供电电网，但回馈给电网需增加专用附件，投资大。除此之外，变频器还有直流制动功能，需要制动时，变频器给电动机加上一个直流电压，进行制动，则无须另外加制动控制电路。

4. 变频家用电器

除了工业相关行业，在普通家庭中，节约电费、提高家用电器性能、保护环境等受到越来越多的关注，变频家用电器成为变频器的另一个广阔市场和应用趋势。带有变频控制的电冰箱、洗衣机、家用空调等，在节电、减小电压冲击、降低噪声、提高控制精度等方面有很大优势。

6.1.2.2 变频器的基本结构

调速用变频器通常由主电路和控制电路组成。其基本结构如图 6-2 所示。

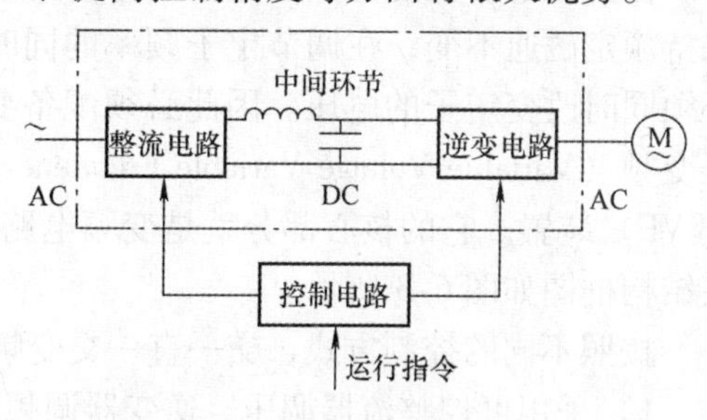

图 6-2 变频器的基本结构

1. 主电路

主电路由整流电路、逆变电路和中间环节组成。

（1）整流电路

整流电路用于对外部的工频交流电源进行整流，给逆变电路和控制电路提供所需的直流电源。

（2）中间环节

中间环节的作用是对整流电路的输出进行平滑滤波，以保证逆变电路和控制电路能够获得质量较高的直流电源。

（3）逆变电路

逆变电路是将中间环节输出的直流电源转换为频率和电压都任意可调的交流电源。

2. 控制电路

控制电路由运算电路、检测电路、驱动电路、外部接口电路及保护电路组成。控制电路的主要功能是将接受的各种信号送至运算电路，使运算电路能根据驱动要求为变频器主电路提供必要的驱动信号，并对变频器以及异步电动机提供必要的保护，输出计算结果。

（1）接收的各种信号

① 各种功能的预置信号。

② 从键盘或外接输入端子输入的给定信号。

③ 从外接输入端子输入的控制信号。

④ 从电压、电流采样电路以及其他传感器输入的状态信号。

（2）进行的运算

① 实时计算出 SPWM 波形各切换点的时刻。

② 进行矢量控制运算或其他必要的运算。

（3）输出的计算结果

① 将实时计算出的 SPWM 波形各切换点的时刻输出至逆变器件模块的驱动电路，使逆变器件按给定信号及预置要求输出 SPWM 电压波。

② 将当前的各种状态输出至显示器显示。

③ 将控制信号输出至外接输出端子。

（4）实现的保护功能

接受从电压、电流采样电路以及其他传感器输入的信号，结合功能中预置的限值，进行比较和判断，若出现故障，则会进行如下动作。

① 停止发出 SPWM 信号，使变频器中止输出。

② 输出报警信号。

③ 向显示器输出故障信号。

6.1.2.3 变频器的主电路结构

目前已被广泛地应用在交流电动机变频调速系统中的变频器是交—直—交变频器，它是先将恒压恒频（Constant Voltage Constant Frequency，CVCF）的交流电通过整流器变成直流电，再经过逆变器将直流电变换成可调的交流电的间接性变频电路。

在交流电动机的变频调速控制中，为了保持额定磁通不变，在调节定子频率的同时必须同时改变定子的电压。因此必须配备变压变频（Variable Voltage Variable Frequency，VVVF）装置。它的核心部分就是变频电路，其结构框图如图 6-3 所示。

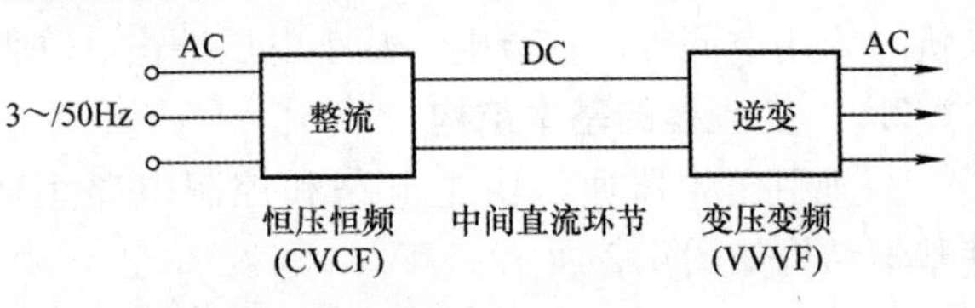

图 6-3 变频器主电路结构框图

按照不同的控制方式，交—直—交变频器可分成以下 3 种方式。

1）采用可控整流器调压、逆变器调频的控制方式。

其结构框图如图 6-4 所示。在这种装置中，调压和调频在两个环节上分别进行，在控制电路上协调配合，结构简单，控制方便。但是，由于输入环节采用晶闸管可控整流器，当电压调得较低时，电网端功率因数较低。而输出环节多由晶闸管组成多拍逆变器，每周换相 6 次，输出的谐波较大，因此这类控制方式现在用得较少。

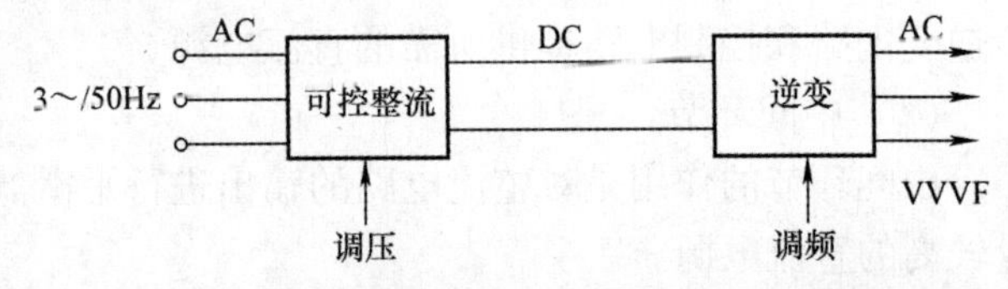

图 6-4 可控整流器调压、逆变器调频结构框图

2）采用不可控整流器整流、斩波器调压、再用逆变器调频的控制方式。

其结构框图如图 6-5 所示。整流环节采用二极管不可控整流器，只整流不调压，再单独设置斩波器，用脉宽调压，这种方法克服功率因数较低的缺点，但输出逆变环节未变，仍有谐波较大的缺点。

3）采用不控制整流器整流、脉宽调制（PWM）逆变器同时调压调频的控制方式。

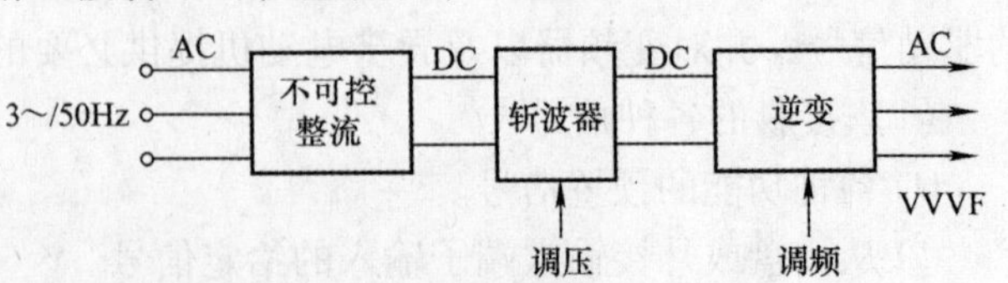

图 6-5 不可控整流器整流、斩波器调压、逆变器调频结构框图

其结构框图如图6-6所示。在这类装置中，用不控整流，则输入功率因数不变；用（PWM）逆变，则输出谐波可以减小。这样图6-4装置的两个缺点都消除了。PWM逆变器需要全控型电力半导体器件，其输出谐波减少的程度取决于PWM的开关频率，而开关频率则受器件开关时间的限制。采用绝缘双极型晶体管IGBT时，开关频率可达10kHz以上，输出波形已经非常逼近正弦波，因而又称为SPWM逆变器，成为当前最有发展前途的一种装置形式。

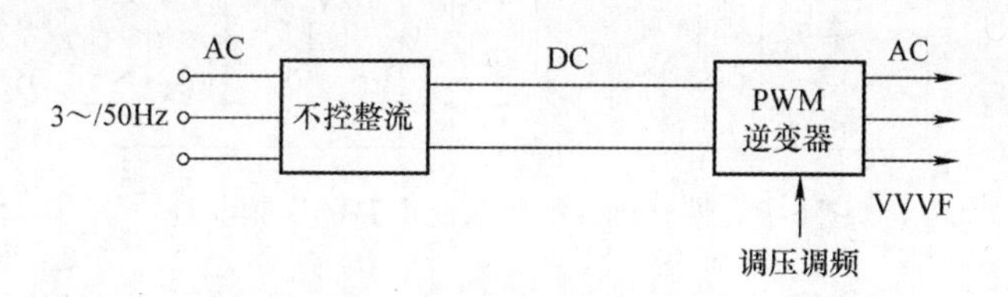

图6-6　不控制整流器整流、脉宽调制（PWM）逆变器结构框图

在交—直—交变频器中，当中间直流环节采用大电容滤波时，直流电压波形比较平直，在理想情况下是一个内阻抗为零的恒压源，输出交流电压是矩形波或阶梯波，这类变频器叫作电压型变频器，如图6-7a所示，当交—直—交变频器的中间直流环节采用大电感滤波时，直流电流波形比较平直，因而电源内阻抗很大，对负载来说基本上是一个电流源，输出交流电流是矩形波或阶梯波，这类变频器叫作电流型变频器，如图6-7b所示。

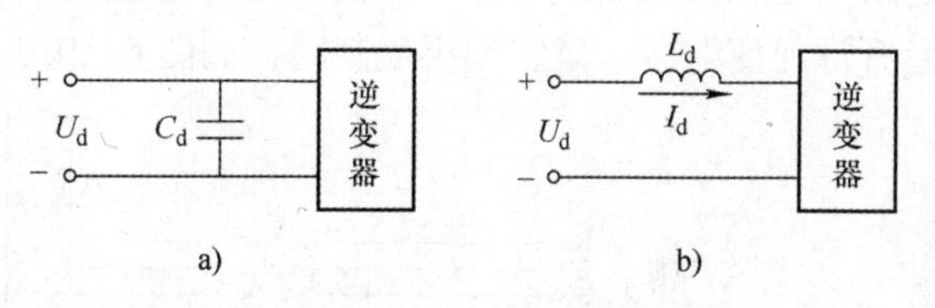

图6-7　变频器结构框图

a）电压型变频器　b）电流型变频器

下面给出几种典型的交—直—交变频器的主电路。

（1）交—直—交电压型变频电路

图6-8是一种常用的交—直—交电压型PWM变频电路。它采用二极管构成整流器，完成交流到直流的变换，其输出直流电压 U_d 是不可控的；中间直流环节用大电容 C 滤波；电力晶体管 VT_1 ~ VT_6过程PWM逆变器，完成直流到交流的变换，并能实现输出频率和电压的同时调节，VD_1 ~ VD_6是电压型逆变器所需的反馈二极管。

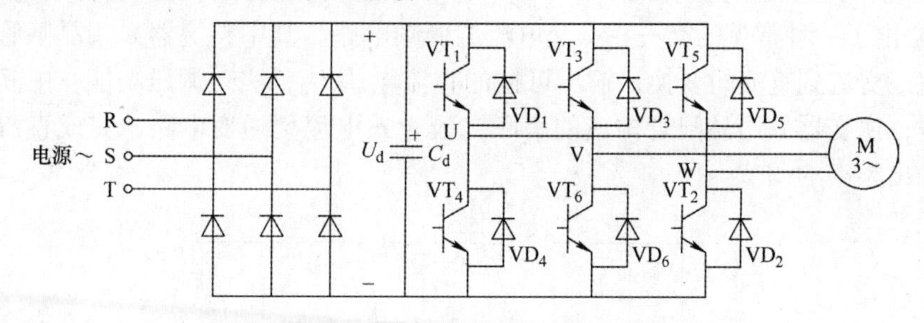

图6-8　交—直—交电压型PWM变频电路

从图中可以看出，由于整流电路输出的电压和电流极性都不能改变，因此该电路只能从交流电源向中间直流电路传输功率，进而再向交流电动机传输功率，而不能从直流中间电路向交流电源反馈能量。当负载电动机由电动状态转入制动运行时，电动机变为发电状态，其能量通过逆变电路中的反馈二极管流入直流中间电路，使直流电压升高而产生过电压，这种过电压称为泵升过电压。为了限制泵升过电压，如图6-9所示，可给直流侧电容并联一个由电力晶体管 VT_0和能耗电阻 R 组成的泵升电压限制电路。当泵升电压超过一定数值时，使 VT_0导通，能量消耗在 R 上。

这种电路可运用于对制动时间有一定要求的调速系统中。

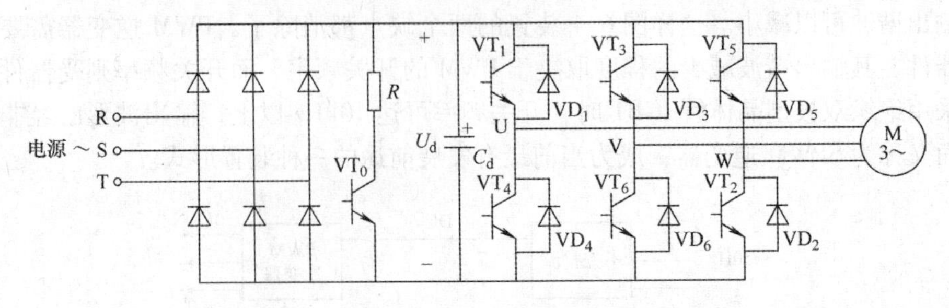

图 6-9　带有泵升电压限制电路的变频电路

在要求电动机频繁快速加减的场合，上述带有泵升电压限制电路的变频电路耗能较多，能耗电阻 R 也需要较大的功率。因此，希望在制动时把电动机的动能反馈回电网。这时需要增加一套有源逆变电路，以实现再生制动，如图 6-10 所示。

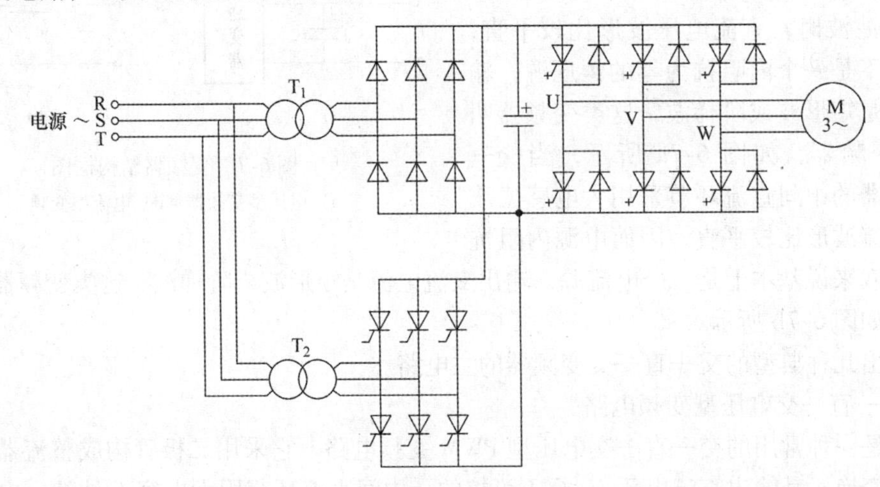

图 6-10　再生制动的变频电路

（2）交—直—交电流型变频器

图 6-11 给出了一种常见的交—直—交电流型变频电路。其中整流器采用晶闸管构成的可控整流电路，完成交流到直流的变换，输出可控的直流电压 U_d，实现调压功能；中间直流环节用大电感 L 滤波；逆变器采用晶闸管构成的串联二极管式电流型逆变电路，完成直流到交流的变换，并实现输出频率的调节。

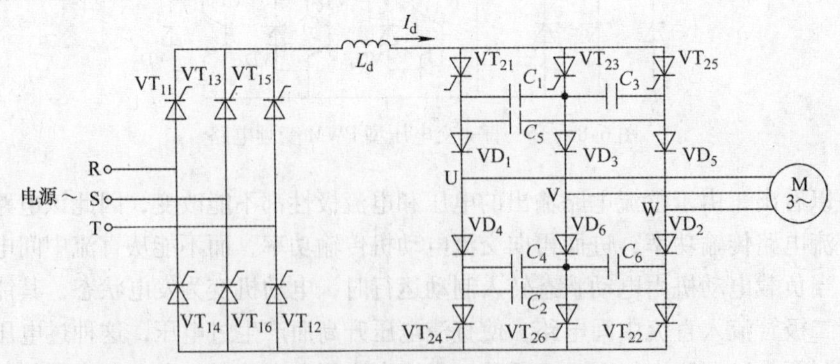

图 6-11　交—直—交电流型变频电路

由图可以看出，电力电子器件的单向导向性，使得电流 I_d 不能反向，而中间直流环节采用的大电感滤波，保证了 I_d 的不变，但可控整流器的输出电压 U_d是可以迅速反向的。因此，电流型变频电路很容易实现能量回馈。图 6-12 给出了电流型变频调速系统的电动运行和回馈制动两种运行状态。其中 UR 为晶闸管可控整流器，UI 为电流型逆变器。当可控整流器 UR 工作在整流状态（$\alpha < 90°$）、逆变器工作在逆变状态时，电动机在电动状态下运行，如图 6-12a 所示。这时，直流回路电压 U_d的极性为上正下负，电流由 U_d的正端流入逆变器，电能由交流电网经变频器传送给电机，变频器的输出频率 $\omega_1 > \omega$，电动机处于电动状态，如图 6-12b 所示。此时如果降低变频器的输出频率，或从机械上抬高电机转速 ω，使 $\omega_1 < \omega$，同时使可控整流器的控制角 $\alpha > 90°$，则异步电机进入发电状态，且直流回路电压 U_d立即反向，而电流 I_d 方向不变。于是，逆变器 UI 变成整流器，而可控整流器 UR 转入有源逆变状态，电能由电动机回馈给交流电网。

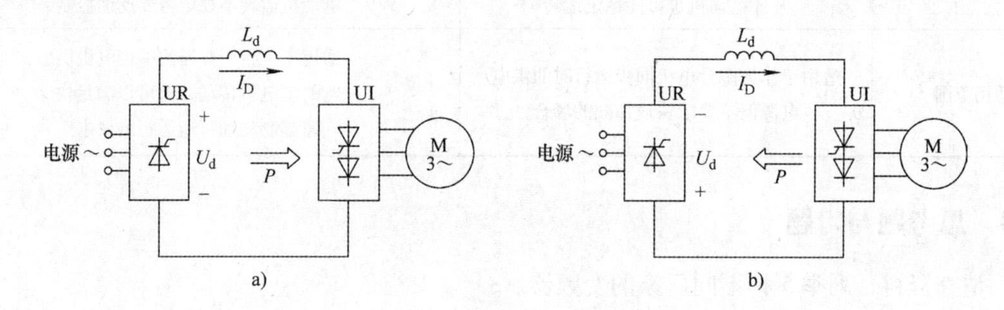

图 6-12　电流型变频调速系统的两种运行状态

a）电动状态　b）发电状态

图 6-13 给出了一种交—直—交电流型 PWM 变频电路，负载为三相异步电动机。逆变器为采用 GTO 作为功率开关器件的电流型 PWM 逆变电路，图中 GTO 用的是反向导电型器件，因此给每个 GTO 串联了二极管以承受反向电压。逆变电路输出端的电容 C 是吸收 GTO 关断时所产生的过电压而设置的，它也可以对输出的 PWM 电流波形而起滤波作用。整流电路采用晶闸管而不是二极管，这样在负载电动机需要制动时，可以使整流部分工作在有源逆变状态，把电动机的机械能反馈给交流电网，从而实现快速制动。

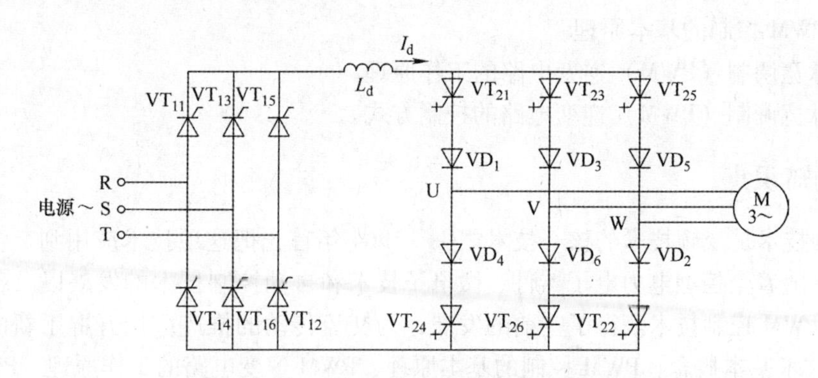

图 6-13　交—直—交电流型 PWM 变频电路

（3）交—直—交电压型变频器与电流型变频器的性能比较

电压型变频器和电流型变频器的区别仅在于中间直流环节滤波器的形式不同，但是这样一来，却造成两类变频器在性能上相当大的差异，主要表现比较见表 6-1。

表6-1 电压型变频器与电流型变频器的性能比较

特点名称	电压型变频器	电流型变频器
储能元件	电容器	电抗器
输出波形的特点	电压波形为矩形波 电流波形近似正弦波	电流波形为矩形波 电压波形为近似正弦波
回路构成上的特点	有反馈二极管 直流电源并联大电容 电容（低阻抗电压源） 电动机四象限运转需要再生用变流器	无反馈二极管 直流电源串联大电感 （高阻抗电流源） 电动机四象限运转容易
特性上的特点	负载短路时产生过电流 开环电动机也可能稳定运转	负载短路时能抑制过电流 电动机运转不稳定需要反馈控制
适用范围	适用于作为多台电机同步运行时的供电电源但不要求快速加减的场合	适用于1台变频器给1台电机供电的单电机传动，但可以满足快速起制动和可逆运行的要求

6.1.3 思考题与习题

1. 请查资料，列举5种不同厂家的变频器。
2. 观察日常生活中使用变频器的场合，列举一个例子，简述其原理。
3. 变频调速在电动机运行方面的优势主要体现在哪些方面？
4. 变频器有哪些种类？其中电压型变频器和电流型变频器的主要区别在哪里？
5. 交—直—交变频器主要由哪几部分组成，试简述各部分的作用。

6.2 任务2 认识和调试脉宽调制（PWM）逆变电路

6.2.1 学习目标

1）了解PWM控制的基本原理。
2）掌握脉宽调制（PWM）逆变电路的工作原理。
3）了解脉宽调制（PWM）逆变电路的控制方式。

6.2.2 相关知识点

PWM控制技术是变频技术的核心技术之一，1964年首先把这项技术应用到交流传动中，20世纪80年代，随着全控型电力电子器件、微电子技术和自动控制技术的发展以及各种新的理论方法的应用，PWM控制技术获得了空前的发展，为交流传动的推广应用开辟了新的局面。本任务介绍PWM技术基本概念、PWM控制的基本原理、PWM逆变电路的工作原理、PWM逆变电路的控制方式。

6.2.2.1 PWM的基本原理

1. PWM简介

脉冲宽度调制（PWM）是英文“Pulse Width Modulation”的缩写，简称为脉宽调制。脉宽调制技术是通过控制半导体开关器件的通断时间，在输出端获得幅度相等而宽度可调的波形

（称为 PWM 波形），从而实现控制输出电压的大小和频率来改善输出波形的一种技术。前面介绍的 GTR、MOSFET、IGBT 是全控制器件，用它们构成的 PWM 变换器，可使装置体积小、斩波频率高、控制灵活、调节性能好、成本低。

脉宽调制的方法很多，根据基波信号不同，可以分为矩形波脉宽调制和正弦波脉宽调制；根据调制脉冲的极性，可分为单极性脉宽调制和双极性脉宽调制；根据载波信号和基波信号的频率之间的关系，可分为同步脉宽调制和异步脉宽调制。矩形波脉宽调制的特点是输出脉冲列是等宽的，只能控制一定次数的谐波，正弦波脉宽调制也叫 SPWM，特点是输出脉冲列是不等宽的，宽度按正弦规律变化，输出波形接近正弦波。单极性 PWM 是指在半个周期内载波只在一个方向变换，所得 PWM 波形也只在一个方向变化，而双极性 PWM 控制法在半个周期内载波在两个方向变化，所得 PWM 波形也在两个方向变化。同步调制和异步调制在脉宽调制（PWM）型逆变电路的控制方式中有详细介绍。

2. PWM 的基本原理

在采样控制理论中有一个重要结论；冲量（脉冲的面积）相等而形状不同窄脉冲，如图 6-14 所示，分别加在具有惯性环节的输入端，其输出响应波形基本相同，也就是说尽管脉冲形状不同，但只要脉冲面积相等，其作用的效果基本相同。这就是 PWM 控制的重要理论依据。

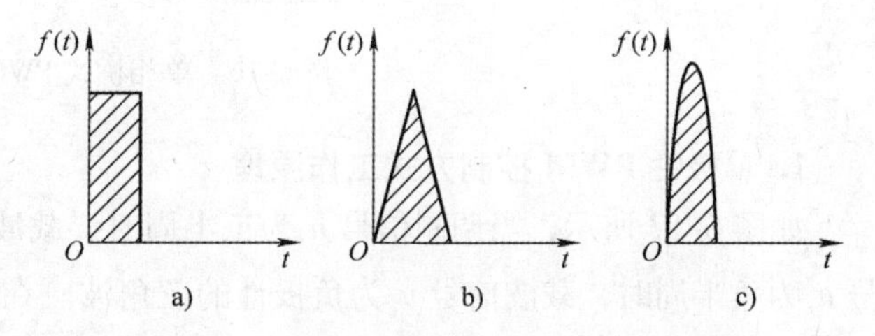

图 6-14　形状不同而冲量相同的各种窄脉冲

如图 6-15a 所示，一个正弦半波完全可以用等幅不等宽的脉冲列来等效，但必须做到正弦半波所等分的 6 块阴影面积与相对应的 6 个脉冲列的阴影面积相等，其作用的效果就基本相同，对于正弦波的负半周，用同样方法可得到 PWM 波形来取代正弦负半波。在 PWM 波形中，各脉冲的幅值是相等的，若要改变输出电压等效正弦波的幅值，只要按同一比例改变脉冲列中各脉冲的宽度即可。

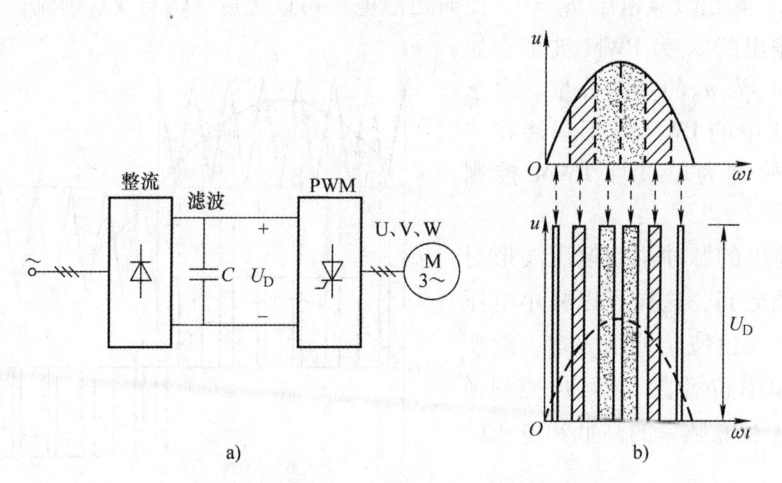

图 6-15　PWM 控制的基本原理示意图

如图 6-15b 所示，直流电源 U_D 采用不可控整流电路获得，不但使电路输入功率因数接近于 1，而且整个装置控制简单，可靠性高。

6.2.2.2　认识单相桥式 PWM 变频电路

相桥式 PWM 变频电路就是输出为单相电压的变频电路，电路如图 6-16 所示，采用 GTR 作为逆变电路的自关断开关器件，设负载为电感性，把所希望输出的正弦波作为调制信号 u_r，把接受调制的等腰三角形波作为载波信号 u_c。控制方法可以有单极性与双极性两种。

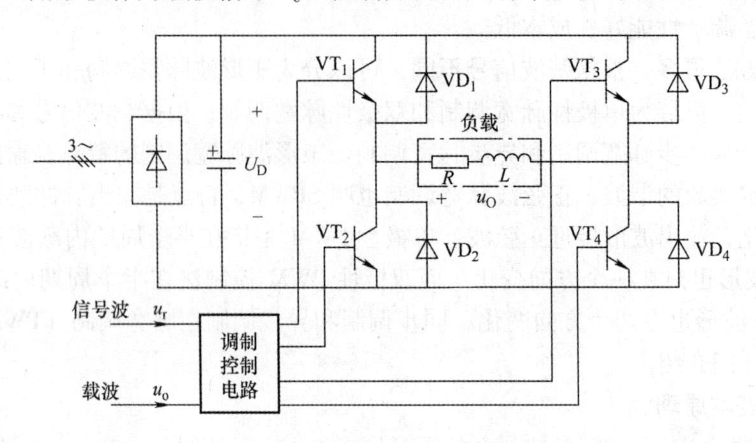

图 6-16　单相桥式 PWM 变频电路

1. 单极性 PWM 控制方式工作原理

如图 6-17 所示，当调制信号 u_r 为正半周时，载波信号 u_c 为正极性的三角波；同理，调制信号 u_r 为负半周时，载波信号 u_c 为负极性的三角波。在调制信号 u_r 和载波信号 u_c 的交点时刻控制变频电路中 GTR 的通断。对逆变桥 $VT_1 \sim VT_4$ 的控制方法如下。

1）当 u_r 正半周时，让 VT_1 一直保持通态，VT_2 保持断态。在 u_r 与 u_c 正极性三角波交点处控制 VT_4 的通断，在 $u_r > u_c$ 各区间，控制 VT_4 为通态，输出负载电压 $u_O = U_D$。在 $u_r < u_c$ 各区间，控制 VT_4 为断态，输出负载电压 $u_O = 0$，此时负载电流可以经过 VD_3 与 VT_1 续流。

2）当 u_r 负半周时，让 VT_2 一直保持通态，VT_1 保持断态，在 u_r 与 u_c 负极性三角波交点处控制 VT_3 的通断。在 $u_r < u_c$ 各区间，控制 VT_3 为通态，输出负载电压 $u_O = -U_D$。在 $u_r > u_c$ 各区间，控制 VT_3 为断态，输出负载电压 $u_O = 0$，此时负载电流可以经过 VD_4 与 VT_2 续流。

逆变电路输出的 u_O 为 PWM 波形，如图 6-17 所示，u_{of} 为 u_O 的基波分量。由于在这种控制方式中的 PWM 波形只能在一个方向变化，故称为单极性 PWM 控制方式。

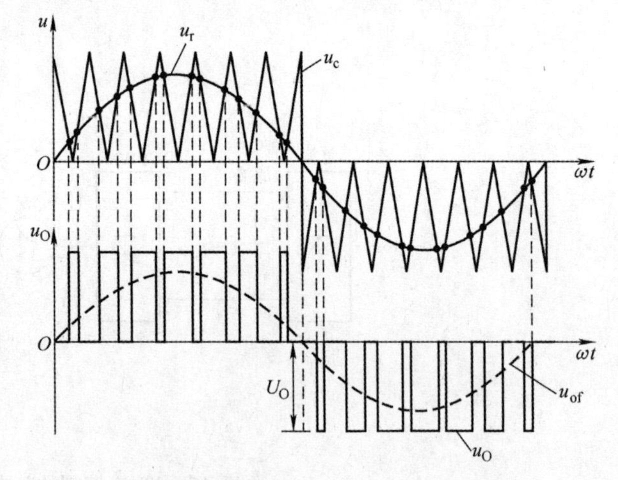

图 6-17　单极性 PWM 控制方式波形

逆变电路输出的脉冲调制电压波形对称且脉宽成正弦分布，这样可以减小电压谐波含量。载波三角波 u_c 峰值一定，改变调制信号 u_r 的频率和幅值，就可以控制逆变器输出基波电压 u_O 频率的高低和电压的大小。

2. 双极性 PWM 控制方式工作原理

调制信号 u_r 仍然是正弦波，而载波信号 u_C 改为正负 2 个方向变化的等腰三角形波，如图 6-18 所示。对逆变桥 $VT_1 \sim VT_4$ 的控制方法如下。

1）在 u_r 正半周，当 $u_r > u_C$ 的各区间，给 VT_1 和 VT_4 导通信号，而给 VT_2 和 VT_3 关断信号，输

出负载电压 $u_O = U_D$。在 $u_r < u_C$的各区间，给 VT_2 和 VT_3导通信号，而给 VT_1和 VT_4关断信号，输出负载电压 $u_O = -U_D$。这样逆变电路输出的 u_O 为 2 个方向变化等幅不等宽的脉冲列。

2）在 u_r负半周，当 $u_r < u_C$ 的各区间，给 VT_2和 VT_3导通信号，而给 VT_1和 VT_4关断信号，输出负载电压 $u_O = -U_D$。当 $u_r > u_C$的各区间，给 VT_1和 VT_4导通信号，而给 VT_2与 VT_3关断信号，输出负载电压 $u_O = U_D$。

双极性 PWM 控制的输出 u_O波形，如图 6-18 所示，它为 2 个方向变化等幅不等宽的脉冲列。这种控制方式特点是：

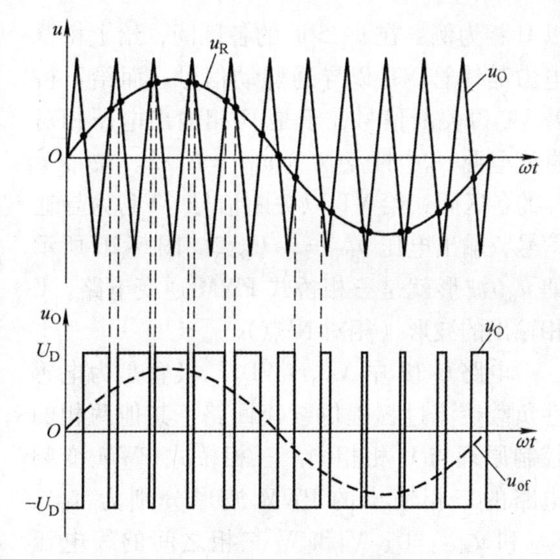

图 6-18　双极性 PWM 控制方式波形

① 同一半桥上下 2 个桥臂晶体管的驱动信号极性恰好相反，处于互补工作方式；

② 电感性负载时，若 VT_1和 VT_4处于通态，给 VT_1和 VT_4以关断信号，则 VT_1和 VT_4立即关断，而给 VT_2和 VT_3以导通信号，由于电感性负载电流不能突变，电流减小，感生的电动势使 VT_2和 VT_3不可能立即导通，而使二极管 VD_2和 VD_3导通续流，如果续流能维持到下一次 VT_1与 VT_4重新导通，负载电流方向始终没有变，则 VT_2和 VT_3始终未导通。只有在负载电流较小无法连续续流情况下，在负载电流下降至零，VD_2和 VD_3续流完毕，VT_2和 VT_3导通，负载电流才反向流过负载。但是不论是 VD_2、VD_3导通还是 VT_2、VT_3导通，u_O均为 $-U_D$，从 VT_2、VT_3导通向 VT_1、VT_4切换情况也类似。

6.2.2.3　认识三相桥式 PWM 变频电路

电路如图 6-19 所示，本电路采用 GTR 作为电压型三相桥式逆变电路的自关断开关器件，负载为电感性。从电路结构上看，三相桥式 PWM 变频电路只能选用双极性控制方式，其工作原理如下。

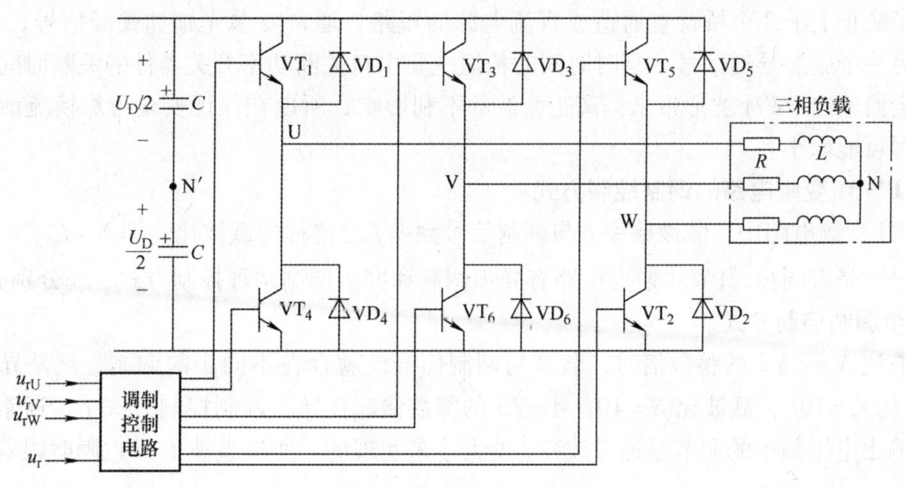

图 6-19　三相桥式 PWM 型逆变电路

三相调制信号 u_{rU}、u_{rV}和 u_{rW}为相位依次相差 120°的正弦波，而三相载波信号是共用一个正负方向变化的三角形波 u_C。如图 6-20 所示，U、V 和 W 相自关断开关器件的控制方法相同，现以 U 相为例：在 $u_{rU} > u_C$的各区间，给上桥臂电力晶体管 VT_1以导通驱动信号，而给下桥臂 VT_4以关断信号，于是 U 相输出电压相对直流电源 U_D中性点 N′为 $u_{UN'} = U_D/2$。在$u_{rU} < u_C$的各区间，给 VT_1以关断信号，VT_4为导通信号，输出电压 $u_{UN'} = -U_D/2$。图 6-20 所示的 $u_{UN'}$波形就是三相桥式 PWM 逆变电路，U 相输出的波形（相对 N′点）。

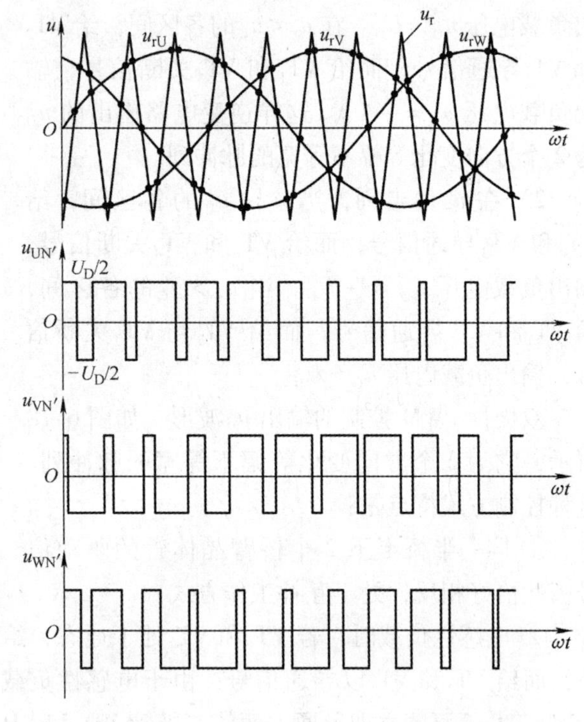

图 6-20　三相桥式 PWM 型逆变电压波形

电路 6-19 中 $VD_1 \sim VD_6$二极管是为电感性负载换流过程提供续流回路，其他两相的控制原理与 U 相相同。三相桥式 PWM 变频电路的三相输出的 PWM 波形分别为 $u_{UN'}$、$u_{VN'}$和 $u_{WN'}$。U、V 和 W 三相之间的线电压 PWM 波形以及输出三相相对于负载中性点 N 的相电压 PWM 波形，读者可按下列计算式求得。

$$\text{线电压}\quad \begin{cases} u_{UV} = u_{UN'} - u_{VN'} \\ u_{VW} = u_{VN'} - u_{WN'} \\ u_{WU} = u_{WN'} - u_{UN'} \end{cases} \tag{6-1}$$

$$\text{相电压}\quad \begin{cases} u_{UN} = u_{UN'} - \dfrac{1}{3}(u_{UN'} + u_{VN'} + u_{WN'}) \\ u_{VN} = u_{VN'} - \dfrac{1}{3}(u_{UN'} + u_{VN'} + u_{WN'}) \\ u_{WN} = u_{WN'} - \dfrac{1}{3}(u_{UN'} + u_{VN'} + u_{WN'}) \end{cases} \tag{6-2}$$

在双极性 PWM 控制方式中，理论上要求同一相上下 2 个桥臂的开关管驱动信号相反，但实际上，为了防止上下 2 个桥臂直通造成直流电源的短路，通常要求先施加关断信号，经过Δt 的延时才给另一个施加导通信号。延时时间的长短主要由自关断功率开关器件的关断时间决定。这个延时将会给输出 PWM 波形带来偏离正弦波的不利影响，所以在保证安全可靠换流前提下，延时时间应尽可能取小。

6.2.2.4　PWM 变频电路的调制控制方式

在 PWM 变频电路中，载波频率f_c与调制信号频率f_r之比称为载波比，即 $N = f_c/f_r$。根据载波和调制信号波是否同步，PWM 逆变电路有异步调制和同步调制两种控制方式，现分别介绍如下。

1. 异步调制控制方式

当载波比 N 不是 3 的整数倍时，载波与调制信号波就存在不同步的调制，就是异步调制三相 PWM，如$f_c = 10f_r$，载波比 $N = 10$，不是 3 的整数倍。在异步调制控制方式中，通常f_c固定不变，逆变输出电压频率的调节是通过改变f_r的大小来实现的，所以载波比 N 也随时跟着变化，就难以同步。

异步调制控制方式的特点是：

1）控制相对简单。

2）在调制信号的半个周期内，输出脉冲的个数不固定，脉冲相位也不固定，正负半周的脉冲不对称，而且半周期内前后 1/4 周期的脉冲也不对称，输出波形就偏离了正弦波。

3）载波比 N 愈大，半周期内调制的 PWM 波形脉冲数就愈多，正负半周不对称和半周内前后 1/4 周期脉冲不对称的影响就愈大，输出波形愈接近正弦波。所以在采用异步调制控制方式时，要尽量提高载波频率 f_c，使不对称的影响尽量减小，输出波形接近正弦波。

2. 同步调制控制方式

在三相逆变电路中当载波比 N 为 3 的整数倍时，载波与调制信号波能同步调制。图 6-21 所示为 $N=9$ 时的同步调制控制的三相 PWM 变频波形。

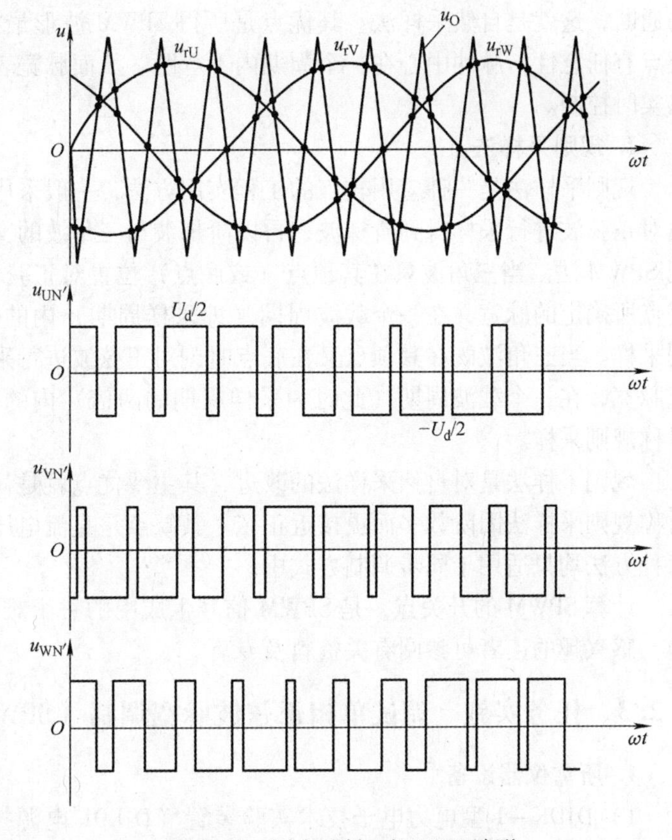

图 6-21 同步调制三相 PWM 波形

在同步调制控制方式中，通常保持载波比 N 不变，若要增高逆变输出电压的频率，必须同时增高 f_c 与 f，且保持载波比 N 不变，保持同步调制不变。

同步调制控制方式的特点是：

1）控制相对较复杂，通常采用计算机控制。

2）在调制信号的半个周期内，输出脉冲的个数是固定不变的，脉冲相位也是固定的。正负半周的脉冲对称，而且半个周期脉冲排列其左右也是对称的，输出波形等效于正弦波。

但是，当逆变电路要求输出频率 f_o 很低时，由于半周期内输出脉冲的个数不变，所以由 PWM 调制而产生 f_o 附近的谐波频率也相应很低，这种低频谐波通常不易滤除，而对三相异步电动机造成不利影响，例如电动机噪声变大、振动加大等。

为了克服同步调制控制方式低频段的缺点，通常采用“分段同步调制”的方法，即把逆变电路的输出频率范围划分成若干个频率段，每个频率段内都保持载波比为恒定，而不同频率段所取的载波比不同。

1）在输出高频率段时，取较小的载波比，这样载波频率不致过高，能在功率开关器件所允许的频率范围内。

2）在输出频率为低频率段时，取较大的载波比，这样载波频率不致过低，谐波频率也较高且幅值也小，也容易滤除，从而减小了对异步电动机的不利影响。

综上所述，同步调制方式效果比异步调制方式好，但同步调制控制方式较复杂，一般要用计算机进行控制。也有的电路在输出低频率段时采用异步调制方式，而在输出高频率段时换成同步调制控制方式。这种综合调制控制方式，其效果与分段同步调制方式相接近。

6.2.2.5 SPWM 波形的生成

SPWM 的控制就是根据三角波载波和正弦调制波用比较器来确定它们的交点，在交点时刻对功率开关器件的通断进行控制。这个任务可以用模拟电子电路、数字电路或专用的大规模集成电路芯片等硬件电路来完成，但模拟电路结构复杂，难以实现精确控制。微型计算机控制技术的发展使得用软件生成的 SPWM 波形变得比较容易，目前 SPWM 波形的生成和控制多用计算机来实现。下面主要介绍用软件生成 SPWM 波形的几种基本算法。

1. 自然采样法

以正弦波为调制波，等腰三角波为载波进行比较，在两个波形的自然交点时刻控制开关器件的通断，这就是自然采样法。其优点是所得 SPWM 波形最接近正弦波，但由于三角波与正弦波交点有任意性，脉冲中心在一个周期内不等距，从而脉宽表达式是一个超越方程，计算烦琐，难以实时控制。

2. 规则采样法

规则采样法是一种应用较广的工程实用方法，一般采用三角波作为载波。其原理就是用三角波对正弦波进行采样得到阶梯波，再以阶梯波与三角波的交点时刻控制开关器件的通断，从而实现 SPWM 法。当三角波只在其顶点（或底点）位置对正弦波进行采样时，由阶梯波与三角波的交点所确定的脉宽，在一个载波周期（即采样周期）内的位置是对称的，这种方法称为对称规则采样。当三角波既在其顶点又在底点时刻对正弦波进行采样时，由阶梯波与三角波的交点来确定脉宽，在一个载波周期（此时为采样周期的两倍）内的位置一般并不对称，这种方法称为非对称规则采样。

规则采样法是对自然采样法的改进，其主要优点就是计算简单，便于在线实时运算，其中非对称规则采样法因阶数多而更接近正弦。其缺点是直流电压利用率较低，线性控制范围较小。这两种方法均只适用于同步调制方式中。

计算 SPWM 的开关点，是 SPWM 信号生成中的一个难点，也是当前人们研究的一个热门课题，感兴趣的读者可参阅有关资料及专著。

6.2.3 任务实施　调试单相正弦波脉宽调制（SPWM）逆变电路

1. 所需仪器设备

1）DJDK－1 型电力电子技术实验装置（DJK01 电源控制屏、DJK02 三相变流桥路、DJK06 给定及实验器件、DJK09 单相调压与可调负载、DJK14 单相交直交变频原理、DJ21－1 电阻起动式单相交流异步电动机）1 套。

2）示波器 1 台。

3）万用表 1 块。

4）螺钉旋具 1 把。

5）导线若干。

2. 测试前准备

1）课前预习相关知识。

2）清点相关材料、仪器和设备。

3）填写任务单中的准备内容。

3. 电路图和原理

采用 SPWM 正弦波脉宽调制，通过改变调制频率，实现交—直—交变频的目的。实验电路由 3 部分组成：即主电路，驱动电路和控制电路。

（1）主电路部分

如图 6-22 所示，交直流变换部分（AC/DC）为不可控整流电路（由实验挂箱 DJK09 提供）；逆变部分（DC/AC）由 4 只 IGBT 管组成单相桥式逆变电路，采用双极性调制方式。输出经 LC 低通滤波器，滤除高次谐波，得到频率可调的正弦波（基波）交流输出。

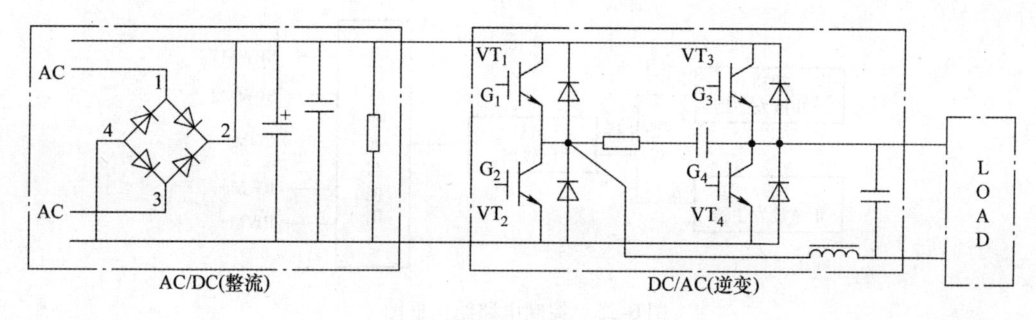

图 6-22　主电路结构原理图

（2）驱动电路

如图 6-23 所示，采用 IGBT 管专用驱动芯片 M57962L，其输入端接控制电路产生的 SPWM 信号，其输出可用以直接驱动 IGBT 管。

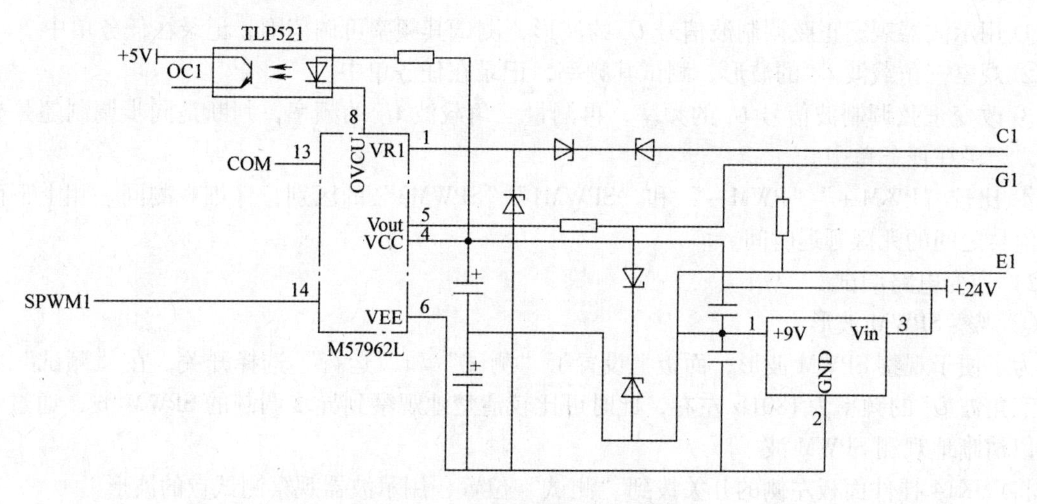

图 6-23　驱动电路结构原理图

（3）过电流保护电路

如图 6-24 所示，通过检测 IGBT 管的饱和压降来判断 IGBT 是否过流，过流时 IGBT 管 CE 结之间的饱和压降升到某一定值，使 8 脚输出低电平，在光耦 TLP521 的输出端 OC1 呈现高电平，经过流保护电路，使 4013 的输出 Q 端呈现低电平，送控制电路，起到了封锁保护作用。

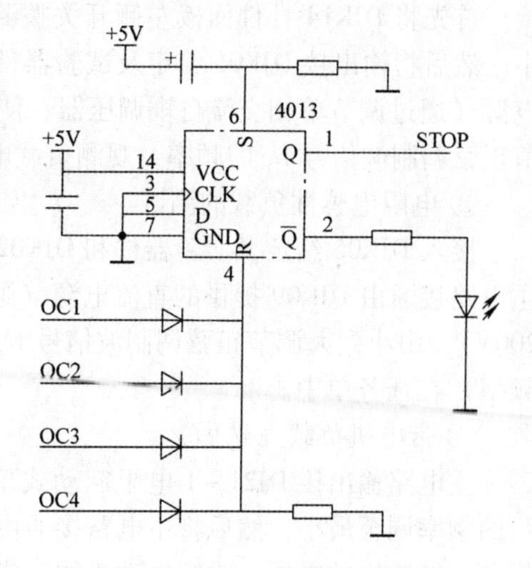

图 6-24　过电流保护电路结构原理图

（4）控制电路

如图 6-25 所示，由两片集成函数信号发生器 ICL8038 为核心组成，其中一片 8038 产生正弦调制波 U_r，另一片用以产生三角载波 U_c，将此两路信号经比较电路 LM311 异步调制后，产生一系列等幅，不等宽的矩形波 U_m，即 SPWM 波。U_m 经反相器后，生成两路相位相差 180°的 ± PWM 波，再经触发器 CD4528 延时后，得到两路相位相差 180°并带一定死区范围的两路 SPWM1 和 SPWM2 波，作为主电路中两对开关管 IGBT 的控制信号。

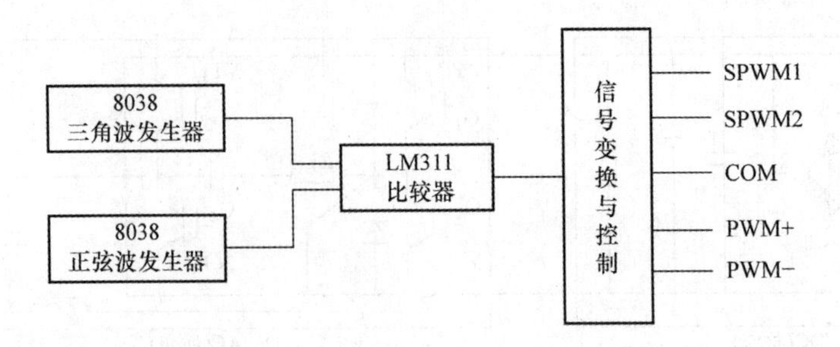

图6-25 控制电路结构框图

4. 操作步骤

1）逆变控制电路的观测。

在主电路不接直流电源时，打开控制电源开关，并将 DJK14 挂箱左侧的钮子开关拨到“测试”位置。

① 用示波器观察正弦调制波信号 U_r 的波形，测试其频率可调范围，记录在任务单中。

② 观察三角载波 U_c 的波形，测试其频率，记录在任务单中。

③ 改变正弦调制波信号 U_r 的频率，再测量三角载波 U_c 的频率，判断是同步调制还是异步调制，记录在任务单中。

④ 比较“PWM +”“PWM −”和“SPWM1”“SPWM2”的区别，仔细观测同一相上下两管驱动信号之间的死区延迟时间。

2）逆变电路调试。

① 观察 SPWM 波形。

为了便于观察 SPWM 波形，面板上设置了“测试”和“运行”选择开关，在“测试”状态下，三角波 U_c 的频率为 180Hz 左右，此时可比较清楚地观察到异步调制的 SPWM 波，通过示波器可以清晰地观测 SPWM 波。

将 DJK14 挂件面板左侧的开关拨到“测试”位置，用示波器观察测试点的波形。

② 电阻性负载测试。

首先将 DJK14 挂件面板左侧开关拨到“运行”位置，将正弦调制波信号 U_r 的频率调到最小。然后将输出接 DJK06 给定及试验器件中白炽灯作为负载，主电路电源由 DJK09 提供的直流电源（通过调节单相交流自耦调压器、使整流后输出直流电压保持为 200V）接入，由小到大调节正弦调制波信号 U_r 的频率，观测负载电压的波形，并将波形及波形参数记录在任务单中。

③ 电阻电感性负载的测试。

接入 DJK06 给定及实验器件和 DJK02 上的 100mH 电感串联组成的电阻电感性负载，然后将主电路接通由 DJK09 提供的直流电源（通过调节交流侧的自耦调压器，使输出直流电压保持为 200V），由小到大调节正弦调制波信号 U_r的频率观测负载电压的波形，记录其波形参数（幅值、频率）在任务单中。

④ 带电机负载（选做）。

主电路输出接 DJ21 − 1 电阻起动式单相交流异步电动机，起动前必须先将正弦调制波信号 U_r的频率调至最小，然后将主电路接通由 DJK09 提供的直流电源，并由小到大调节交流侧的自耦调压器输出的电压，观察电动机的转速变化，并逐步由小到大调节正弦调制波信号 U_r的频率，用示波器观察负载电压的波形，并用转速表测量电机的转速的变化，并记录在任务单中。

3）操作结束后，按照要求清理操作台。

4）将任务单交老师评价验收。

调试单相正弦波脉宽调制 SPWM 逆变电路任务单

测试前准备

序号	准备内容	准备情况自查
1	知识准备	单项正弦波脉宽调试 SPWM 逆变电路工作原理是否清楚 是□ 否□ 单次测试目的是否清楚 是□ 否□ 本次测试接线是否明白 是□ 否□
2	材料准备	挂件是否具备 DJK01□ DJK02□ DJK06□ DJK09□ DJK14□ DJ21－1□ 三相电源是否完好 是□ 否□ DJK09 面板上与本次实训相关内容是否找到（单相自耦调压器□ 整流与波滤电路□） DJK14 面板上与本次实训相关内容是否找到（电源开关□ 驱动电路□ 主电路□ 控制电路□ 运行测试选择开关□ 正弦波频率调节电位器□） 导线口 示波器□ 示波器探头□

测试过程记录

步骤	内容	数据记录
1	逆变控制电路调试	DJK14 挂箱“运行”“调试”选择开关位置 运行□ 调试□ 正弦波调制波信号 U_r 频率可调范围 Hz

	U_r 频率 1		U_r 频率 2		U_r 频率 3	
	波形	频率	波形	频率	波形	频率
U_c						
U_r						
结论	同步调试□ 异步调式□		同步调试□ 异步调式□		同步调试□ 异步调式□	

步骤	内容	项目	数据记录
2	逆变电路调试	SPWM 波形观察	DJK14 挂箱“运行”“调试”选择开关位置 运行□ 调试□ 是否清楚地观察到了异步调试的 SPWM 波 是□ 否□ 此时三角载波 U_c 的频率为 Hz
		电阻性负载调试	DJK14 挂箱“运行”“调试”选择开关位置 运行□ 调试□ 测试前正弦调制波信号 U_r 的频率是否调到最小 是□ 否□

U_r 频率/Hz	10	20	30	40	50
负载电压波形					
幅值					
频率					

项目	数据记录
电阻电感性负载调试	DJK14 挂箱“运行”“调试”选择开关位置 运行□ 调试□ 测试前正弦调制波信号 U_r 的频率是否调到最小 是□ 否□

U_r 频率/Hz	10	20	30	40	50
负载电压波形					
幅值					
频率					

项目	数据记录
电机负载调试（选做）	DJK14 挂箱“运行”“调试”选择开关位置 运行□ 调试□ 测试前正弦调制波信号 U_r 的频率是否调到最小 是□ 否□

U_r 频率/Hz	10	20	30	40	50
负载电压波形					
幅值					
频率					

步骤	内容	数据记录
3	收尾	挂件电源开关关闭□ DJK01 电源开关关闭□ 接线全部拆除并整理好□ 示波器电源开关关闭□ 凳子放回原处□ 台面清理干净□ 垃圾清理干净□

验收

完成时间	提前完成□ 按时完成□ 延期完成□ 未能完成□
完成质量	优秀□ 良好□ 中□ 及格□ 不及格□ 教师签字： 日期：

6.2.4 思考题与习题

1. 试说明 PWM 控制的基本原理。
2. PWM 逆变电路有何优点？
3. 单极性和双极性 PWM 有什么区别？
4. 什么叫异步调制？什么叫同步调制？两者各有什么特点？
5. 试说明 SPWM 的基本原理。

参考文献

[1] 黄家善. 电力电子技术 [M]. 北京：机械工业出版社，2005.
[2] 刘峰，孙艳萍. 电力电子技术 [M]. 大连：大连理工大学出版社，2009.
[3] 龙志文. 电力电子技术 [M]. 北京：机械工业出版社，2007.
[4] 徐立娟. 电力电子技术 [M]. 北京：人民邮电出版社，2010.
[5] 马宏骞. 电力电子技术及应用项目教程 [M]. 北京：电子工业出版社，2011.
[6] 张涛. 电力电子技术 [M]. 北京：电子工业出版社，2009.
[7] 莫正康. 电力电子应用技术 [M]. 北京：机械工业出版社，2003.
[8] 王云亮. 电力电子技术 [M]. 北京：电子工业出版社，2010.
[9] 黄俊. 电力电子变流技术 [M]. 北京：机械工业出版社，1999.
[10] 王丽华. 电力电子技术 [M]. 北京：国防工业出版社，2010.
[11] 王兆安，黄俊. 电力电子技术 [M]. 北京：机械工业出版社，2000.
[12] 赵慧敏，张宪. 电力电子技术 [M]. 北京：化学工业出版社，2012.
[13] 周渊深，宋永英. 电力电子技术 [M]. 北京：机械工业出版社，2010.
[14] 张诗淋. 电力电子技术及应用 [M]. 北京：化学工业出版社，2013.

参考文献